南京林业大学研究生课程系列教材

机器视觉系统及农林工程应用

赵茂程 刘 英 主编

中国林业出版社

内容简介

本教材根据"南京林业大学研究生课程系列教材建设"项目组织编写。

本教材在介绍机器视觉系统组成、图像处理与机器视觉基础、目标识别算法等理论知识的基础上，围绕编写组成员在国家级、省部级项目中的最新研究成果，将基于表面漫反射光谱成像的猪肉新鲜度检测、肉内异物检测、苹果自动快速分级、农田杂草识别、茶叶智能采摘与分选、树形识别系统、林火视频识别、基于 CT 扫描的原木检测与识别、数字图像相关技术（DIC）在木材科学中的应用等农林应用实例结合起来阐述，使学生从整体上认识和把握机器视觉系统在现代农业、林业中的应用，掌握机器视觉、图像处理、人工神经网络、专家系统的基本理论与技能，推动高水平农林智能系统的研发。

本教材可作为高等院校机械工程、控制科学与工程等一级学科相关课程的研究生教材，也可供从事农林产品检测、图像处理、控制及机器视觉等系统研究、设计和开发的科研与工程技术人员参考。

图书在版编目（CIP）数据

机器视觉系统及农林工程应用 / 赵茂程，刘英主编 . —北京：中国林业出版社，2018.8
ISBN 978-7-5038-9627-9

Ⅰ.①机…　Ⅱ.①赵…　②刘…　Ⅲ.①计算机视觉 – 应用 – 农业工程　②计算机视觉 –
应用 – 林业　Ⅳ.①S-39

中国版本图书馆 CIP 数据核字（2018）第 139229 号

国家林业和草原局生态文明教材及林业高校教材建设项目

中国林业出版社·教育出版分社

策划、责任编辑：康红梅
电　　话：(010)83143551　　　　传　　真：(010)83143516

出版发行　中国林业出版社（100009　北京市西城区德内大街刘海胡同 7 号）
　　　　　E-mail：jiaocaipublic@163.com　电话：(010)83143500
　　　　　http：//lycb. forestry. gov. cn
经　销　新华书店
印　刷　中国农业出版社印刷厂
版　次　2018 年 8 月第 1 版
印　次　2018 年 8 月第 1 次印刷
开　本　850mm×1168mm　1/16
印　张　15.25　　彩插　16
字　数　412 千字
定　价　50.00 元

《机器视觉系统及农林工程应用》编写人员

主　　编：赵茂程　刘　英

编写人员(以姓氏笔画为序)：

刘　英　李　玲　邹红艳　汪希伟

陈　勇　赵亚琴　赵茂程　洪　冠

倪　超　徐兆军　黄秀玲　龚　蒙

序

"德国工业 4.0"和"中国制造 2025"推动了新一代信息技术的发展，各种新的方法、理论不断涌现，数字化、网络化、智能化已成为众多学科的研究热点。为了使农林院校的研究生适应时代的发展、满足社会的需求，更好地掌握自动化、智能化的理论和方法，急需适用于农林行业中图像处理、人工智能等工程应用方面的研究生教材。《机器视觉系统及农林工程应用》就是在这样的新形势下，根据"南京林业大学研究生课程系列教材建设"项目的要求，综合十余位学科骨干的最新研究成果编写而成。

机器视觉系统及农林工程应用与林业工程、农业工程、机械工程、控制科学与工程等学科紧密相关，集聚了南京林业大学研究团队在国家级、省部级科研项目中的最新研究成果，将机器视觉、人工智能、图像处理等有关理论、方法及工程应用系统地加以归纳，提供了丰富的实用案例。该教材内容先进，实用性和系统性很强，便于学生从整体上认识和把握机器视觉、图像处理、人工神经网络、专家系统等理论与方法在现代农业、林业领域的应用，促进高水平智能系统的开发与设计。

教材层次清楚，结构合理，能满足高等院校机械工程、林业工程、农业工程、控制科学与工程、计算机科学与技术等学科的研究生及其他相关学科的工程技术人员的教学、科研工作需要，也可作为其他工程类专业的教学参考书。

该教材的出版，将拓宽我国智能化、信息化方面的工程应用领域，对掌握和深刻领会图像处理、人工智能与专家系统等方面的知识，以及"中国制造 2025"提出的"两化融合"产生积极的推动作用。

2018 年 6 月于东南大学

前　言

本教材根据"南京林业大学研究生课程系列教材建设"项目组织编写。

随着"德国工业4.0"和"中国制造2025"的提出，机器代替人已成为全球趋势，机器视觉系统的需求正迅速进入工业、农业、林业等领域，从而提高产品质量、降低劳动力成本。对于从事农业、林业艰苦行业的人员而言，需要研发适用于复杂环境下监控、检测农林产品安全的机器视觉系统。本教材介绍了机器视觉系统的组成、双目立体视觉系统的测量以及系统标定、图像处理、目标识别算法。在此基础上，以可食用的猪肉、苹果、茶叶，以及树木、木材、林火等为对象开展了系列研究，撰写了9个章节在农林领域的应用实例，将理论与实践相结合，突出机器视觉系统在农林领域的具体应用，促进高水平农林智能装备及检测系统的开发与设计。本教材着眼于面向21世纪机械类、控制类学科专业的课程体系，强化机器视觉、图像处理、人工智能方法在提高工程技术人员综合能力和创新能力的培养，使研究生触类旁通，掌握机器视觉和无损检测的基本特点、方法，提高对数字化、信息化、智能化的认识，对今后开发性和创新性设计产生积极的影响。

本教材由南京林业大学赵茂程、刘英担任主编，具体编写分工为汪希伟（第1章、第4章）、邹红艳（第2章）、刘英（第3章）、洪冠（第5章）、黄秀玲（第6章）、陈勇（第7章）、陈勇、倪超（第8章）、赵茂程（第9章）、赵亚琴（第10章）、徐兆军（第11章）、龚蒙、李玲（第12章）。

教材由东南大学博士生导师路小波教授担任主审，在此深表感谢！

本教材可作为高等院校机械工程、林业工程、农业工程、控制科学与工程、计算机科学与技术等一级学科相关课程的研究生教材，也可供从事农林产品无损检测、图像处理、控制及机器视觉等系统研究、设计和开发的科研与工程技术人员参考。

由于编写时间紧，加之机器视觉、图像处理方法以及相关学科发展迅速，特别是计算机软硬件技术的日新月异，书中内容观点难免存在不足之处，欢迎使用此书的教师、学生和科技工作者提出宝贵意见和建议。

编　者
2018年6月

目　录

序
前言

上篇　理论篇

下篇 实践篇

上篇　理论篇

第1章

机器视觉系统组成

[本章提要]　机器视觉通过光学装置和非接触传感器自动地接受和处理一个真实物体的图像，并通过分析图像获得所需信息。本章按照明、镜头与相机、计算资源3个单元，从3个方面介绍构建机器视觉硬件系统的相关知识。

美国制造工程协会（American Society of Manufacturing Engineering，ASME）机器视觉分会和美国机器人工业协会（Robotic Industries Association，RIA）的自动化视觉分会对机器视觉下的定义为："机器视觉（Machine Vision）是指通过光学装置和非接触传感器自动地接受和处理一个真实物体的图像，通过分析图像获得所需信息或用于控制机器运动的装置"。相应地，机器视觉系统按功能可分为照明、（由光学装置或非接触传感器构成的）成像以及（由基于PC的或基于嵌入式系统的计算部件构成的）计算资源这3个基本单元。

1.1　照明

为使机器视觉系统能够获取目标特征在空间上的分布情况，需要对目标进行照明，通过来自照明源的辐射经过与目标的相互作用后被成像系统捕获形成目标图像。根据应用不同，照明源的辐射可以是电磁波、声波（超声波）或电子束等。

1.1.1　电磁辐射

电磁辐射是电磁场在空间传播的形式，也是成像系统主要依赖的辐射形式。电磁波可定义为以各种波长传播的正弦波，或视为无质量的粒子，包含一定的能量，每束能量称为一个光子。根据光子振动频率的不同，电磁辐射可以按光子能量从高到低进行排序，从γ射线、X射线、紫外线、可见光、红外线、微波，到无线电波，均可用于成像。

1.1.2　光与目标的相互作用

在可见光附近的光谱波段，常用于机器视觉成像的光源有卤素灯、LED灯、荧光灯、氙气灯、水银灯、紫外灯等，这些不同种类的光源在光谱覆盖范围、发热量、频闪特性，以及成本等方面各不相同，需要根据特定应用的需要选用。

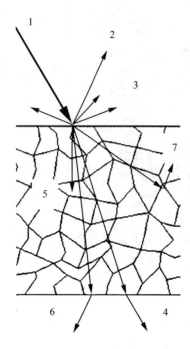

图 1-1　光与目标的相互作用

1. 入射光　2. 镜面反射　3. 漫反射
4. 定向透射　5. 吸收　6. 漫透射
7. 散射

当光投射到目标对象上，与之发生相互作用，如图 1-1 所示。光与目标发生相互作用后能量大体上可分为反射、透射和吸收 3 个途径。

反射发生在介质的分界面，可分为镜面反射和漫反射。镜面反射遵从镜面反射定律，与入射光一起同反射面呈法向对称，故具有很强的方向性。漫反射一方面由于反射面的粗糙程度造成反射光向各个方向发散；另一方面，部分入射光进入目标内部后在目标内部发生散射，散射光的有一部分重新通过入射表面射出，这部分反向散射的反射光也形成了表面漫反射，而这部分光在目标中散射传递的部分与材料发生了充分的能量交换，包含了目标材料成分的光谱信息。在实际反射过程中理想的镜面反射和漫反射几乎不存在，各种反射总是相互伴随发生，但是可以通过成像环境设置与观测方向的控制选择利用漫反射或镜面反射进行成像。发生在金属、玻璃或塑料等材料表面的反射会使光线产生部分偏振，偏振主要由镜面反射决定。目标表面反射光的比率由双向反射率分布函数表示。双向反射率分布函数使光线入射方向、观察方向及波长的函数，在两个方向上积分即得到表面反射率。表面反射率仅取决于波长。

光线通过目标产生透射。当光线穿过不同介质的分界面时，传播方向发生改变产生折射。目标内部和表面的微观结构决定透射为漫透射或定向透射。透射率也决定于光线的波长。

入射光的能量与目标相互作用后转化为反射光能量、透射光能量，余下的部分被目标吸收转化为热能。

透明目标所呈现的颜色主要由其透射光的波长决定，而不透明材料的颜色主要由其反射光的波长决定。

在机器视觉成像实践中，由于目标材质的表面与内部特性的个体差异及所关注的被测目标特征的多样性，不能简单套用现成的成像方法，往往需要经过多次试验确定最佳方案。下面从光谱特性、方向性及偏振性方面对几种典型光源选择依据进行介绍。

1.1.3　照明的光谱特性

利用照明的光谱特性可以获取目标的颜色或光谱特征。

(1) 可见光成像

物体所呈现的颜色由来自物体的(透射、反射或辐射)光在可见光波段的光谱分布决定，即由在波长为 380～780nm 的光子中各波长光子所占比例决定。以不透明物体为例，白光照明环境下呈现红色的物体反射出红色光，吸收其他波长的可见光。更换单色光源照明该物体，若采用红色光则该物体明亮，在其他诸如绿色或蓝色单色光的照明环境下则使该物体黯淡。类似地，根据目标的反射特性，选用不同颜色的单色光源照明将凸显或抑制特定颜色的对象。在制订照明方案时，可根据应用的要求与物体的颜色，选择光色。

单色光成像可以通过在白色光源与目标之间或目标与成像系统间增加光学滤镜实现，但采用滤镜实现单色成像时光源利用效率低。可选用特定波段的发光二极管（LED）光源无需滤镜直接进行单色照明。LED 可提供窄带光谱的单色光、红外、可见光，及近紫外照明，发光效率高、响应时间短、使用寿命长，工作在频闪照明模式可进一步延长使用寿命，是机器视觉中广泛使用的光源种类。

（2）紫外荧光成像

某些物质与特定波长的紫外光相互作用，发出可见光，这些物质称为荧光物质。物质的荧光特性常用来构建紫外荧光成像系统。例如，水果表面的真菌感染在特定波长的紫外光照射下会产生红色或蓝色的荧光，相应波段的紫外光源被用于构建水果表面缺陷检测系统。类似地，紫外荧光成像系统还广泛应用于对鱼肉中线虫的检测、绞肉的脂质氧化程度的检测、苹果表面的粪便污染检测及鉴别混入棉絮中的化学纤维等。

紫外荧光成像常采用的紫外光源有 243nm 与 356nm 波长，因为不同物质的荧光发光现象有特定的吸收光谱带，不合适的紫外辐射非但不能使荧光增强反而有可能抑制荧光强度，所以选用合适波段的照明源才能成功实现紫外荧光成像。紫外辐射对人体有害，特别是短波紫外辐射比长波紫外辐射危害更大，使用紫外光源时需注意人员的安全防护。人员暴露于紫外辐射环境中进行操作时，应着长袖衣物、佩戴手套、面罩及专用紫外防护眼镜，并尽量减少暴露时间。若人员保护不当遭受过大剂量辐射，则可能出现皮肤和眼灼伤，应及时停止操作，休息或就医。

（3）可见/近红外光谱成像

可见光、近红外、中红外的反射率是由物质物理化学特性决定的，光谱分析与检测依据物质的光谱特性进行，但传统的光谱检测技术基于分光度计或光谱仪进行，只能对均匀目标或对像进行"点"检测。随着光谱成像技术的出现，现在可以获取被测目标的光谱特征在空间的分布情况，即光谱图像。光谱图像是一个三维数据，其中每一个像素均包含目标在相应空间位置处的光谱信息。对光谱图像进行分析可以获取被测目标特定化学成分在空间的分布情况。一般用于光谱分析的高光谱成像需要采用辐射波长连续的光源。若经过光谱分析，锁定对于特定对象具体指标的检测仅需少数特征波长位置的光谱信息，则可以选用仅提供该组特定波长辐射的非连续光谱辐射光源构建多光谱成像系统。

卤素灯常用于可见/近红外波段成像，是连续光谱光源。卤素灯是在白炽灯的基础上发展而来的。卤素灯灯泡内充填卤族元素气体，在工作中使气化了的钨元素等能够重新沉积到灯丝上，从而起到保持石英玻璃外壳的通透、延长灯丝使用寿命及提高色温的效果。由于卤素灯工作温度高，同时为使用更高的气体填充压力，通常使用熔点和强度都很高的石英玻璃制做灯泡。同样由于卤素灯工作温度高，卤素灯的发光光谱中包含少量紫外成分，可以对石英玻璃或掺杂或在石英玻璃表面制作镀层吸收紫外波段辐射，从而在普通照明使用时减少紫外辐射，不经过 UV 滤光的卤素灯光谱范围可从 UVB、可见光、近红外一直连续延伸到红外波段。然而，卤素灯存在工作温度高，发热量大，使用寿命不长等缺点；刚开始工作时或重新启动后的几分钟内光谱和亮度输出逐渐稳定；正常工作时亮度与色温易受到电源电压波动影响发生明显变化。为弥补卤素灯的这些不足，市场上出现的卤素灯照明系统增加了一些技术手段，如隔热滤镜可以有效地降低对照明场的热辐射；卤素灯专用照明电源通过稳定电压确保辐射光谱与强度稳定。

（4）紫外成像、红外成像与热成像

由于紫外光波长短，根据测不准原理，紫外成像与可见光成像比较可以获得更高的精度。同时，紫外光的表面性很强，穿透性很差，所以对透明目标的表面（如内装物品的塑料包装袋表面印刷图案）进行成像时可以减少后方杂物造成的干扰。相反，由于波长较大，红外辐射的穿透性较可见光更强，在类似的应用中可以更好地透过某些包装材料对内部物品进行成像。在热红外辐射波段，通过专用的镜头与热成像相机可以对目标的温度场进行成像。由于镜头及图像传感器的性能对成像波长变化敏感，因此在可见光波段外进行成像通常需要使用相应的专用镜头与相机。

1.1.4　照明的方向性

利用照明的方向性可以凸显目标的形态特征。合理使用照明的方向性，能够通过合理的明暗对比，突出灰度图像中目标的被测特征、抑制背景与其他无关特征。

①明场照明与暗场照明　按期望得到的图像中被测特征与背景的相对明暗关系，照明方式可分为明场照明与暗场照明。在明场照明中，图像中的背景亮度高，目标特征亮度低，如"黑色的目标出现在明亮的背景前"的剪影一般；暗场照明中背景亮度低，目标特征亮度高，如"明亮的目标出现在黑色的背景中"一般。

②正面光与背光　在布光时，若镜头方向与光线投射方向夹角呈锐角，则称为正面光，此时镜头与光源通常位于成像目标的同侧；若镜头方向与光线投射方向夹角呈钝角，则称为背光，此时镜头与光源常位于成像目标的异侧。对于反射成像，一般采用正面光；而透射成像，则采用背光。

③漫射、直射、平行光与同轴光　若光源辐射在各个方向上的强度大体相当，为漫射；以一定角度发散，则为直射；具有特定方向，则为平行光；平行光方向与镜头轴线呈一条直线，则为同轴光。

④面光、点光、环形光、穹顶反射光与低角度光　按发光部位的面积与形状，常用灯具有面光、点光、环形光和各种异形光源。环形光源根据需要还可提供穹顶反射照明与低角度照明。面光源的发光面积相对于所需提供的照明场尺寸较大，有利于营造照度较为均匀的照明场。基于 LED 技术，光源可以方便地制作成任意形状，常用的形状有矩形、条形、带观察孔的矩形等。其中，环形光源在使用中可以极其紧凑地布置在镜头周围，节约空间。当环形光源与穹顶配合使用时，可以从接近180°的范围内的各个方向上提供较为均匀的辐射，便于营造无影照明环境，并且适用于非平面的立体目标。环形光源还可以制作成低角度照明灯，环绕在目标周围，从与镜头轴线夹角接近90°的方向提供照明。低角度照明的典型应用有对光滑平面上的划痕以及浮雕、凸缘与凹槽的轮廓进行暗场照明。

1.1.5 照明的偏振性

利用照明的偏振性可以抑制镜面反射造成的干扰。

金属表面对光具有强吸收和强反射的特性，在金属表面镜面反射强烈，常造成图像中耀眼的亮斑，干扰对其他特征的观测。由于金属的自身介电对电磁波的作用，当偏振光入射于金属表面时，其反射光一般为椭圆偏振光。利用这一特性，通过利用光源前的偏振片对照明光进行起偏、配合镜头前的偏振片对包含金属目标的反射光进行检偏后，可以有效抑制镜面反射造成的干扰，提高成像质量。

1.1.6 光场的照度与均匀性

光源必须足够明亮才能提供相机成像所需的最低照度。为获得较好的信噪比，光场的照度一般都远高于相机标称的最低成像照度。

光场的均匀性同样重要。这里所说的"均匀"有两种含义：可指营造的光场受到的辐射在空间分布均匀，有助于平面目标在像中的亮度更准确地反映自身反射或透射特征；或指来自各个方向的辐射强度相当，在反射成像时能够消除非平面目标成像时的阴影，使目标在像中的亮度对表面的高低起伏不敏感，从而更好地体现自身反射率特征变化。

在利用机器视觉、利用辐射强度进行定量分析时，不仅需要尽力营造均匀的照明场，有时还需要对整个机器视觉系统进行均匀度的标定。

1.2 镜头与相机

镜头与相机的选型及参数设置对成像的质量产生极大影响，本节分别介绍关于二者的基本术语与性能参数。

1.2.1 镜头

来自成像目标的光线若要清晰地聚焦到数码相机传感器（或胶片相机底片）上进行成像，还必须经过镜头。镜头的选择直接决定成像部件上的像所反映的观测范围、清晰度、明亮度。

视场尺寸、视场角、焦距、光圈、景深、畸变、色差、远心镜头、特殊波段镜头，下文将介绍这些在镜头选型与参数设定时经常用到的术语及其背后关于光学成像原理的基本知识。

（1）视场尺寸、视角与焦距的确定

视场，指可从图像中观测到的全部空间范围。整幅图像就是成像器全部像素所记录下的像。记录下的像所能够反映实际空间的范围，主要由物距、成像器尺寸与镜头的焦距决定，有时还受到镜头通光孔径和最短对焦距离的限制。

用两侧相同的单片玻璃薄透镜成像原理作为镜头成像的简化光学模型。根据透镜定律，镜片与目标之间的距离为物距 Z_o，到聚焦像的距离为像距 Z_i，二者关系由式（1-1）给出。

$$\frac{1}{Z_o} + \frac{1}{Z_i} = \frac{1}{f} \tag{1-1}$$

式中：f 为镜头的焦距。

如图 1-2 所示，在实际成像应用中，像距通常与焦距只相差几毫米。"对焦"过程中，微调镜头与图像传感器间距，从而在不改变物体与传感器间距情况下（即 Z_o 与 Z_i 之和不变），通过调整像距（Z_i）与物距（Z_o）的分配实现成像。

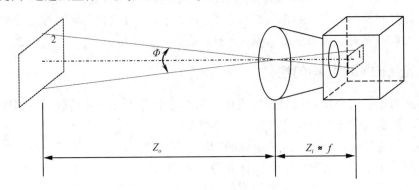

图 1-2　镜头焦距选择

Z_o. 物距　Z_i. 像距　f. 焦距　Φ. 视角

1. 图像传感器　2. 物距 Z_o 处的视场范围

视场尺寸范围，由物距、成像器尺寸与镜头焦距共同决定。

在组建机器视觉系统过程中，确定所需镜头焦距的典型任务是这样的：根据设备的安装空间确定相机与目标之间的距离，也就是（Z_o 与 Z_i 之和）；已知需要视场尺寸 $H \cdot W$，和所用相机成像器的尺寸规格为 $h \cdot w$；需要确定所需镜头的焦距。由像距（Z_i）近似等于焦距（f），可以通过式（1-2）计算焦距。

$$\frac{w}{W} = \frac{h}{H} = \frac{f}{Z_o} \tag{1-2}$$

常见的相机感光器件的尺寸规格参数与其实际所指的尺寸对照表如表 1-1 所示。

表 1-1　常见相机感光器尺寸规格与实际尺寸对照表

序号	规格参数/in.	实际尺寸/mm	序号	规格参数/in.	实际尺寸/mm
1	1/4	3.2×2.4	4	2/3	8.8×6.6
2	1/3	4.8×3.6	5	1	12.8×9.6
3	1/2	6.4×4.8			

例如，拍摄 4.5 m 高的物体，采用 1/3 型（即通常宽高比 4:3，对角线长 1/3 in）图像传感器的相机成像，拍摄距离为 10 m。当采用横向构图，即水平放置相机进行成像时，$h = 3.6$ mm，$H = 4.5$ m = 45 000 mm，$Z_o = 10$ m = 10 000 mm，代入式（1-2）得 $f = 0.08$ mm。

还可以通过更简单的方法确定镜头焦距。镜头生产厂商常通过提供"视角"这一参数，给出与不同成像器尺寸相机配合所能观测的角度范围 Φ，焦距越长，相应的视场角就越小，利用镜头的这一参数可以方便地选择焦距。

在实际操作中，还需要注意"最短对焦距离"参数 Zo_min，因为实际镜头与相机配合使用时是无法对位于 Zo_min 以内的目标进行聚焦得到清晰图像的。

例如，某款 16mm 定焦镜头的技术参数给出：适用于 1/3、1/2 及 2/3 型传感器的相机，当与这些不同尺寸传感器相机配合使用时，水平视角分别为 30.8°、22.7° 及 17.1°，最短对焦距离（即最小物距）为 0.1 m。

（2）光圈与景深

①光圈　或光圈数，是描述镜头焦距大小相对于孔通光径的比值，如式(1-3)。光圈相同的镜头，焦距越长，内部的通光孔也就越大，镜头外观往往也就越粗。光圈数值通常为 $\sqrt{2}$ 的倍数，如 1、1.4、2、2.8、3.5、5.6、8、11、16、22 等，光圈数值降低一档，镜头通光孔面积就增加 1 倍，对到达传感器的光通量的提高效果与增加 1 倍的曝光时间相同。因此，在照度相同境况下，选用较小的光圈成像所需的曝光时间将缩短。

$$F = \frac{f}{d} \tag{1-3}$$

式中：F 为镜头的光圈数；f 为焦距；d 为通光孔径。

所以增大光圈值，实际上是减小光通量。

②景深　指当像中弥散圆尺寸在可接受范围内时，场景中所允许的深度变化。景深是物距、焦距以及光圈的函数，如式(1-4)所示。

$$\Delta Z \approx \frac{2Z^2 F d^2}{f^2} \tag{1-4}$$

式中：ΔZ 为景深；Z 为物距；F 为光圈；d 为允许弥散圆直径；f 为焦距。

由景深公式可以看出，景深随光圈值线性变化，即光圈数值降低 1/2，则景深缩短 1/2，此时，为获得相同的曝光量，曝光时间应增加至 4 倍。景深与物距的平方呈正比，即物距缩小 1/2，景深将缩小至 1/4。景深与焦距的平方呈反比，即焦距增大 1 倍，景深将缩小至 1/4。虽然增大光圈数，即减小通光孔径有助于增大景深，但是过小的通光孔不仅需要延长曝光时间，更可能由于光子在通过小孔时发生的衍射现象而降低成像的锐利度。

（3）像差、畸变与色差

以上镜头成像分析建立在基于薄透镜简单成像模型，假设平行于光轴的光线汇聚于焦点。然而实际成像过程平行光束经过透镜聚焦并不汇聚于一点。像差，就是实际成像与简单透镜成像模型（高斯光学）所预测的像之间的差异[1]。

①球差　由于球面镜边缘折射率增大，平行于光轴但远离光轴的光线与近轴光线并不交于一点，如图 1-3 所示。增大光圈值，阻止远离光轴的光线通过镜头可以起到抑制球差的效果，但是过小的光圈不仅使曝光时间过长，而且光通过小孔时的衍射现象会随光圈减小而加剧。更好地抑制球差的方法是采用非球面镜片制作非球面镜头。

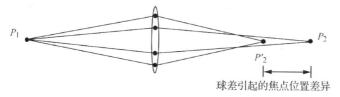

图 1-3　球　差[1]

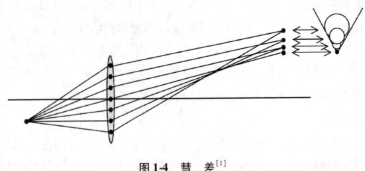

图1-4　彗　差[1]

②彗差　不与光轴平行的平行光经过镜头后也不交于一点，如图1-4所示。与球差不同，彗差形成的光斑不是对称的圆形，而是像彗星形状。与圆差相比，彗差对位置提取算法造成的影响更大。

③子午焦线和弧矢焦线　轴外点发出的光与光轴定义的平面称为子午平面，过光轴与子午平面垂直的平面称为弧矢平面。轴外点发出的在子午平面和弧矢平面的光线通过镜头后不交于一点，而是聚焦成两条短线，分别垂直于各自平面，如图1-5所示。这种像差称为像散。增大光圈值可以抑制像散，经过对镜头进行针对性设计也可减小像散。

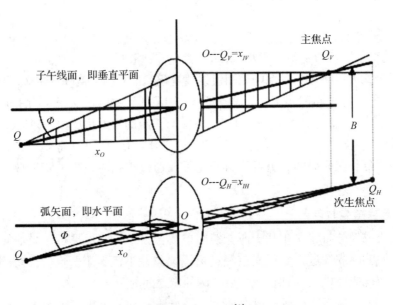

图1-5　像　散[1]

④场曲　平面目标经过透镜所成像不在一个平面上，事实上子午像和弧矢像的焦面分别为两个不同的曲面，这种像差叫作场曲，如图1-6所示。由于场曲影响，不能得到平面目标的中心与边缘同时清楚的图像。增大光圈值或有针对性地设计镜头可以减小场曲。

⑤畸变　像差还会使图像变形，使不经过光轴的直线通过镜头后变弯。通过光轴的直线不产生畸变，而矩形成像后畸变分桶形和枕形两种。以光轴为圆心的圆畸变成

像还是圆,但直径会变大或变小。若镜头的
各光学元件的光轴不在一条直线上,还会产
生偏心畸变。

⑥色差 由于不同波长的光在同一介质
中传播的折射率不同,经过透镜聚焦时各自
焦距并不相同,而是波长的函数。不同颜色
的光经过透镜不在一个像平面上,彩色图像
中色差会产生彩色条纹,黑白图像中色差表
现为模糊的边缘,如图1-7所示。增大光圈
值,或采用经过针对性设计的镜头可以在一
定波长范围内减小色差。

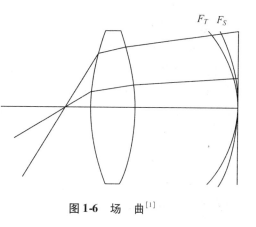

图1-6 场 曲[1]

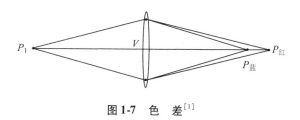

图1-7 色 差[1]

⑦渐晕 图像的中心较亮而边缘逐渐变暗,这种现象称为渐晕。首先,轴外点在
成像时与光轴上的点相比光程更长,由于照明的距离与照度的平方呈反比,所以轴外
点的像的亮度较低,如图1-8(a)所示。有时,当采用较小光圈值成像时,远离光轴的
实际通光孔的最小处并不是镜头光圈的通光孔,而是镜桶,使得轴外点的通光孔面积
小于轴上点,造成轴外点像的强度较低,此时可以通过增大光圈值来缓解渐晕,如图
1-8(b)所示。

(4)远心镜头

采用远心镜头时,获得的景深与物距及焦距无关,并且远心镜头没有透视畸变。
因此是进行测量用途的成像的极佳选择,采用远心镜头可以进行基于焦点变化的三维
成像,精度极高,分辨率可达到5 μm。

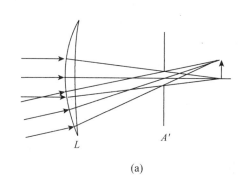

(a)

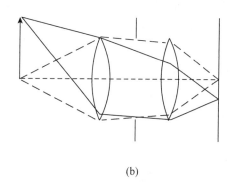

(b)

图1-8 渐 晕[1]

(5)特殊波段镜头

由镜头成像的色差概念可知，对不同波长的光简单透镜是无法得到聚焦到同一像平面的。所以有些用于彩色成像的镜头在多镜片镜头组的设计中加入抗色散镜片，以补偿色差。然而，对于光谱波段范围较宽的光谱成像应用中，往往很难得到在每个波段都清晰的图像。除此之外，由于一般用于制作镜头的玻璃或树脂材料对紫外吸收很强，所以在紫外成像中需要采用由特殊材料制作的紫外镜头。进行红外波段成像时，可以使用专用镜头提高成像质量。

1.2.2　相机

1.2.2.1　传感器构架

图像传感器由许多像素组成，像素在曝光过程中收集光电子。读取图像传感器的过程就是将每个像素收集到的光电子转化为电压信号，进而采样转化为记数值作为灰度值，并按像素的空间排列顺序进行图像存储或显示。由于图像传感器的设计与制造工艺差异，主要的图像传感器分两种结构类型，CCD 和 CMOS。

典型的 CCD 中，每个像素都有一个对应的存储器，当一帧图像曝光后便直接转移进帧存储器，从存储中读出图像的同时下一帧的曝光即可同时进行。CCD 像素图像的读出是串行的，即多个像素的电压信号通过同一套读出放大器及 A/D 转换器然后通过相机的图像传输接口送往计算机或其他设备。

典型的 CMOS 传感器中，每个像素都有专用的放大器与读出电路，允许同时并行读出许多像素。起初，CMOS 芯片传感器由量子转化效率不高，仅用于小型家用卡片相机，但随着自身工艺改进，现在已用于众多高端相机。

1.2.2.2　量子转化效率、噪声与高性能相机

量子转化效率用于衡量图像传感器将入射光子转化为电子的能力。在相同的系统噪声水平，量子转化效率高，成像所需的最低照度就越低；量子转化效率低则需要更高的最低成像照度。由于制作非感光元件的需要，所以成像传感器不可能将照射到其上的所有光子都转化为电子。填充率，用于衡量成像传感器上感光元件所占成像器面积比。目前正向照明成像传感器的填充比已接近 50%，利用微透镜技术提高到约 70%，背照式成像传感器的填充比已接近 90%，几乎已达到物理极限。科学级相机的生产厂商会提供每款相机的量子转化效率曲线图。不同成像器在各波长的量子转化效率不同，其中背照式传感器的量子效率从紫外到近红外波段均明显高于正面照明传感器。由于紫外穿透能力差，一般正面照明式传感器不能进行紫外成像，可以通过在传感器上增加辉光材料涂层，将紫外辐射转化为可见光成像，但量子效率不高，长期使用性能不稳定[2]。

最低成像照度不仅与量子转化效率有关，还与成像器噪声有关。图像噪声主要由 3 个部分构成：读出噪声、暗电流噪声及拍摄噪声。读出噪声与相机内部电路设计及相机工作状态有关，降低读出速率或采用低噪声电路设计可以降低读出噪声。暗电流噪声由传感器内部的暗电流引起，随温度变化。通常每降低 7～8℃，暗电流噪声可下降

1/2。暗噪还与曝光时间有关，与曝光时间呈正比。因此，当采用积分电路相机进行长时间曝光提高成像灵敏度时，抑制暗噪就显得相当重要。高灵敏度相机常通过液氮或半导体制冷芯片降低图像传感器的工作温度至 -40℃，甚至更低。当成像器所获得的光电子与由系统噪声产生的电子数量相当时，此时的成像照度规定为最低成像照度。拍摄噪声由照明亮度引起。低照度照明时，即当从光点转化中仅得到少量电荷时，信号的波动相对显得更大，拍摄噪声也就更大。通过增加信号电荷数量降低拍摄噪声，可以通过提高成像传感器的量子转化效率实现相同成像照度条件下提高成像光电子数量。因此，帧转移 CCD、微透镜 CCD、背照式 CCD 应运而生[3]。

2001 年以来，利用电子倍增技术的高性能相机也推出了商业产品。高灵敏度相机的出现为捕捉低照度目标，如显微镜下拍摄活体目标及生物对象的荧光成像成为可能。

电子倍增 CCD 相机的 CCD 芯片上具有电子倍增单元，可以提高输出光电子数量。如图 1-9（a）所示，电子倍增器的转移电压高于通常转移电压，额外的能量使得到的电子数量可以超过被转移的电子数量。虽然转移过程中产生新电子的概率在 1% ~ 2%，但电子倍增器总共有超过 400 级转移过程，使得通过光电倍增可以获得 2000 的平均增益，使一个输入光电子倍增到 2000 个电子输出。电子倍增 CCD 也必须在制冷条件下工作，不仅因制冷可以抑制图像暗噪声，而且也必须通过冷却稳定电子倍增系数。由图 1-9（b）可见，当成像照度保持恒定时，通过光电倍增系数图像输出增益增强使得图像质量得到明显提升[3]。

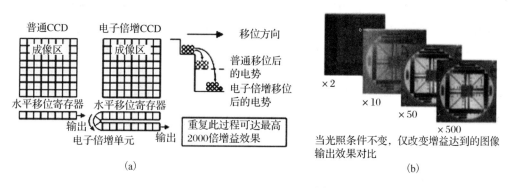

图 1-9　电子倍增 CCD[3]

1.2.2.3　线阵、面阵相机

根据像素在成像传感器上的排列，可分为线阵相机和面阵相机。

线阵相机传感器上的像素线型排列，通过相机与目标相对运动成像。线阵相机常用于航空或航天遥感成像，通过航空或航天平台飞行过程中与地面目标的相对运动成像。线阵相机也可以用于产品流水线上运动目标的成像。流水线成像时，若运动速度不稳定，则需通过编码器等装置根据流水线运动速度变化协调相机快门，从而避免图像比例失真。也可通过在光路中加入振镜等装置，对相对静止的目标成像，实际上是通过反射镜的运动对目标的不同空间部位进行扫描成像。

面阵相机传感器上的像素呈二维阵列，对静止目标成像可以直接得到二维图像。面阵相机有不同的曝光模式，须注意选用。早期的模拟视频信号把一帧图像分成奇偶行传输，相应的传感器先曝光一帧图像的全部奇数行然后再曝光全部偶数行。应用此类传感器的相机称为隔行扫描相机，当对运动目标成像时，可能出现明显的奇偶相差。逐行扫描相机从上至下依次对一帧图像的全部行进行曝光，对运动目标成像时虽不会出现明显奇偶像差，但一帧图像的上下部分之间依然存在运动像差。对运动目标成像时，最好采用具有全局曝光模式的面阵相机。全局曝光的相机同时对传感器上的所有像素进行曝光得到一帧图像，经锁存后读出。由于快门的最高响应速度有限，对于高速运动目标还可采用具有滚动快门的相机，配合闪光灯或频闪光源进行全局曝光，此时的相机快门与闪光灯触发信号应相互协调。

1.2.2.4 单色、彩色、多光谱相机

一般的工业相机有单色、彩色之分。单色相机输出灰度图像。通过在图像传感器前加上彩色滤镜，使相应的像元仅对其上经过微滤镜透过的某种颜色的进行光电转化，实现彩色成像。图 1-10 显示了单芯片面阵相机常采用的 Bayer 彩色滤镜。如图所示，

图1-10　单芯片彩色相机的微滤镜阵列

绿色滤镜数量占据总滤镜数量的 1/2，红色与蓝色滤镜数量相等的填充方式是为了模拟人眼对绿色最敏感的特点，使所成彩色图像接近人眼习惯。在单一成像传感器前加上彩色微滤镜阵列进行彩色成像的相机称为单芯片相机。由于使用滤镜填充，相机内部必须经过空间与色彩矫正运算才能得到彩色图像，而这些算法的使用可能会在图像中引入伪条纹，影响成像质量。所以高质量的彩色成像常采用三芯片相机（有的相机上会标注 3CCD），通过相机内部的棱镜分光，将不同颜色的光投射到各自成像芯片，由于没有内部颜色插值运算，所以色彩还原效果更加准确，价格也更高。采用类似的分光奇数，不仅可以实现通常红、绿、蓝 3 通道的彩色成像，还可以对特定波长的紫外至近红外波段范围内的某个或某几个特定波段进行成像，定制专用的 3 芯片或 4 芯片（多光谱）相机。

1.2.2.5 相机选型的主要参数

（1）分辨率

相机的分辨率决定图像的最大分辨率。例如，根据一般经验，点缺陷检验类应用以 3 个像素反映一个最小缺陷点，根据最小缺陷点的尺寸要求与视场尺寸范围可以计算得到相机的分辨率要求。实际应用中，一方面，由于光学系统场曲与渐晕等因素的干扰，图像边缘的质量可能不能满足检测成像要求，可通过选用高质量的光学镜头或将目标放在靠近光轴的中央区域进行改善，但后者会损失更多的相机分辨率；另一方面，通过数字图像处理计算中的亚像素插补可以将计算精度提高到 1/40 像素，极大降低对测量类视觉系统的分辨率要求。但必须对成像系统进行严格的参数标定，最大程度降低畸变因素对图像精度的干扰，因为对由于畸变造成相差超过几个像素的图像进行 1/40 像素精度的亚像素运算是没有意义的。

（2）帧率

帧率是以最大分辨率成像时单位时间内相机进行图像传输的最大吞吐量，通常以

每秒传输的帧数(帧/s)为单位。需要指出的是，首先，若相机工作在 Binning 模式或者局部像素成像模式时，可达到的实际传输帧率可能超过标称帧率。例如，标称分辨率为 1392×1040 像素的 200 帧/s 的千兆网接口相机，当工作在实际成像分辨率为 300×1040 像素时可达到 1000 帧/s。其次，实际帧率受到曝光时间的影响。图像的传输与曝光在相机内同步进行，所以当选用较长时间曝光时，实际帧率由曝光时间决定。例如，当曝光时间为 0.2 s 时，实际帧率就不可能超过 5 帧/s。

（3）曝光模式

为运动目标成像进行相机选型时需注意相机支持的曝光模式。为与视频信号传输协议匹配，模拟 CCD 相机可能仅支持隔行扫描或逐行扫描，图像中的每行像素以串行方式依次成像，对运动较快的目标成像不适合。前者所有奇数行成像结束后再开始对偶数行成像，奇偶像场之间存在明显场差；后者从上至下依次对所有行成像，虽不存在场差，但图像仍存在运动畸变。

对运动较快的目标成像应选用全局曝光相机。数字接口相机基本都具备全局曝光模式，通过内部锁存寄存器先对所有像素同时锁存，然后依次采样传输，确保无运动畸变。

有些 CMOS 支持滚动快门曝光，与逐行扫描相机不同，滚动快门多行像素并行采样传输，可以满足对多数运动目标的采集要求，但对高速运动目标成像时各行像素之间可能存在运动相差。

（4）数据接口

数据接口是将图像从相机传输出去的通信接口，通信的另一端可能是计算机，也可能是专用图像处理的嵌入式系统。

数据接口分模拟接口与数字接口两大类，支持相应接口的相机也常称为模拟相机或数字相机。模拟相机支持的通信协议常有 PAL、NTSC 等，可以接传统视频信号监视器或电视机，但模拟信号必须通过数字化后才能对图像进行处理。通常在计算机中加入图像采集卡进行模拟视频信号的数字化，但模拟相机的分辨率通常不高，如 PAL 制式的视频信号原始模拟信号仅 512 行，所以经数字化后的最大行分辨率也仅为 512 像素。随着科技发展，现在的相机往往在内部完成信号的数字化提供数字接口，包括 USB 接口、1394 接口、CAMERALINK 接口、千兆网接口。其中 CAMERALINK 接口的数据传输带宽最大，但需购置专用接口卡，其他数字接口常见于计算机中，使用方便。尤其千兆网接口，通过网线传输，不仅可通过网络接口直接与计算通信还可通过交换机方便实现相机与计算机的多对一、一对多，甚至多对多的互联，非常方便。

（5）Binging

Binging 指对像素的绑定输出，将空间相邻像素点在相机内部平均后传输，可降低图像噪声、节约带宽，但会损失分辨率。常用的 binging 方式有 2×2、4×4、8×8……

1.2.2.6 系统标定

用于精确检测应用的机器视觉系统需经过系统标定，根据标定内容可分为辐射标定、镜头畸变标定、用于立体重构的相机内外参数标定。

①辐射标定　纠正由于照明场及光学系统因素造成的图像灰度成像误差，用于依据灰度信息进行精确测量的应用。常依据对标准反射率板的成像结果进行。

②镜头畸变标定　纠正成像的几何相差，用于几何形状与尺寸精确测量的应用。常依据对标准同心圆或棋盘格标定板的成像结果进行。

③相机内外参数的标定　纠正机位与成像目标的相对位置角度造成的相差，用于三维测量及立体重构类应用。常依据对测量平面中不同摆放位置的标准棋盘格的成像结果进行。

1.3　计算资源

机器视觉系统通过数字图像处理运算实现特定功能。随着计算部件硬件的发展不仅基于 PC 的计算平台的性能不断提升，基于专用嵌入式系统的计算平台也日益普及。

(1) 基于 PC 的系统

基于 PC 计算的机器视觉系统进行数字图像处理系统开发由于无须制作专门硬件，所以开发周期短，适合快速系统开发。随着处理器数量与性能的不断提升，数据处理速度也不断提升。不仅如此，图像处理算法开发包不仅能自动将计算任务自动分配到系统的各个处理器，还可以利用显卡中的计算资源并行运算进一步加速图像处理过程。不过在使用过程中需要注意显卡的工作级别，确定是否支持工业级应用所需的计算负荷。

(2) 基于嵌入式系统

基于嵌入式系统开发进行专用的图像处理的计算硬件，可以提高系统的紧凑性。随着嵌入式系统的不断发展，不仅基于专用图像处理的嵌入式系统得到更广泛的应用，不少相机厂商在相机上集成嵌入式计算硬件，可以完成基本的图像运算，甚至完成简单应用的全部图像处理运算，仅将运算结果传输出去，节约大量数据传输带宽与中央处理单元的通讯与计算资源。

不仅如此，随着智能手机的普及，许多手机与其他移动终端成了面向广大终端用户的机器视觉系统。除了"已经成为社交媒体生活中必不可少的美颜相机"，在农业与林业中，自动检测农药喷洒液滴粒径尺寸分布、自动测量植被系数等智能手机应用程序越来越多地在科研与生产中得到应用。

本章小结

本章从照明、镜头与相机、计算资源 3 个方面，介绍了在构建新系统或分析已有的机器视觉系统时，各部分设计选型所应考虑的主要因素。在光源选择中，应考虑光谱特性、方向性、偏振性、均匀性，并从光与目标的相互作用角度选择透射、反射、散射，或综合照明方式。在相机与镜头的选择过程中，不仅应意识到镜头的各种缺陷与相机的技术种类，还应意识到通过系统标定可以量化，有时甚至可以矫正镜头与相机的性能参数。随着硬件技术的发展，越来越多的机器视觉系统采用嵌入式系统承担计算任务，许多面向终端用户的应用系统功能也不再依赖 PC 为基础的计算平台。

参考文献

［1］STEGER C，ULRICH M，WIEDEMANN，C. 2008. 机器视觉算法与应用［M］. 北京：清华大学出版社.

［2］HAMAMATSU. 2003. Technical Information SD-25 Characteristics and use of FFT-CCD area image sensor［R］.

［3］HAMAMATSU PHOTONICS K K. 2006. High Sensitivity Cameras：Principle and Technology［R］.

思考题

1. 什么是机器视觉，机器视觉系统一般由哪几个基本单元组成？

2. 自选某种产品的某个具体特征，为制造一个机器视觉系统对该产品特征进行自动检测，请列出所需的主要硬件部件。请明确指出所采用成像方式、光源的光谱范围及方向特性、镜头及相机种类以及所需的计算部件。

3. 具体量化问题2中产品特征的尺寸、检测速度、成像距离以及检测精度等要求，确定完成该机器视觉系统所需主要部件的具体参数范围，如光源的种类、尺寸与功率、相机的分辨率与帧率、镜头的焦距与接口型号、采用基于PC或基于嵌入式系统等。查阅英特网上各部件的制造商网站所提供的产品目录进行硬件选型，拟出采购清单；并通过向供应商询价做出该机器视觉系统硬件成本预算。

推荐阅读书目

1. 计算机视觉——算法与应用. Richard Szeliski. 艾海舟等译. 清华大学出版社，2012.

2. 计算机视觉算法与应用. Carsten Steger，Markus Ulrich，Christian Wiedemann 等. 杨少荣等译. 清华大学出版社，2008.

3. 机器视觉自动检测技术. 余文勇，石绘. 化学工业出版社，2013.

相关链接

镜头 computar. com；tamron. com

相机 www. jai. com；www. mvc. com

光源 www. ccs. com

图像处理开发包 www. mvtec. com；www. mil. com.

第**2**章

图像处理与机器视觉基础

[**本章提要**]　在机器视觉的应用领域，为了对无用信息进行抑制和消除，同时增强有用信息可检测性以及对数据量最大限度地简化，进一步提高机器视觉系统的测量精度和可靠性，需要采用双目立体视觉系统的测量以及系统标定，并对获取的原始图像需要进行一系列运算处理，该过程即为图像处理。图像处理技术是机器视觉系统的方法基础，主要包括图像增强、形态学图像处理、边缘检测与图像分割等内容。

颜色是重要的视觉信息，从物体反射的光由人的视觉系统的细胞吸收，最后产生对颜色的感知。除形状、纹理和其他图像特征外，颜色信息是非常重要的特征，它已经成功应用在对象识别、图像匹配、图像检索、机器视觉、彩色图像压缩等领域。

2.1　色彩空间

色彩空间本质上是指色彩坐标系统和子空间的规范，其用途是在某些标准下用可接受的方式简化色彩规范。目前已经提出了一些色彩空间或彩色模型，每一种都有具体的颜色坐标系，位于系统中的每种颜色都有单个点来表示。

2.1.1　RGB

RGB 色彩空间是工业界的一种颜色标准。典型的彩色图像，特别是那些由数字成像系统生成的彩色图像，都是由红色(red)、绿色(green)、蓝色(blue)3 个颜色相互之间的叠加和变化从而得到不同的颜色。

在 RGB 空间，每种颜色都出现在红、绿、蓝三基色原色光谱中。三基色构成了三维正交(色彩)矢量空间的基矢量。其中零矢量代表黑色，原点也记成黑点，白色位于离原点最远的角上。图 2-1 为 RGB 彩色空间示意图。RGB 彩色图像由 8 位 R、G、B 像素表示，有$(2^8)^3$ 种(即 16 777 216 种)颜色。在 RGB 空间，任何彩色都是对基矢量进行线性组合，在数学上一幅彩色图像可以看作具有 3 个矢量的矢量函数。对任一幅彩色数字图像 C，对图像中的每个像素(x, y)，需要指出 3 个矢量分量 R、G、B：$C(x, y) = [R(x, y), G(x, y), B(x, y)]^T = (R, G, B)^T$。

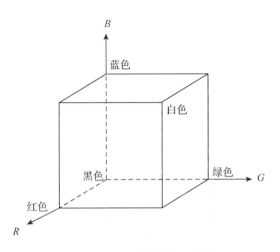

图 2-1　RGB 彩色空间示意图

2.1.2　CMY

大多数输出设备，如彩色打印机或影印机将彩色图像打印输出时，使用的是 CMY 色彩空间，其中基色包括青、深红和黄色。基色通过叠加得到红色、绿色和蓝色。减性色彩空间是打印过程的基础。因为青色、深红色和黄色分别是红色、绿色、蓝色的补色，所以从 RGB 空间到 CMY 空间的变换可以按下式执行：

$$\begin{bmatrix} C \\ M \\ Y \end{bmatrix} = \begin{bmatrix} 1 \\ 1 \\ 1 \end{bmatrix} - \begin{bmatrix} R \\ G \\ B \end{bmatrix} \tag{2-1}$$

式中假设所有的颜色值都归一化为$[0，1]$范围。

2.1.3　HSI

虽然 RGB 和 CMY 色彩空间对颜色表示、颜色处理和硬件发展都非常有用，但是这些模型与人的色彩视觉感知模型并不相似。对机器视觉和计算机图形学领域而言，直观地基于人类彩色感知的色彩空间有其重要性。HSI 色彩空间由人类感知来描述颜色，3 个坐标轴分别用色调（H）、饱和度（S）和强度（I）表示。其中色调是用来描述纯色属性，饱和度则是对纯色被白光稀释的程度进行度量，强度则对颜色亮度进行度量。

在 RGB 色彩空间，彩色用$d = (R，G，B)^T$表示。彩色 d 的色调 H 可由下式得到：

$$H = \begin{cases} \theta & B \leqslant G \\ 360 - \theta & B > G \end{cases} \tag{2-2}$$

式中：$\theta = \arccos\left\{ \dfrac{(R-G) + (R-B)}{2\sqrt{(R-G)^2 + (R-B)(G-B)}} \right\}$

彩色 d 的饱和度 S 由下式给出：

$$S = 1 - 3\frac{\min(R，G，B)}{R + G + B} \tag{2-3}$$

彩色 d 的强度 I 由下式给出：

$$I = \frac{R + G + B}{3} \tag{2-4}$$

2.2 图像增强

在应用机器视觉时，为了对无用信息进行抑制和消除，增强信息的可检测性并且对数据量最大限度地简化，有效地提高系统的可靠性和测量精度，需对原始图像进行一些运算处理。在工业领域进行图像处理时，常采取图像增强技术来增强图像的可读性，对感兴趣的目标区域进行突出，如目标缺陷和目标轮廓等。

图像增强技术包括寻找改善图像视觉外观或者将图像转换为更加适合于人类或者机器分析格式的方法。目前图像增强没有通用的统一理论，因为没有可以作为图像增强处理器设计标准的图像质量通用的标准。图像增强算法主要有两类：频率域法和空间域法。频率域法是对图像的变换系数值在图像某种变化域中进行某些运算处理，然后再回到空间域中，是一种间接增强算法；而空间域法主要是对图像的每个像素灰度值在空间域中进行处理和计算。

空间域增强法对图像中的像素进行直接处理，是以图像灰度映射变换为基础。空间域增强法可由下式定义：

$$g(x, y) = T[f(x, y)] \tag{2-5}$$

式中：$f(x, y)$ 为原输入图像；$g(x, y)$ 为经过增强处理后的图像；T 为对 f 的一种增强操作。

空间域增强法可分为空域滤波和灰度变换两类方法。空域滤波是基于邻域处理的增强方法，通过某一模板对每个像素点与其周围邻域的所有像素点进行某种确定数学运算从而得到该像素点新的灰度值，输出值的大小不仅与该像素点的灰度值有关，而且还与其邻域内的像素点的灰度值有关，常用方法包括图像锐化滤波和图像平滑滤波。灰度变换是基于点操作的增强方法，按一定的数学变换将每一像素点灰度值转换为一个新灰度值，常用方法包括直接灰度变换、直方图修正和图像代数运算。

2.2.1 直接灰度变换

直接灰度变换又分为线性灰度变换、分段线性灰度变换及非线性灰度变换。

（1）线性灰度变换

假设原图像 $f(x, y)$ 的灰度范围为 $[a, b]$，希望变换后图像 $g(x, y)$ 的灰度范围为 $[c, d]$，则线性变换可表示为：

$$g(x, y) = \begin{cases} c & 0 \leqslant f(x, y) < a \\ \dfrac{d-c}{b-a}[f(x, y) - a] + c & a \leqslant f(x, y) \leqslant b \\ d & b < f(x, y) < M_f \end{cases} \tag{2-6}$$

式中：M_f 为原图像灰度范围。

这种方法实现简单，算法复杂度低，对于曝光不足或过度、成像设备的非线性、记录设备的动态范围太窄等原因引起的图像对比度过低的情况，线性灰度增强能取得较好的灰度增强效果。

（2）分段线性灰度变换

为了突出感兴趣的目标或灰度区间，对其他不感兴趣的灰度区间进行抑制，可采用分段线性变换。常用的三段线性变换法，其表达式如下：

$$g(x,y) = \begin{cases} \dfrac{c}{a}f(x,y) & 0 \leqslant f(x,y) < a \\[2mm] \dfrac{d-c}{b-a}[f(x,y)-a]+c & a \leqslant f(x,y) \leqslant b \\[2mm] \dfrac{M_g-d}{M_g-b}[f(x,y)-b]+d & b < f(x,y) < M_g \end{cases} \tag{2-7}$$

式中：M_f 和 M_g 分别为原图像和变换后图像的灰度范围。

这种变换适用于在黑色和白色附近有噪声干扰的情况。分段线性灰度变换增强效果的好坏关键在于分段点以及各段变换参数的选取。

（3）非线性灰度变换

非线性变换对应于非线性映射函数，常见的非线性映射函数包含对数函数、指数函数、窗口函数、多值量化函数、阈值函数等。修正直方图时采用的直方图均衡化处理，就是将灰度级累积分布函数作为变换函数，也属于一种非线性变换，在此不再赘述。

2.2.2 直方图修正

直方图修正是以概率论为基础演绎出来的对图像恢复进行变换的又一种对比度增强处理。图像的灰度直方图是反映一幅图像的灰度级与出现这种灰度级概率之间关系的图形，对一幅图的概貌特征进行了整体上描述。因此，要调整一幅图像的灰度分布可以修改直方图实现，常用方法包括直方图规定化和直方图均衡化。

一幅给定的原始图像的灰度级通过归一化处理后可分布在 $0 \leqslant r \leqslant 1$ 范围内，对 $[0,1]$ 区间内的任一灰度级 r 进行如下变换：

$$s = T(r) \tag{2-8}$$

通过上述变换，原始图像每一个像素点的灰度值 r 都有变换灰度值 s 相对应。变换函数应满足处于 $0 \leqslant r \leqslant 1$ 区间内，$T(r)$ 值为单调增加以及有 $0 \leqslant T(r) \leqslant 1$。上述条件保证了变换后图像的灰度级从白到黑的次序不变，以及变换之后图像灰度值范围的一致性。

由概率论知识可知，如果已知随机变量 r 的概率密度函数 $P_r(r)$，而随机变量 s 是 r 的函数，则 s 的概率密度函数 $P_s(s)$ 可由 $P_r(r)$ 导出。

首先，可以求得随机变量 s 的分布函数为：

$$F_s(s) = \int_{-\infty}^{r} P_r(x)\,dx \tag{2-9}$$

然后，即可以得到随机变量 s 的概率密度函数为：

$$P_s(s) = P_r(r)\frac{dr}{ds}\bigg|_{r=T^{-1}(s)} \tag{2-10}$$

通过变换函数 $T(r)$ 可以对图像灰度级的概率密度函数进行控制，从而改善图像的灰度分布情况，这是直方图修正技术的理论基础。

(1) 直方图均衡

直方图均衡化是以累积分布函数变换法为基础的直方图修正法，其中心思想是把原始图像的灰度直方图均匀地扩充到整个灰度级范围内，从而达到增强图像整体对比度的效果，更好地体现图像的细节信息。取变换函数为：

$$s = T(r) = \int_0^r P_r(x)dx \tag{2-11}$$

式中：x 为积分变量；$\int_0^r P_r(x)dx$ 是 r 的累积分布函数。

用 r 的累积分布函数作为变换函数，可以扩展原始图像灰度值的动态范围，产生一幅灰度均匀分布、具有均匀概率密度的图像。

上述方法是以连续变量为基数讨论的，当灰度是离散值时，可以采用灰度频数近似代替概率值，则第 k 个灰度级出现的概率为：

$$P_r(r_k) = \frac{n_k}{n} \quad 0 \leqslant r_k \leqslant 1, \quad 0 \leqslant k \leqslant L-1 \tag{2-12}$$

式中：L 为灰度级的总数目；n_k 为灰度级为 r_k 的像素点的数量；n 为图像像素点总数。

则变换函数的离散形式为：

$$s_k = T(r_k) = \sum_{j=0}^{k} P_r(r_j) = \sum_{j=0}^{k} \frac{n_j}{n} \quad 0 \leqslant r_j \leqslant 1, \quad 0 \leqslant k \leqslant L-1 \tag{2-13}$$

通常情况下，直方图均衡化实现了图像灰度的均匀分布，对于改善图像亮度和对比度具有显著效果。

(2) 直方图规定化

直方图均衡化的优点是能对整个图像的对比度进行自动增强，但不容易控制其具体增强效果。在实际中，有时并不需要具有整体均匀分布的图像直方图，而是需要变换直方图使之成为某个特定形状，来增强某个特定灰度值范围内的对比度。此时就适合采用较灵活的直方图规定化方法。

假设 $P_r(r)$ 和 $P_z(z)$ 分别表示原始图像和目标图像的灰度分布概率密度函数，根据直方图规定化的特点与要求，应使原始图像的直方图具有 $P_z(z)$ 所表示的形状，即要建立 $P_r(r)$ 和 $P_z(z)$ 的关系。

直方图规定化方法的一般步骤如下：首先根据直方图均衡化原理，对原始图像进行直方图均衡化处理

$$s = T(r) = \int_0^r P_r(x)dx \tag{2-14}$$

假设直方图规定化的目标图像已经实现，则对目标图像也采用同样的方法进行均衡化处理

$$v = G(z) = \int_0^z P_z(x)dx \tag{2-15}$$

上式的逆变换为

$$z = G^{-1}(v) \tag{2-16}$$

即可通过均衡化后的灰度级 v 求出目标图像的灰度级 z。由于对目标图像和原始图

像都进行了均衡化处理，因此两者具有相同的分布密度，即

$$P_s(s) = P_v(v) \tag{2-17}$$

因此可用原始图像均衡化后的灰度级 s 代替 v，即

$$z = G^{-1}(v) = G^{-1}(s) = G^{-1}[T(r)] \tag{2-18}$$

由上式可知，无需进行直方图均衡化运算就可以直接实现直方图规定化处理，通过求出 $T(r)$ 和 $G^{-1}(s)$ 之间的复合函数关系就可以直接对原始图像进行变换。

2.2.3　图像代数运算

所谓图像代数运算是指对两幅或者两幅以上图像的相应像素点进行加、减、乘、除及其复合运算而生成一幅新的图像，从而突出某些有效信息。

(1)图像加运算

图像加运算是对两幅或多幅图像内容进行叠加后产生一幅新的图像。通过对同一场景的多幅图像相加后求平均值，可有效起到降低或消除图像加性随机噪声的作用。

(2)图像减运算

图像减运算是指对同一场景在不同时间拍摄的图像或同一场景在不同波段的图像进行相减。差值图像可以得到相应时间段的动态信息，用以指导动态目标检测、运动目标跟踪、图像背景消除及目标识别等工作。

需要注意的是，图像做相减运算时可能产生负像素值，应对产生的负值进行相应处理。同时，两个相减图像的对应像素应对应于空间同一目标点，否则必须先进行图像空间匹配。

(3)图像乘法运算(卷积运算)

图像乘运算可以用来遮挡图像的某些部分，并对图像的边缘轮廓进行增强。

(4)图像除法运算

图像除法运算又称为比值运算，是遥感图像处理中的常用方法。图像的比值处理是指将两个波段的灰度图像对应像素点的灰度值进行除法运算。处理的图像不是单个灰度图像而是多波段的灰度图像。通过卫星遥感可以获得同一区域的多个波段图像，采用比值处理可以扩大不同地物的灰度值差异，从而消除或减弱地形或云层等对遥感图像的影响。

2.2.4　噪声去除

噪声可以理解为妨碍人们感觉器官对接收的信息理解的因素。为了改善降质图像，一种方法是不考虑图像降质的原因，只将图像中感兴趣的部分加以处理或突出有用的图像特征，例如本节中讲的空域滤波；另一种方法是针对图像降质的原因，具体设法进行补偿，例如图像复原技术。

空域滤波是应用模板卷积方法对图像每一像素点的邻域进行处理，主要包括线性和非线性滤波两类。根据功能空域滤波器可分为平滑滤波器和锐化滤波器。平滑滤波器可用低通滤波实现。平滑的目的又可分为两类，一类是模糊化，通常在提取较大目标前先去除太小的细节或将目标内的小断点连接起来；另一类是消除噪声。锐化滤波

器可用高通滤波实现，锐化的目的是为了增强模糊的细节。

　　平滑滤波的作用是对图像的高频分量进行削弱或消除，增强图像的低频分量。因为高频分量对应图像中的区域边缘等灰度值具有较大较快变化的部分，滤波器将这些分量滤去可使图像平滑。平滑滤波一般用于消除图像中的随机噪声。

　　常用的平滑滤波方法有中值滤波法和邻域均值滤波法，中值滤波法是非线性运算而邻域均值滤波是线性运算。

（1）均值滤波

　　均值滤波法是将一个像素点及其邻域中的所有像素点的平均值赋给输出图像中相应的像素点，从而达到平滑的目的。

　　对于一幅 $N \cdot N$ 的图像 $f(x, y)$，用非加权均值滤波法所得到的平滑图像为 $g(x, y)$，则有

$$g(x,y) = \frac{1}{M} \sum_{i,j \in S} f(i,j) \tag{2-19}$$

式中：$x, y = 0, 1, \cdots, N-1$；S 为不包括 (x, y) 的邻域中各像素坐标的集合，即去心邻域；M 为集合 S 内像素的总数。通常选取该像素的 4 - 邻域或 8 - 邻域。

　　在实际应用中，常采用 3×3 和 5×5 两种模板类型，而且还可以根据不同的影响，对邻域像素取不同的权重，然后再进行平均。常用的 3×3 模板（低通滤波器）有：

$$H_1 = \frac{1}{9} \begin{bmatrix} 1 & 1 & 1 \\ 1 & 1 & 1 \\ 1 & 1 & 1 \end{bmatrix}, \quad H_2 = \frac{1}{10} \begin{bmatrix} 1 & 1 & 1 \\ 1 & 2 & 1 \\ 1 & 1 & 1 \end{bmatrix}, \quad H_3 = \frac{1}{16} \begin{bmatrix} 1 & 2 & 1 \\ 2 & 4 & 2 \\ 1 & 2 & 1 \end{bmatrix}$$

$$H_4 = \frac{1}{8} \begin{bmatrix} 1 & 1 & 1 \\ 1 & 0 & 1 \\ 1 & 1 & 1 \end{bmatrix}, \quad H_5 = \frac{1}{8} \begin{bmatrix} 0 & 1 & 0 \\ 1 & 4 & 1 \\ 0 & 1 & 0 \end{bmatrix} \tag{2-20}$$

（2）中值滤波

　　均值滤波虽然有平滑图像的作用，但在消除噪声的同时，会使一些图像中的细节变得模糊。中值滤波法能够在消除噪声同时还保持图像细节部分，防止图像边缘模糊。中值滤波是一种非线性滤波，对滤除脉冲干扰及图像扫描噪声最为有效。在实际应用中不需要图像的统计特征，因此简化了运算过程。

　　中值滤波的基本原理是将邻域内所有像素点的灰度值按从小到大的顺序排列，取中间值作为中心像素点的输出值。但是对一些细节多，特别是点、线、尖顶细节多的图像不宜采用中值滤波。

2.2.5　图像锐化

　　图像锐化的目的是要使模糊图像变得清晰。图像模糊的实质是其高频分量被衰减，因此如果需要突出图像的边缘纹理信息，则可以通过锐化滤波器实现，它可以消除或减弱图像的低频分量从而增强图像中物体的边缘轮廓信息，使得除边缘以外像素点的灰度值趋向于零。常用的锐化滤波方法主要有梯度法、拉普拉斯算子法以及高通滤波法等。

（1）梯度法

对于图像$f(x, y)$，它在点(x, y)处的梯度是一个矢量，其表达式为：

$$G[f(x, y)] = \begin{bmatrix} \dfrac{\partial f}{\partial x} \\ \dfrac{\partial f}{\partial y} \end{bmatrix} \tag{2-21}$$

梯度的方向指向$f(x, y)$的最大变化率方向，一阶偏导数$\dfrac{\partial f}{\partial x}$和$\dfrac{\partial f}{\partial y}$分别表示$f(x, y)$沿$x$方向和$y$方向的灰度变化率。梯度的模值为：

$$|G[f(x, y)]| = \left[\left(\dfrac{\partial f}{\partial x} \right)^2 + \left(\dfrac{\partial f}{\partial y} \right)^2 \right]^{\frac{1}{2}} \tag{2-22}$$

对于数字图像而言无法采用微分运算，故一般采用差分运算形式。在差分算子中，罗伯特（Robert）梯度算子是常用的梯度差分法，可以表示为：

$$\nabla G[f(x, y)] = |f(i, j) - f(i+1, j+1)| + |f(i+1, j) - f(i, j+1)| \tag{2-23}$$

由梯度的计算可知，图像中灰度变化较大的边缘区域其梯度值大，在灰度变化平缓的区域其梯度值较小，而在灰度均匀区域其梯度值为零。

（2）拉普拉斯算子

拉普拉斯算子是常用的边缘增强算子之一，它也是采用偏导数运算，与梯度法不同之处是拉普拉斯算子采用的是二阶偏导数，其表达式为：

$$\nabla^2 f = \dfrac{\partial^2 f}{\partial x^2} + \dfrac{\partial^2 f}{\partial y^2} \tag{2-24}$$

对于数字图像，在某个像素点(x, y)处的拉普拉斯算子可采用如下差分形式表示：

$$\nabla^2 f(x, y) = 4f(i, j) - f(i, j+1) - f(i, j-1) - f(i+1, j) - f(i-1, j) \tag{2-25}$$

在实际应用中，也可以根据图像处理的需要，自行设计出满足各种要求的模板算子。

（3）高通滤波法

图像中边缘或线条等细节部分与图像频谱的高频分量相对应，因此采用高通滤波让高频分量通过，使图像边缘或线条等细节变得清楚，实现图像锐化。高通滤波可以用空域法或频域法来实现。空域法是用卷积运算，与低通滤波一样，只不过其中的模板H不同，如：

$$H_1 = \begin{bmatrix} 0 & -1 & 0 \\ -1 & 5 & -1 \\ 0 & -1 & 0 \end{bmatrix}, \quad H_2 = \begin{bmatrix} -1 & -1 & -1 \\ -1 & 9 & -1 \\ -1 & -1 & -1 \end{bmatrix}, \quad H_3 = \begin{bmatrix} 1 & -2 & 1 \\ -2 & 5 & -2 \\ 1 & -2 & 1 \end{bmatrix} \tag{2-26}$$

2.3 形态学图像处理

形态学通常是生物学的一个分支，用于处理动物和植物的形状和结构。膨胀、腐蚀和骨架化是3种基本的形态学运算。对于膨胀运算，是指一个物体在空间范围内均匀地增长，而对于腐蚀运算，则指物体均匀地收缩。骨架化则对一个物体进行线条化显示。下面几节中，形态学技术首先用于描述二进制图像，进而这些形态学概念被扩展到灰度图像。

2.3.1 连通性

在具体介绍形态学运算前，应先考虑数字图像中像素间的一些重要关系，包括像素的邻域、邻接性和连通性等。

位于坐标(x, y)的一个像素p有 4 个水平和垂直的相邻像素，其坐标如下：

$$(x+1, y), (x-1, y), (x, y+1), (x, y-1) \tag{2-27}$$

这个像素集称为p的 4 邻域，用$N_4(p)$表示。每个像素距(x, y)一个单位距离，如果(x, y)位于图像的边界，则p的某一邻像素位于数字图像的外部。

p的 4 个对角邻像素有如下坐标：

$$(x+1, y+1), (x+1, y-1), (x-1, y+1), (x-1, y-1) \tag{2-28}$$

并用$N_D(p)$表示。与 4 个邻域点一起把这些点叫做p的 8 邻域，用$N_8(p)$表示。

令V是定义邻接性的灰度值集合。在二值图像中，如果把具有 1 值的像素归入邻接的，则$V = \{1\}$。在灰度图像中，概念是相同的，但是集合V包含了更多的元素。如果像素q在$N_4(p)$集中，则称具有V中数值的两个像素q和p是 4 邻接的。同样，如果像素q在$N_8(p)$集中，则称具有V中数值的两个像素q和p是 8 邻接的。

从具有坐标(x, y)的像素p到具有坐标(s, t)的像素q的通路是特定像素序列，其坐标为：

$$(x_0, y_0), (x_1, y_1), \cdots, (x_n, y_n) \tag{2-29}$$

这里$(x_0, y_0) = (x, y)$，$(x_n, y_n) = (s, t)$，并且像素(x_i, y_i)和(x_{i-1}, y_{i-1})（对于$1 \leq i \leq n$）是邻接的。这种情况下，n是通路的长度。如果$(x_0, y_0) = (x_n, y_n)$，则通路是闭合通路。

令S代表一幅图像中像素的子集。如果在S中全部像素之间存在一个通路，则可以说两个像素p和q在S中是连通的。对于S中的任何像素p，S中连通到该像素的像素集叫做S的连通分量。如果S仅有一个连通分量，则集合S叫做连通集。

2.3.2 膨胀和腐蚀

(1) 膨胀

膨胀是形态学运算中的最基本算子之一，它在图像处理中的主要作用是扩充物体边界点，连接两个距离很近的物体。

集合A用集合B膨胀，记作$A \oplus B$。设A和B是二维整数空间Z^2中的集合，即A，$B \subset Z^2$，集合A关于向量b的平移集合$A_b = \{a+b \mid a \in A\}$，则$A$被$B$的膨胀定义为：

$$A \oplus B = \{p \in Z^2 \mid p = a+b, a \in A, b \in B\} = \bigcup_{b \in B} A_b \tag{2-30}$$

上式表明，$A \oplus B$是所有满足以下条件点p的集合：在集合A中存在一点a，而且在B中存在一点b，使得$p = a+b$。$A \oplus B$又称为A和B的明可斯基和。

(2) 腐蚀

腐蚀也是形态学运算中最基本的运算之一，它是与膨胀相对应的运算。它在图像处理中的主要作用是对物体的边界点以及图像中小于结构元素的物体进行消除，将具有细小连接的两个物体分开。

设 A 和 B 是二维整数空间 Z^2 中的集合，即 A，$B \subset Z^2$，A 被 B 腐蚀定义为：

$$A \Theta B = \{p \mid \bigvee_{b \in B} (b + p) \in A\} = \{p \mid (B)_p \subseteq A\} = \bigcap_{b \in B} A_b \qquad (2\text{-}31)$$

$A \Theta B$ 又被称为明可夫斯基减，该定义表明如果 p 是 $A \Theta B$ 中的点，则它一定满足这样的性质：结构元素 B 平移到 p 点后，应该被包含在 A 内。

需要注意的是，膨胀和腐蚀并不是互逆运算，即对一个图像用结构腐蚀后，再用同一结构元素进行膨胀，结果并不一定等于原图。

2.3.3 开运算与闭运算

膨胀和腐蚀并不是互为逆运算，所以可以把它们级联结合使用。例如，可以先对图像进行膨胀然后腐蚀其结果，或者对图像进行腐蚀然后膨胀其结果。前一种运算称为闭合，后一种运算称为开启。它们都是数学形态学中的重要运算。

开运算的符号为 $\circ$，A 用 B 来开启写为 $A \circ B$，其定义为：

$$A \circ B = (A \Theta B) \oplus B \qquad (2\text{-}32)$$

闭运算的符号为 $\cdot$，A 用 B 来关闭写为 $A \cdot B$，其定义为：

$$A \cdot B = (A \oplus B) \Theta B \qquad (2\text{-}33)$$

在实际图像处理中，开运算能光滑对象的轮廓，断开狭窄的间断和消除细的突出物。闭操作同样能使轮廓变得更为光滑，但与开操作相反的是，它通常消除狭窄的间断和长细的鸿沟，填补轮廓线中的断裂并消除小的空洞。

2.3.4 灰度图像的形态学操作

（1）灰度图像膨胀

用结构元素 b 对输入图像 f 进行灰度膨胀记为 $f \oplus b$，其定义为：

$$(f \oplus b)(s, t) = \max\{f(s - x, t - y) + b(x, y) \mid (s - x), (t - y) \in D_f \text{ 和}(x, y) \in D_b\}$$

$$(2\text{-}34)$$

式中：D_f 和 D_b 分别为 f 和 b 的定义域。这里限制 $(s - x)$ 和 $(t - y)$ 在 f 的定义域之内。

膨胀的计算是在由结构元素确定的邻域中选取 $f + b$ 的最大值，所以对灰度图像的膨胀操作可以使输出图像比输入图像亮或者可以使输入图像中的暗细节在膨胀中被消减或删除。

（2）灰度图像腐蚀

用结构元素 b 对输入图像 f 进行灰度腐蚀记为 $f \Theta b$，其定义为：

$$(f \Theta b)(s, t) = \min\{f(s + x, t + y) - b(x, y) \mid (s + x), (t + y) \in D_f \text{ 和}(x, y) \in D_b\}$$

$$(2\text{-}35)$$

式中：D_f 和 D_b 分别是 f 和 b 的定义域。这里限制 $(s + x)$ 和 $(t + y)$ 在 f 的定义域之内。

腐蚀的计算是在由结构元素确定的邻域中选取 $f - b$ 的最小值，所以对灰度图像的腐蚀操作可以使输出图像比输入图像暗或者可以使输入图像中的亮细节在膨胀中被减弱。

(3) 灰度图像开运算与闭运算

灰度数学形态学中关于开启和闭合的表达与二值数学形态学中关于开启和闭合的表达是一致的。用 b(灰度)开启 f 记为 $f \circ b$，其定义为：

$$f \circ b = (f \ominus b) \oplus b \tag{2-36}$$

用 b(灰度)闭合 f 记为 $f \cdot b$，其定义为：

$$f \cdot b = (f \oplus b) \ominus b \tag{2-37}$$

开启操作中的第一步腐蚀可以去除小的亮细节并使图像亮度减弱，第二步的膨胀可使图像亮度增加的同时又不重新引入前面去除的细节。因此开启操作可以消除相比结构元素尺寸较小的亮细节，而使图像大的亮区域和整体灰度值基本保持不受影响。闭合操作中的第一步膨胀可以在去除小的暗细节的同时使图像亮度增强，第二步的腐蚀使图像的亮度减弱了同时但又不重新引入前面去除的细节。因此，闭合操作可以消除相比结构元素尺寸较小的暗细节，而使图像大的暗区域和整体灰度值基本保持不受影响。

2.4　边缘检测

图像处理中关键的一步就是对包含有大量各式各样景物信息的图像进行分解。分解的最终是将图像分解成图像的基元，即一些具有某种特征的最小成分。图像最基本的特征是图像边缘。边缘广泛存在于目标与背景之间、目标与目标之间、区域与区域之间、基元与基元之间。它对图像识别和分析十分有用，边缘能勾画出目标物体轮廓，包含了丰富的信息，是图像识别中抽取的重要信息。

2.4.1　边缘定义及分类

边缘是指图像中像素灰度有阶跃变化或屋顶变化的像素的集合。边缘的种类大致可分为阶跃型边缘和屋顶型边缘两种。阶跃型边缘位于其两边的像素灰度值有明显不同的地方；屋顶型边缘位于灰度值从增加到减少的转折处。

设在某一图像平面上，PP' 是阶跃型边缘，则 PP' 上每个像素 P'' 均是阶跃边缘点；QQ' 是屋顶型边缘，则 QQ' 上每个像素 Q'' 均是屋顶状边缘点。阶跃型边缘点 P'' 左右灰度变化曲线为 $y = f_E(x)$，屋顶型边缘点 Q'' 左右灰度变化曲线为 $y = f_R(x)$。

对于阶跃型边缘点 P''，灰度变化曲线 $y = f_E(x)$ 的一阶导数在 P'' 点达到极值，二阶导数在 P'' 近旁呈零交叉。对于阶跃型边缘点 Q''，灰度变化曲线 $y = f_R(x)$ 的一阶导数在 Q'' 点近旁呈零交叉，二阶导数在 Q'' 点达到极值。

2.4.2　边缘检测算子

边缘是图像中灰度发生剧烈变化的区域边界。通常用方向和幅度描述图像的边缘特征。沿边缘走向的像素变化平缓，而垂直于边缘走向的像素变化剧烈。基于边缘检测的基本思想是先检测图像中的边缘，再按一定策略连接成轮廓，从而构成边缘图像。经典的边缘检测方法，是对原始图像中像素的某小邻域来构造边缘检测算子。首先通过平滑来消除图像中的噪声，然后进行一阶微分或二阶微分运算，求得梯度最大值或二阶导数过零点,最后选取适当的阈值来提取边界。边缘的检测可借助空域微分算子通过卷积完成。实际上数字图像中求导数是利用差分近似微分来进行的。下面介绍几种常用的边缘检测算子。

(1)梯度算子

梯度算子是一阶导数算子。对一个连续函数 $f(x, y)$,它在位置 (x, y) 的梯度可以表示为一个向量:

$$\nabla f(x, y) = [G_x, G_y]^T = \left[\frac{\partial f}{\partial x} \quad \frac{\partial f}{\partial y}\right]^T \tag{2-38}$$

这个向量的大小的方向角分别为:

$$mag(\nabla f) = [G_x^2, G_y^2]^{\frac{1}{2}} \tag{2-39}$$

$$\alpha(x, y) = \arctan\left(\frac{G_y}{G_x}\right) \tag{2-40}$$

以上 3 个式子中的偏导数需要对每个像素位置计算,在实际应用中常用模板卷积来近似计算。对 G_x 和 G_y 各用一个模板,所以需要两个模板组合起来构成一个梯度算子,表 2-1 中给出了几个常用的梯度算子模板,根据模板的大小,其中的系数也不同。

表 2-1 常用梯度算子模板

算子名	H_1	H_2
Roberts	$\begin{bmatrix} 0 & 1 \\ -1 & 0 \end{bmatrix}$	$\begin{bmatrix} 1 & 0 \\ 0 & -1 \end{bmatrix}$
Sobel	$\begin{bmatrix} -1 & 0 & 1 \\ -2 & 0 & 2 \\ -1 & 0 & 1 \end{bmatrix}$	$\begin{bmatrix} -1 & -2 & -1 \\ 0 & 0 & 0 \\ 1 & 2 & 1 \end{bmatrix}$
Prewitt	$\begin{bmatrix} -1 & 0 & 1 \\ -1 & 0 & 1 \\ -1 & 0 & 1 \end{bmatrix}$	$\begin{bmatrix} -1 & -1 & -1 \\ 0 & 0 & 0 \\ 1 & 1 & 1 \end{bmatrix}$

其中 Roberts 算子是利用局部差分算子寻找边缘,具有较高的边缘定位精度,缺点是容易丢失一部分边缘,同时由于图像没经过平滑处理,因此不具备抑制噪声的能力。该算子对具有陡峭边缘且含噪声少的图像效果较好。Sobel 和 Prewitt 这两种算子都是先对图像做加权平滑处理,然后再做微分运算,所不同的是平滑部分的权值有些差异,因此对噪声具有一定的抑制能力,检测结果中不能完全排除出现虚假边缘的问题。虽然这两个算子边缘定位效果不错,但检测出的边缘容易出现多像素宽度。

(2)拉普拉斯算子

二维函数 $f(x, y)$ 的拉普拉斯算子是如下定义的二阶导数:

$$\nabla^2 f = \frac{\partial^2 f}{\partial x^2} + \frac{\partial^2 f}{\partial y^2} \tag{2-41}$$

对拉普拉斯算子的数字近似方法在 2.2.5 节中介绍过。

在数字图像中,对一个 3×3 大小的区域,计算函数的拉普拉斯值也可借助各种模板实现，常见的几种模板如下：

$$\nabla^2 = \begin{bmatrix} 0 & -1 & 0 \\ -1 & 4 & -1 \\ 0 & -1 & 0 \end{bmatrix} 或 \begin{bmatrix} -1 & -1 & -1 \\ -1 & 8 & -1 \\ -1 & -1 & -1 \end{bmatrix} 或 \begin{bmatrix} 1 & -2 & 1 \\ -2 & 4 & -2 \\ 1 & -2 & 1 \end{bmatrix} \tag{2-42}$$

这里对于模板的基本要求是对应中心像素的系数应是正的，而对应中心像素邻近像素的系数应是负的，且它们的和应该是零。

拉普拉斯算子的特点是各向同性、线性和位移不变，对细线和孤立点检测效果好。但边缘方向信息丢失，常产生双像素的边缘，有噪声有双倍加强作用。

（3）高斯—拉普拉斯算子

前面几种边缘算子是在原始图像上进行的。由于噪声的影响，这些方法可能把噪声等边缘点检测出来了，而真正的边缘又没被检测出来。由于拉普拉斯算子对噪声敏感，为了减少噪声影响，可对待检测图像先进行平滑，然后再用拉普拉斯算子。

由于在成像时，一个给定像素所对应的场景点，其周围点对该点贡献的光强大小呈正态分布，所以平滑函数应能反映不同远近的周围点对给定像素具有不同的平滑作用，因此采用正态分布的高斯函数作为平滑函数，表达式如下：

$$h(x, y) = \exp\left(-\frac{x^2 + y^2}{2\sigma^2}\right) \tag{2-43}$$

式中：σ 为高斯分布的均方差。用 $h(x, y)$ 对原始图像 $f(x, y)$ 进行平滑后的图像 $g(x, y)$ 可表示为：

$$g(x, y) = h(x, y) * f(x, y) \tag{2-44}$$

式中：$*$ 为卷积运算。

令 $r^2 = x^2 + y^2$，带入上式。然后对图像 $g(x, y)$ 采用拉普拉斯算子进行边缘检测，可得：

$$\nabla^2 g = \nabla^2 [h(x, y) * f(x, y)] = \left(-\frac{r^2 - \sigma^2}{\sigma^4}\right)\exp\left(-\frac{r^2}{2\sigma^2}\right) * f(x, y) = \nabla^2 h * f(x, y)$$

$$\tag{2-45}$$

式中：$\nabla^2 h = -\left(\frac{r^2 - \sigma^2}{\sigma^4}\right)\exp\left(-\frac{r^2}{2\sigma^2}\right)$ 称为高斯—拉普拉斯算子（Laplacian of a Gaussian，LoG）。该算子有时也被称为墨西哥草帽函数。

用高斯函数的目的就是对图像进行平滑处理，使用拉普拉斯算子的目的是提供一幅用零交叉确定边缘位置的图像。对图像进行平滑处理可以减少噪声的影响，其主要作用还是抵消由拉普拉斯算子二阶导数引起的逐渐增加的噪声影响。

2.4.3　轮廓提取方法

物体的轮廓在图像处理中有非常重要的意义。在工业产品表面质量检测中，通过轮廓提取或跟踪，确定产品的轮廓，从而确定表面缺陷所在的范围，提高检测算法的有效性；在目标跟踪中，通过轮廓提取或轮廓跟踪技术确定目标的轮廓参数。

图像轮廓提取首先是对图像进行二值化，之后针对二值化图像，轮廓提取就变得较为容易，主要包括边缘提取法、差影法、边缘跟踪法等来提取边缘。

（1）边缘提取

二值图像轮廓的提取算法原理很简单，就是掏空内部点。如果原图一点为黑，且它的 8 个（或 4 个）相邻点都是黑色时，此时认为该点为内部点，则将该点删除。

（2）差影法

数学形态学中腐蚀操作具有收缩图像目标的作用，通过适当选取结构元素可以将原图中目标部分收缩一个像素宽度。所谓的差影法就是用原图减去腐蚀后的收缩图像。

（3）轮廓跟踪法

将检测的边缘点连接成线就是边缘跟踪。线是图像分析中一个基本而重要的内容，它是图像的一种中层符号描述，它使图像的表达更简洁。

将边缘点连成线的方法很多，但都没有统一的方法，基本上是按一定的规则来进行，且需要知识的引导。轮廓跟踪法首先要寻找第一个边界点，然后计算搜索方向并找出所有的边界点，由所有的边界点构成的边界就是搜索的目标轮廓。

2.5　图像分割

在图像处理中，人们通常只对图像中的一些区域感兴趣。这些部分则称为前景或者目标，其余部分则为背景。为了辨识和分析目标，需要将这些相关区域分离提取出来，进行特征提取和测量。图像分割就是把图像分成若干个特定的、具有独特性质的区域并提出感兴趣目标的技术和过程。这里的特性可以是灰度、颜色等，目标可以对应单个区域，也可对应多个区域。它是由图像处理到图像分析的关键步骤。

目前的图像分割方法主要有 3 种：一是以区域为对象进行分割，以相似性原则作为分割的依据，即根据图像的特征相似来划分图像子区域，并将各像素划归到相应物体或区域的像素聚类方法；二是以边界为对象进行分割，通过直接确定区域间的边界来实现分割的边界方法；三是先检测边缘像素，再将边缘像素连接起来构成边界形成分割。在图像分割技术中，最常见的是基于阈值的分割方法。

2.5.1　灰度阈值法分割

基于阈值的分割方法是一种具有广泛应用的图像分割技术，其实质是通过利用图像的灰度直方图信息从而获取用于分割的阈值。它是用一个或几个阈值将图像的灰度级分为几个部分，认为属于同一部分的像素是同一个物体。

常用的阈值化处理就是图像的二值化处理，即选择一阈值，将图像转化为黑白二值图像，用于处理图像分割及边缘提取等之中。

图像阈值化处理的变换函数形式如下：

$$g(x, y) = \begin{cases} 0 & f(x, y) < T \\ 255 & f(x, y) \geq T \end{cases} \tag{2-46}$$

图像阈值化处理实质是一种图像灰度级的非线性运算，其功能是用户指定一个阈值 T，如果图像中某个像素的灰度值小于该阈值，则将该像素的灰度值置为 0，否则将其灰度值置为 255。

在图像的阈值化处理过程中，阈值的选取对处理结果的影响很大。主要分类两类：固定阈值法和浮动阈值法。最简单的方法莫过于双峰法，此外还有迭代法、最大类间方差法、判别分析法和一维最大熵法等。

2.5.2   区域生长

分割的目的是将一幅图像划分成一些子区域，最直接的方法就是将一幅图像分成满足某种判据的子区域，即将点组成区域。这种分割方法，首先需要确定子区域的数目，然后要确定一个区域与其他区域相区别的特征，最后还要产生有意义分割的相似性判据。

区域生长也称为区域生成。假设区域的数目已确定，以及每个区域中单个点的位置已知，则从该已知点开始，加上与已知点相似的邻近点形成一个区域。相似性准则可以是灰度级、彩色、组织、梯度或其他特征，相似性度量可以由所确定的阈值来判定。方法是从满足检测准则的点开始，在各个方向上生长区域，当其邻近点满足检验准则并入小块区域中。当新的点被合并后再用新的区域重复这一过程，直到没有可接受的邻近点时生成过程终止。

当生成任意物体时，接受准则可以结构为基础，而不是以灰度级或对比度为基础。为了把小的候选群点包含在物体中，可以检测这些小群点，而不是检测单个点，如果它们的结构与物体的结构足够相似时就接受它们。

2.5.3   区域分离与聚合

区域分离与聚合是在开始时将图像分割成一系列任意不相交的区域，然后将它们聚合或拆分以满足条件，即分离与合并的区域分析法。

该方法的基本原理是利用图像数据的金字塔或四叉树数据结构的层次概念，将图像分成一组任意不相交的区域，即可从图像的金字塔或四叉树结构的任意中间层开始，根据给定的均匀性检测准则进行分离和合并这些区域，逐步改善区域性能，直到最后将图像分为数量最少的区域为止。

分离聚合法的关键是分离聚合准则的设计。这种方法对复杂图像的分割效果较好，但计算量大且算法较复杂，分离时还可能破坏区域的边界。

2.6   双目立体视觉

双目立体视觉是基于视差原理，由三角法原理进行三维信息的获取，可由两个摄像机的图像平面或单摄像机在不同位置的图像平面和被测物体之间构成一个三角形。已知两台摄像机之间的位置关系，便可以获取两摄像机公共视场内物体的三维尺寸及空间物体特征点的三维坐标。双目立体视觉系统一般由两个固定的摄像机或一个运动的摄像机构成。

2.6.1   测量原理

双目立体视觉三维测量基于视差原理，图2-2为简单的平行光轴双目立体视觉成像原理图。

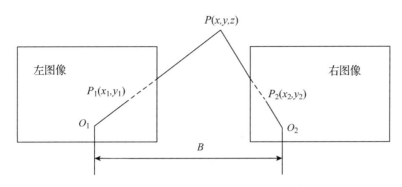

图2-2 平行光轴双目立体成像原理图

图中 O_1 和 O_2 分别为两个摄像机的中心，空间坐标系下一点 $P(x, y, z)$ 在两图像坐标系下的投影坐标分别为 $P_l(x_1, y_1)$ 和 $P_r(x_2, y_2)$，由于双目摄像机平行放置，即 O_1 和 O_2 在同一水平面上，所以有 $y_1 = y_2 = Y$，两个摄像机投影中心连线的距离 B 为基线距离，图像平面与摄像机中心之间的垂直距离为焦距，用 f 表示，则有三角几何关系可得：

$$\begin{cases} x_1 = f\dfrac{x}{z} \\[2mm] x_2 = f\dfrac{x-B}{z} \\[2mm] Y = f\dfrac{y}{z} \end{cases} \tag{2-47}$$

令视差 $D = x_1 - x_2$，则可以计算出点 P 在摄像机坐标下的三维坐标为：

$$\begin{cases} x = \dfrac{B \cdot x_1}{D} \\[2mm] y = \dfrac{B \cdot Y}{D} \\[2mm] z = \dfrac{B \cdot f}{D} \end{cases} \tag{2-48}$$

因此，左摄像机像面上的任意一点只要能在右摄像机像面上找到对应的匹配点，就可以确定出该点的三维坐标。像平面上所有点只要存在相应的匹配点，就可以参与上述点对点的运算，从而获取其对应的三维坐标。

2.6.2 双目立体视觉标定

在分析了最简单的平行光轴双目立体视觉的三维测量原理基础上，现在考虑一般情况，即对两个摄像机的摆放位置不做特别要求。要求出空间坐标下一点的三维坐标，首先需要对系统进行标定。

摄像机内部参数的标定和单目视觉系统标定一致，双目立体视觉系统的标定主要是指摄像机内部参数标定后确定视觉系统的结构参数 R（旋转矩阵）和 T（平移矩阵），即两个摄像机之间的位置关系。常采用标准的 2D 或 3D 精密靶标，通过摄像机图像坐标与三维世界坐标的对应关系求出这些参数。具体的标定过程如下：

①将标定板放置在一个适当的位置，使它在两个摄像机中都能够完全成像。通过标定确定两个摄像机的内部参数以及它们的外部参数（R_1、T_1 和 R_2、T_2），则 R_1、T_1 表示左摄像机与世界坐标系的相对位置，R_2、T_2 表示右摄像机与世界坐标系的相对位置。

②假设空间中任意一点在世界坐标系、左摄像机和右摄像机坐标下的非齐次坐标分别为 P_0、P_1 和 P_2，则有：

$$P_1 = R_1 P_0 + T_1 \tag{2-49}$$

$$P_2 = R_2 P_0 + T_2 \tag{2-50}$$

上面两个式子消去 P_0 可得：

$$P_2 = R_2 R_1^{-1} P_1 + T_2 - R_2 R_1^{-1} T_1 \tag{2-51}$$

因此两个摄像机之间的位置关系 R 和 T 可用以下关系式表示：

$$R = R_2 R_1^{-1} \tag{2-52}$$

$$T = T_2 - R_2 R_1^{-1} T_1 \tag{2-53}$$

因此，只要已知两个摄像机的焦距、左右摄像机的位置参数 R 和 T 以及空间点在左右摄像机中的图像坐标，就可以得到被测物体点的三维空间坐标。

本章小结

图像处理技术是机器视觉系统的基础。本章介绍了不同色彩空间的定义以及相互的空间转换关系，图像增强、形态学图像处理、边缘检测、图像分割以及双目立体视觉系统的测量原理以及系统标定。

参考文献

［1］PASS G，ZABIH R. 1996. Histogram refinement for content-based image retrieval［C］// IEEE Workshop on Applications of Computer Vision，IEEE Computer Society. 96.

［2］STRICKER M A，ORENGO M. 1995. Similarity of color images［C］//Storage and Retrieval for Image and Video Databases III. Storage and Retrieval for Image and Video Databases III，381 – 392.

［3］HARALICK R M，SHANMUGAM K，DINSTEIN I. 1973. Textural Features for lmage Classification［J］. Systems Man & Cybernetics IEEE Transactions on，smc-3(6)：610 – 621.

［4］TAMURA H，MORI S，YAMAWAKI T. 1978. Texture features corresponding to visual perception［J］. IEEE Trans. syst. man. cybernet，8(6)：460 – 473.

［5］PERSOON E，FU K S. 1986. Shape discrimination using fourier descriptors［J］. Systems Man & Cybernetics IEEE Transactions on，7(3)：388 – 397.

思考题

1. 简述图像灰度变换的种类及应用范围。

2. 什么是图像的直方图？简述直方图均衡化的步骤。

3. 列举图像空域变换中平滑处理的方法并简述其异同。

4. 列举 3 种边缘提取算子，它们各自的使用场合是什么？有何优点？

5. 图像数学形态学有哪些应用？

推荐阅读书目

1. 数字图像处理（第二版）. Rafael C. Gonzalez，Richard E. Woods，Gonzalez 等. 电子工业出版社，2007.

2. Computer Vision：Algorithms and Applications. Szeliski R. Springer-Verlag New York，Inc. 2010.

3. 图像处理、分析与机器视觉. Milan Sonka，Vaclav Hlavac，Roger Boyle 等. 清华大学出版社，2016.

第3章

目标识别算法

[**本章提要**] 目标识别算法最初源于统计模式识别，统计决策和估计理论是这类算法的基础。目标特征和参考目标模式特征的获取过程都不可避免地引入了噪声和各种不确定因素，所以需要将统计方法和决策理论应用至目标识别算法，即统计分类器。本章介绍了特征提取方法以及3种主要的目标识别算法：聚类、模板匹配和神经网络识别。其中，对于后文实例中应用较多的神经网络识别做出重点阐述。

3.1 特征提取

图像分割完成之后，可以进一步对它进行几何特征、颜色、纹理等测量和分析，在此基础上可以识别物体，也可以对物体进行分类和理解。因此，图像特征提取与理解具有广泛的应用，是机器视觉系统的主要内容之一。

图像特征是区分一个图像内物体或区域的最基本属性和特点。图像特征既可以是人的视觉能够识别的自然特征，也可以是通过对图像进行测量和处理后人为获取或定义的某些特征。常用的图像特征有颜色特征、纹理特征、形状特征、空间关系特征等。

3.1.1 颜色特征

颜色特征属于图像最直观的特征之一。颜色特征是一种全局特征，在描绘图像颜色的全局分布时非常有效。一般颜色特征是基于像素点的特征，此时所有属于图像或图像区域的像素都有各自的贡献。

颜色直方图是最常用的表达颜色特征的方法，为了定义颜色直方图，将色彩空间量化成有限的离散级，这些级中的每一个都成为直方图中的直方图格。然后，根据每个离散级中的像素数来计算颜色直方图。有许多不同的方法可以通过量化色彩空间来确定这种离散级数。

使用颜色直方图，我们认为可以通过计算两个直方图之间的距离作为相似性的度量。假设 $H^{(1)} = \{h_1^{(1)}, h_2^{(1)}, \cdots, h_K^{(1)}\}$ 和 $H^{(2)} = \{h_1^{(2)}, h_2^{(2)}, \cdots, h_K^{(2)}\}$ 是从两个图像的颜色直方图中产生的两个特征向量，这里 $h_j^{(1)}$ 和 $h_j^{(2)}$ 分别是在两个直方图中第 j 个直方图格像素的计数，并且 K 是每个直方图中的直方图格数。则定义两个直方图之间的距离为：

$$d = \sum_{j=1}^{K} \left| h_j^{(1)} - h_j^{(2)} \right| \tag{3-1}$$

此外，还有其他两个直方图之间的距离测量方法，如直方图相交。直方图相交是两个直方图相同像素的总和，计算公式如下：

$$I(H^{(1)}, H^{(2)}) = \sum_{j=1}^{K} \min(h_j^{(1)} - h_j^{(2)}) \tag{3-2}$$

上式还可通过归一化来保持距离测量值在[0，1]范围内。

颜色直方图的优点是不仅表达简单易于操作，而且不受图像旋转和平移变化的影响，借助归一化还可进一步不受图像尺度变化的影响，其缺点是没有表达出颜色空间分布的信息，容易受光照、场景变化的影响，检索效率低。

基于相似性测量方法的直方图存在一个问题，即全局颜色分布不能反映图像中局部颜色像素的空间分布，也就无法区别一种具体颜色是稀疏地分散到所有图像，还是只处于图像中单一的大区域中。

基于颜色聚合向量[1]的方法设计用颜色直方图容纳空间颜色的信息。其核心思想是：将属于直方图中每一个柄的像素分成两部分，如果该柄内的某些像素所占据连续区域的面积大于给定的阈值，则将该区域内的像素作为聚合像素；否则作为非聚合像素。

颜色矩是描绘彩色图像颜色特征的一个紧凑表示[2]。这种方法的数学基础在于：图像中任何的颜色分布均可以用它的矩来表示。由于颜色分布信息主要集中在低阶矩中，所以仅采用颜色的一阶矩(均值，mean)、二阶矩(方差，variance)和三阶矩(斜度，skewness)就足以表达图像的颜色分布。在两个图像颜色矩之间的加权欧几里得距离可以很有效地计算颜色相似性。

由于颜色对图像或图像区域的大小和方向等变化不敏感，因此颜色特征不能够很好地捕捉图像中对象的局部特征。另外，仅使用颜色特征查询时，如果数据库很大，常会检索出许多不需要的图像。

3.1.2 纹理特征

纹理特征是图像中比较复杂的特征，因为纹理特征代表了人的复杂心理认知过程，而机器视觉难以精确模拟人在多变场景中对纹理的准确识别过程。纹理特征是一种全局特征，它对图像或图像区域所对应景物的表面性质进行了描述。但纹理只是物体表面的一种特性，并不能完全反映出物体的本质属性，所以仅仅利用纹理特征是无法获得高层次图像内容的。与颜色特征不同的是纹理特征不是基于像素点的特征，它需要在包含多个像素点的区域中进行统计计算。在模式匹配中，这种区域性的特征具有较大的优越性，不会由于局部的偏差而无法匹配成功。作为一种统计特征，纹理特征常具有旋转不变性，并且对于噪声有较强的抵抗能力。

目前已经使用了各种各样的技术测量纹理的相似性。在1973年，Haralick等人提出了纹理特征共生矩[3]，在数学上根据图像像素之间的方向和距离构造了共生矩阵。一些纹理特征，如熵(entropy)、能量(energy)、对比度(contrast)和均匀性(homogeneity)都可以从图像的灰度共生矩阵$C(ij)$中提取。具体计算公式如下：

$$Entropy = -\sum_i \sum_j C(i,j) \log C(i,j) \tag{3-3}$$

$$Energy = \sum_i \sum_j C^2(i,j) \tag{3-4}$$

$$Contrast = \sum_i \sum_j (i-j)^2 C(i,j) \tag{3-5}$$

$$Homogeneity = \sum_i \sum_j \frac{C(i,j)}{1 + |i-j|} \tag{3-6}$$

此外，Tamura 等基于人类对纹理的视觉感知心理学研究，提出了 6 种视觉上有意义的纹理属性，以用于纹理分析，即粗糙度、对比度、方向性、线像度、规整度和粗略度。这些纹理特征多用于基于内容的图像检索系统。

在检索具有疏密和粗细等方面有差别的纹理图像时，利用纹理特征是一种有效的方法。但当纹理之间疏密和粗细等易于分辨的信息之间相差不大的时候，通常的纹理特征则不容易准确地反映出人类视觉感受不同纹理之间的差别。

3.1.3 形状特征

形状特征一般有两类表示方法，一是轮廓特征；二是区域特征。图像轮廓特征主要针对物体外边界，而图像区域特征则关系到整个形状区域。这两类最突出的代表是傅里叶描述子(Fourier descriptors)和不变矩(moment invariants)。傅里叶描述子的主要思想是使用对象的傅里叶变换边界作为形状特征，而不变矩的思想是使用基于区域的几何矩，它对于平移和旋转不发生变化。

除了几何矩之外，圆度、对称性、长宽比等也经常用于图像的分割和形状检测。需要说明的是，提取形状参数，需要以图像处理及图像分割为前提，参数的准确性必然受到分割效果的影响，对分割效果很差的图像，形状参数甚至可能无法获得。

3.1.4 空间关系特征

空间关系是指图像中分割出来的多个目标之间的相互空间位置或相对方向关系，这些关系也可分为交叠/重叠关系、连接/邻接关系和包含/包容关系等。通常空间位置信息可以分为两类：相对空间位置信息和绝对空间位置信息。前一种关系强调目标之间的相对情况，如上下左右关系等；后一种关系强调目标之间的方位以及距离大小。显然，相对空间位置可由绝对空间位置推算出，但通常相对空间位置信息表达比较容易。

有两种方法可以提取图像空间关系特征：一种方法是首先对图像进行自动分割，划分出图像中所包含的颜色区域或对象，接着根据这些区域依次提取图像特征，并建立索引；另一种方法则是将图像简单均匀地划分为若干规则的子块，然后提取每个图像子块的特征，同时建立索引。

使用空间关系特征可增强对图像内容的描述区分，但空间关系特征通常对目标或图像的反转、旋转、尺度变化等比较敏感。另外，实际应用中，仅仅利用空间信息往往是不够的，不能有效、准确地表达场景信息。为了检索，除使用空间关系特征外，还需要其他特征来配合。

3.2 聚类

在目标识别中,数据分析和预测模型有关,给定一些训练数据,预测或测试数据的特性,这个过程也称为学习。一般来说,学习过程可以分为监督学习和无监督学习两类。监督学习包含有标记数据作为训练样本,而无监督学习不包含任何标记数据。分类属于监督学习范畴,而聚类(clustering)属于无监督学习范畴。聚类分析广泛应用于工程和科学研究领域中,如图像处理、文本分类、语音识别等。

3.2.1 聚类分析

聚类分析是一种无监督的学习方法,即在没有学习样本的情况下,将对象集自动分组的分析方法。聚类的数目和结构皆未事先给定,需要根据数据的相似性和距离来划分。在图像处理领域,该方法主要用于图像分割、图像增强、图像压缩和图像检索。

随着大数据时代的到来,各行各业每天都在涌现越来越多的海量高维数据,如何从中提取有用信息或知识,已成为急需解决的问题。聚类分析作为一种探测型数据分析方法,它可以揭示对象与对象之间、对象与特征之间、特征与特征之间的关系。聚类分析的核心是聚类,根据"物以类聚"的原则,将数据对象分组成多个类(class)或簇(cluster),使得同一簇内的对象具有较高的相似度,而不同簇间的对象差别明显。

聚类分析的典型应用有以下4个方面:

①减少数据(数据压缩) 先将数据聚类,然后每个簇用一个原型或一些代表点来表示,从而达到数据压缩的目的。

②假说生成 通过聚类作为建议假说的媒介,然后使用其他数据集验证这些假说。

③假设检验 使用聚类分析来验证指定假说的有效性。

④基于分组的预测 先对现有数据集聚类分析后,形成每个簇的特征表示,对于一个新的数据,先识别它所属的簇,然后根据这个簇的特征来对它进行预测。

聚类方法主要有:划分方法、凝聚型层次方法、基于密度的方法、基于网格的方法、基于模型的方法等硬聚类方法。所谓硬聚类方法,即每个数据属于且仅属于一个簇。也有软聚类方法,它给出每个对象属于不同簇的概率。模糊聚类方法属于软聚类方法。近年来还出现了一些研究较多、应用逐渐广泛的聚类方法,如谱聚类方法、约束聚类方法和基于聚类的特征选择方法。

3.2.2 聚类方法

3.2.2.1 划分方法[4]

划分方法是将数据集划分成互不相交的簇,通过优化一个局部定义(定义于模式子集)或全局定义(定义于所有数据上)的准则函数来得到数据的一个聚类。典型的划分算法有 k-means 和 k-medoids 算法[5]。k-means 算法即 K-平均算法,将 n 个对象分成 k 个簇,初始随机选择 k 个点作为簇的均值点,根据样本点与均值点最近的原则,将每个点分配给离它最近的均值点代表的簇,再重新计算各个簇的均值。该过程不断重复,直至准则函数收敛。此方法的时间复杂度与数据集的大小呈线性关系，效率非常高，快速、简便，但是由于其结果受初选 k 值影响，易陷于局部最优；对噪声数据和孤立点敏感，不能发现非凸面形状的簇。它采用的准则函数是类内方差准则函数：

$$E = \sum_{i=1}^{k} \sum_{x \in C_i} (\text{dis}(x, m_i))^2 \tag{3-7}$$

式中：m_i 为簇 C_i 的均值点；$(\text{dis}(x, m_i))^2$ 为簇内点到簇的均值点距离的平方。

在 k-means 算法的基础上，学者们提出了很多改进算法，如 k-medoids 算法、k-modes 和 k-prototypes 等典型算法。k-medoids 算法用中心点（medoid）来代替均值（mean），中心点是指离均值点最近的样本点。由于中心点不像均值易受极端数据影响，故当存在噪声和孤立点数据时，采用 k-medoids 算法比 k-means 算法收敛更快，但是 k-medoids 的执行代价较高。k-modes 算法是对 k-means 算法的扩展，k-means 算法仅能处理数值型数据，而 k-modes 算法可以处理分类属性型数据，它采用差异度替代 k-means 算法中的距离，差异度越小表示距离越小。k-prototypes 是处理混合属性聚类的典型算法，它将 k-means 算法和 k-modes 算法相结合，引入了控制数值属性和分类属性在聚类过程中的权重。

k-means 算法以其低计算复杂度受到青睐，而 k-medoids 却因强鲁棒性，对噪声数据及异常点处理能力强等优势，得以广泛应用。长期以来，很多专家学者不断改进 k-medoids，在保持其优势的基础上，力图像 k-means 算法那样提高效率。围绕 k-medoids 算法和 k-means 算法，还有一些相关研究，如 PAM 算法、CLARANS 算法、Leader 算法和 ISODATA 算法等。

PAM（partitioning around medoids）是最早提出的 k-medoids 算法之一，其基本思想为：首先随机选择 k 个对象作为聚类中心点，剩余 m-k 个对象按与各中心点的距离就近分配成为一簇；然后反复地试图找出非中心点来替代中心点，以改进聚类质量，直至每个簇中的对象不再发生变化。PAM 聚类算法对噪声点不敏感，聚类结果不受对象输入顺序的影响，相对于 K-means 算法而言其聚类过程的鲁棒性更好。

CLARANS（clustering large application based upon RANdomized search）将采样技术和 PAM 算法结合起来，在搜索的每一步随机抽取一个样本集。聚类过程简化成图像搜索问题，每 k 个中心点的集合被视为图像中的一个顶点，有 k-1 个中心点相同的顶点视为相邻的。聚类时，任意一个顶点首先被视为当前点，接着寻找一个能导致更好的聚类结果的随机邻接点，将其视为新的当前顶点，直至当前点无法替代为止。试验表明它比 PAM 更有效，且能探测异常点。

Leader 算法是一个用递增式方法实现的 k-means 算法。它依次读取数据到内存中，初始时任意选择一个数据作为起始的 leader，即类中心，分配该数据到第一个簇，接着考虑下一个数据，根据它与 leader 的距离不同做相关处理。如果距离小于阈值，则将它分配至距其最近的 leader 簇；如果距离大于阈值，则用它生成一个新 leader 簇，直到所有数据都已聚类。Leader 算法只要一遍扫描数据库就可以得到聚类结果，不需要重复多次迭代，简单快速。但它与设置的阈值有关，不同阈值得到的 leader 簇不同，从聚类结果看，类的划分过细。

ISODATA 是 k-means 算法的一种变种，该法预先设定迭代参数，在随机选定初始聚类中心的基础上，将全部样本按事先选定好的相似度函数进行聚类，然后，重新计算样本均值作为新的聚类中心，动态地进行簇的"分裂"和"合并"操作，若结果中有一个簇的方差大于某个给定的阈值，则分裂之；若两个簇之间距离小于某个给定的阈值，则合并它们，最终获得较为合理的聚类结果[6]。使用该法选择合适的阈值，在随机初始化 k 个均值点下也有可能找到最优的结果。

3.2.2.2 凝聚型层次聚类算法

层次聚类算法分为自底向上算法和自顶向下算法，即凝聚型层次聚类算法和分裂型层次聚类算法。凝聚型层次聚类算法首先将每个对象作为一个簇，然后每次合并两个距离最近的簇，直至所有的对象属于同一个簇，或者满足某个终止条件。而分裂型层次聚类算法首先将所有对象置于同一个簇中，然后每次分裂一个簇，直至每个簇中只含有一个对象，或者达到某个终止条件。由于分裂簇计算过于复杂，所以凝聚型层次聚类算法的应用更加广泛，它需要计算簇与簇之间的距离，常用方法有以下 4 种。

（1）Minimum distance（SL，single-link）

两个簇间的距离等于分别来自两个簇的任意对象之间的最小距离，如式（3-8）：

$$d_{\min}(C_i, C_j) = \min_{x \in C_i, x' \in C_j} \mathrm{dis}(x, x') \tag{3-8}$$

式中：$\mathrm{dis}(x, x')$ 为两个簇的任意对象之间的距离，可以采用合适的距离函数或相异性度量。

（2）Maximum distance（CL，complete-link）

两个簇间的距离等于分别来自两个簇的任意对象之间的最大距离，如式（3-9）：

$$d_{\max}(C_i, C_j) = \max_{x \in C_i, x' \in C_j} \mathrm{dis}(x, x') \tag{3-9}$$

（3）Average distance（AL，average-link）

两个簇间的距离等于分别来自两个簇的任意对象之间距离的平均值，如式（3-10）：

$$d_{avg}(C_i, C_j) = \frac{1}{n_i n_j} \sum_{x \in C_i} \sum_{x' \in C_j} \mathrm{dis}(x, x') \tag{3-10}$$

式中：n_i，n_j 分别为簇 C_i 和 C_j 中对象的个数。

（4）Mean distance

两个簇间的距离等于两个簇的均值点间的距离，如式（3-11）：

$$d_{\mean}(C_i, C_j) = \mathrm{dis}(m_i, m_j) \tag{3-11}$$

式中：m_i，m_j 分别为簇 C_i 和 C_j 的均值点。

3.2.2.3 基于密度的方法

划分方法和层次聚类方法仅能发现球状簇，而基于密度的聚类算法可以用于过滤噪声孤立点数据，发现任意形状的簇。基于密度的聚类算法是将簇视为数据空间中由低密度区域分隔开的高密度区域。该类算法分为基于局部连通性和基于密度函数两种，前者的代表算法有 DBSCAN 算法、OPTICS 算法，后者的代表算法有 DENCLUE 算法。而其中密度的概念是基于距离函数的，也就是说如果有很多的点相距很近，这表示这些点构成了一个高密度区域，所以这种类型的算法所暗含的聚类准则函数也是类内方差准则函数。所采用的搜索策略也大多数是贪婪搜索策略，它们的时间复杂性介于划分方法和层次方法之间。其中典型的算法有：

(1) DBSCAN(density-based spatial clustering of applications with noise)

DBSCAN 算法是基于高密度连通区域聚类的，主要以点的邻域半径 Eps(表示以给定点 P 为中心的圆形邻域的范围)和邻域内的最少点数 $MinPts$ 作为输入参数来控制簇的密度。它从还没有被聚类的点中随机选择一个点 P，把它作为一个簇，如果它的邻域半径决定的范围内至少有 $MinPts$ 个点，则将这些点聚到同一簇中，然后对这些新加进来的点重复上述过程直至没有新加进来的点。与 k-means 相比较，其优势在于：不需要输入欲划分的聚类个数，能够发现任意形状的簇，可以过滤去除噪声点。但是它对输入参数的设定很敏感，不适合数据集中密度差异很大的情形，因为该情形下的邻域半径 Eps 和最少点数 $MinPts$ 很难选取。

(2) OPTICS(ordering points to identify the clustering structure)

OPTICS 算法和 DBSCAN 非常类似，它可视为 DBSCAN 算法的一种改进算法，通过将对象排序识别聚类结构，可以获得不同密度的聚类。具体通过对数据对象进行排序，得到一个有序的对象队列，从这个队列里面可以获得任意密度的聚类。它对输入参数不敏感，不会因输入参数设置的细微不同导致差别很大的聚类结果。

(3) DENCLUE(density-based clustering)

DENCLUE 算法是一个基于一组密度分布函数的聚类算法，可视为对 k-means 聚类算法的推广，相对于 k-means 算法得到的是对数据集的一个局部最优划分，它得到的是全局最优划分，比 DBSCAN 算法速度快。它把每个数据对聚类的影响利用数学函数(如抛物线函数、方波函数、高斯函数等)来建模。数据空间的整体密度用所有点影响函数的和计算，再确定簇[7]。

3.2.2.4 基于网格的方法

基于网格的聚类方法采用了一个多分辨率的网格数据结构。它将数据量化为有限数目的单元，这些单元形成了网格结构，所有的聚类操作都在网格上进行。这种方法的主要优点是处理速度快，其处理时间独立于数据对象的数目，只依赖于量化空间中每一维上的单元数目。在量化后一般采用划分、层次或基于密度的聚类技术来完成聚类。典型的基于网格的聚类算法如下。

(1) STING(statistical information grid)

作为一种基于网格的多分辨率聚类算法，它将待聚类数据空间划分为矩形单元。STING 算法中有两个参数：网格的步长和密度阈值。网格的步长用来确定空间网格的划分，当网格中对象数量大于等于密度阈值时，表示该网格为稠密网格。网格针对不同级别的分辨率，存在多个级别的矩形单元，这些单元形成了一个层次结构，即高层的每个单元被划分为多个低一层的单元，每个单元的统计信息(如平均值、最大值和最小值)被预先计算和存储。STING 算法中网格的计算独立于查询，网络结构有利于并行处理和增量更新，具有很快的处理速度，效率很高。但是 STING 聚类的质量取决于网格结构最低层的粒度，当其粒度太大时，可能会降低聚类的质量。

（2）WaveCluster

WaveCluster 算法是先将数据空间划分为网格，再对网格数据进行小波变换，在变换后的空间中将高密度区域识别为簇。采用小波变换后，簇的边界变得更加清晰，它能有效处理大数据集，发现任意形状的簇。

（3）CLIQUE（clustering in quest）

CLIQUE 算法综合了基于密度和基于网格的聚类方法，适用于大型数据库中的高维数据聚类，既可以像基于密度的方法发现任意形状的簇，又可以像基于网格的方法处理较大的多维数据集。它将数据空间划分为互不相交的矩形单元，使用密度阈值识别其中的稠密单元，然后检查稠密单元生成聚类。

3.2.2.5 基于模型的方法

基于模型的聚类方法（model-based clustering methods）为每个簇假定了一个模型，寻找符合给定模型的最佳拟合数据对象。它可能通过构建反映数据点空间分布的密度函数来定位聚类，也可能基于标准的统计数字自动决定聚类的数目。该方法的聚类试图优化给定的数据和某些数据模型之间的适应性。基于模型的方法主要有两类：统计学方法和神经网络方法。COBWEB 算法是著名的基于统计学的聚类方法，它是一个通用且简单的概念聚类方法，采用分类树的形式表现层次聚类。它采用的准则函数是类效用函数（category utility，CU），使得聚类所得的各个簇的类效用值尽可能大。类效用函数定义为给定一个簇后，可正确预测某个特征值的概率。神经网络方法有 SOM（self-organizing maps）算法，即自组织映射神经网络算法，是一种聚类和高维可视化的无监督学习算法。它模仿人脑神经元的相关属性，通过训练，自动对输入模式进行聚类。它属于竞争型学习网络，具有输入层和输出层（竞争层）两层拓扑结构；可以把高维空间的输入数据映射到低维（一维或二维）的神经网络上。训练时采用"竞争学习"的方式，当接收到训练样本后，每个输出层神经元会计算该样本与自身携带的权向量之间的距离，距离最近的神经元成为竞争获胜者，称为最佳匹配单元。然后最佳匹配单元及其邻近的神经元的权向量将被调整，以使得这些权向量与当前输入样本的距离缩小。这个过程不断迭代，直至收敛。

3.2.2.6 模糊聚类方法[8]

自然界中存在着许多定义不够严格或者具有模糊性的概念，有些物体位于两个簇之间，具有"亦此亦彼"的性质，可能同时在一定程度上属于多个簇。模糊聚类方法是一种基于目标函数迭代优化的无监督聚类算法，是在涉及事物之间的模糊界限时按一定要求对事物进行分类的数学方法，属于软聚类方法。图像处理因受人眼视觉的主观性和训练样本的局限性影响，尤其需要模糊聚类这种采用模糊处理且无监督的分析工具。由于模糊聚类得出了样本属于各个类别的不确定性程度，表达了样本类属的中介性，从而可以真实地反映出图像的模糊性和不确定性，较为客观地反映现实世界。

模糊聚类分析有系统聚类法和逐步聚类法两种基本方法。系统聚类法是基于模糊等价关系的模糊聚类分析法，可用经典等价关系对样本集进行聚类。逐步聚类法是一种基于模糊划分的模糊聚类分析法，它事先确定好待分类的样本应分成几类，接着按最优化原则进行再分类，通过多次迭代直至分类合理为止。由于传统分割算法面临高维特征提取的难题，以及图像中存在不确定性和模糊性的因素，引入具有良好的局部收敛特性、适合于高维特征空间的模糊聚类算法，这样图像分割问题就可等效为像素的无监督分类，因此模糊聚类分析广泛应用于边缘检测、图像增强、图像压缩等图像处理方面。目前，许多学者不断改进模糊聚类方法，将其与遗传算法、模拟退火算法等智能优化算法相融合，有效地用于遥感图像、医学图像和交通图像等图像分割上。

模糊 C 均值聚类算法（fuzzy C-means algorithm，FCMA 或简称 FCM）是最典型、应用最广泛的模糊聚类方法，比 k-means 在避免局部最优方面更具优势。FCM 用隶属度确定每个数据点属于某个聚类的程度，它将 n 个向量 $X_i(i=1, 2, \cdots n)$ 分为 c 个模糊组，通过优化目标函数（即目标函数达到最小），得出每组的聚类中心 $c_j(j=1, 2, \cdots, c)$。其核心是寻求合适的隶属度和聚类中心，使得目标函数最小。

设有待分类的样本集为 $X = \{X_1, X_2, \cdots, X_n\} \subset R^{n*q}$，$n$ 是样本集合中的元素个数，q 是特征空间维数。如果要将样本集 X 划分为 c 个类别，那么 n 个样本分别属于 c 个类别的隶属度矩阵记为 $U = [u_{ik}]_{c*n}$（模糊划分矩阵）：其中 $u_{ik}(1 \leq i \leq c, 1 \leq k \leq n)$ 表示第 k 个样本 X_k 属于第 i 个类别的隶属度，u_{ik} 应满足以下两个约束条件：

$$\sum_{i=1}^{c} u_{ik} = 1, 1 \leq k \leq n$$

$$0 \leq u_{ik} \leq 1, 1 \leq i \leq c, 1 \leq k \leq n$$

Bezdek 定义了模糊 C 均值聚类算法的一般描述：

$$J_m(U, P) = \sum_{k=1}^{n} \sum_{i=1}^{c} (u_{ik})^m (d_{ik})^2, m \in (1, \infty) \tag{3-12}$$

式中：m 称为模糊加权指数，又称为平滑阐述参数，控制分类矩阵 U 的模糊程度。尽管从数学角度看，m 的出现不自然，但如果不对隶属度加权，从硬聚类目标函数到模糊聚类的目标函数的推广将是无效的。在上述目标函数中，样本 X_k 与第 i 类的聚类原型之间的距离度量的一般表达式定义为：

$$(d_{ik})^2 = |X_k - p_i|_M = (X_k - p_i)^T M (X_k - p_i) \tag{3-13}$$

式中：M 为 $q \times q$ 阶的对称正定矩阵。聚类的准则为取 $J_m(U, P)$ 的极小值 $\min\{J_m(U, P)\}$。$P = (p_1, p_2, \cdots, p_c)$ 为 $q \times c$ 矩阵，表示聚类中心矩阵，$p_i(1, 2, \cdots, c) \in R^q$ 为第 i 类的聚类中心。FCM 算法就是一个使目标函数 $J_m(X, U, P)$ 最小化的迭代求解过程。

3.2.2.7　谱聚类算法（spectral clustering algorithm）

谱聚类算法是一种基于图论的聚类方法。假设将每个数据样本视为图中的顶点 V，根据样本间的相似度将顶点间的边 E 赋权重值 W，得到一个基于样本相似度的加权无向图 $G(V, E)$，这样就可将聚类问题转化为在图 G 上的图分割问题。基于图论的最优划分准则就是使划分成的两个子图内部相似度最大，子图之间的相似度最小。划分准则的好坏直接影响到聚类结果的优劣。样本间的相似度被视作带权的边，在进行图分割之时，尽量使连接不同组的边的权重尽可能低（即指组间相似度尽可能低），组内的边的权重尽可能高(即指组内相似度尽可能高),首先依据相似度将各顶点连接在一起,再进行分割,分割后依然连在一起的顶点就是同一簇。在具体处理数据时,将加权无向图用相似度矩阵表示,这样就将一大堆对象,分成不同的小堆,小堆内部的对象之间皆相似,小堆之间的对象则不相似。

谱聚类算法的优点在于不需预先假设样本服从某种特定的分布,它通过对相似性矩阵的谱图划分达到划分样本空间的目的,从而避免对样本空间分布假设的依赖,能够在任意形状的样本空间上聚类,且收敛于全局最优解,尤其适用于处理稀疏数据的聚类。

3.2.3 用于聚类算法的优化和搜索技术

3.2.3.1 人工神经网络聚类

21 世纪,随着互联网技术的不断发展,大型工程计算和海量数据挖掘已无法采用普通的聚类算法完成,人工神经网络 ANN (artificial neural networks for clustering)以基于生物神经系统的并行处理、分布式存储、自适应学习等特点在聚类中彰显出其优势,得到了广泛应用。

人工神经网络 ANN 在聚类时常采用竞争学习的网络模型,其典型算法有:学习矢量量化 LVQ(learning vector quantization)算法、自组织映射神经网络 SOM 算法,以及自适应共振理论 ART (adaptive resonance theory) 算法。这些算法都是单层的,数据用输入层表示,与输出层直接相连,输入与输出层之间的权重迭代改变直到满足终止准则。它们的学习过程类似于一些传统的聚类过程,如 LVQ 与 k-means 相似,ART 与 Leader 相似。

以 LVQ 为例,它具有自适应性,是一种结构简单、功能强大的有监督式神经网络分类方法。LVQ 在训练过程中通过对神经元权向量(原型)的不断更新,对其学习率的不断调整,能够使不同类别权向量之间的边界逐步收敛至贝叶斯分类边界,它对获胜神经元(最近邻权向量)的选取是通过计算输入样本和权向量之间欧氏距离的大小来判断的。LVQ 是无监督的 SOM 的扩展,通过在权向量更新过程中引入监督信号,从而比 SOM 具有更广泛的应用。

3.2.3.2 进化计算方法

随着生物、信息、控制学科的交叉融合,人工神经网络和进化计算等智能计算方法得到了飞速发展。进化计算方法主要处理复杂系统中的高维非线性问题、不确定问题,通过模拟生物进化过程中适者生存、优胜劣汰的自然选择机制和信息遗传规律,解决系统的优化问题。典型的进化计算有遗传算法(genetic algorithm,GA)、进化策略(evolution strategy,ES)和进化编程(evolutionary programming,EP)、蚁群算法(ant colony optimization,ACO)、粒子群算法(particle swarm optimization,PSO)等,其中 GA 最常用于聚类,它通过对种群中的染色体进行选择、交叉和变异等操作,找出适应度最大的个体替换前一次进化过程中适应度最差的个体,实现个体的更新和重组,以达到优选的效果。ES 和 EP 与 GA 不同之处在于它们个体的表示方法不同和使用的变异操作不同。EP 不使用交叉操作,仅使用选择和变异操作。蚁群算法通过模拟蚁群的觅食机制来求解优化问题，具有分布计算、信息正反馈和启发式搜索的特征。蚂蚁之所以能够在不同环境下，寻找出最短到达食物的路径，是由于蚂蚁在经过的路径上会释放出一种"信息素"，后来者通过感知路径上的信息素，沿着信息素浓度高的路径行走，通过这种类似正反馈的机制，整个蚁群会沿着最短路径寻得食物源。它利用信息素来实现聚类分析，易于和其他算法融合，如与遗传算法、人工神经网络、免疫算法等融合，取长补短。蚁群算法的参数设置非常关键，初始蚁群中蚂蚁的数目、描述状态转移时信息素和启发式信息的参数 β、信息素蒸发参数 α 等的设置关系到算法的收敛速度和求解质量。粒子群算法通过模拟鸟群的捕食行为，找到食物源。它将一种无质量的粒子模拟鸟群中的鸟，粒子具有速度和位置两个属性，个体极值为每个粒子找到的历史上最优的位置信息，并从这些个体历史最优解中找到一个全局最优解。

3.2.3.3　用于聚类算法中的搜索技术(search-based approaches，SA)

随着互联网技术的不断发展，如何获取、储存、搜索大数据，已成为当今研究的热点之一。搜索技术旨在获取一个目标函数的最优值，具体有确定性搜索技术和随机性搜索技术，前者是通过搜索所有可行解来确保找到最优解；后者是快速逼近、获取一个接近的最优解。

确定性搜索技术有人工神经网络优化方法、贪婪搜索策略等。贪婪搜索策略是一种确定性搜索技术，它由某初始化状态出发，朝着使目标函数减少最快的方向搜索，因受初始条件的影响，其结果易于陷入局部最优。

随机性搜索技术是利用随机数求得函数近似最优解的技术，它允许搜索目前不是最优的方向。模拟退火算法、进化优化算法都是常用的随机性搜索技术。模拟退火算法(simulated annealing approach，SA)模拟固体退火原理，是一种基于概率的算法，能够找到全局最优解。固体退火是将固体加温至某个温度后再慢慢冷却，加温时，固体内部粒子随温升变为无序状，内能增大，缓慢冷却时粒子渐趋有序，至常温时达到基态，内能减为最小。模拟退火算法就是以某一较高初温开始，在温度参数不断下降的过程中，结合概率突跳特性在解集中随机寻找目标函数的全局最优解。该方法已广泛用于生产调度、机器学习、信号处理等领域。

基于 SA 的聚类算法有以下 3 个步骤：

①给定初始温度和终止温度(初始温度必须大于终止温度)，随机选取一个初始划分作为当前聚类，求解其聚类代价函数值。

②改变当前聚类得到一个新的聚类，求解其代价函数值，若比当前聚类的代价函数值大，则以一个与温度呈正比的概率将此新的聚类作为当前聚类。反之，则直接将此新的聚类作为当前聚类。按给定次数重复操作该过程。

③减小温度的值，如果温度的值比终止温度高，转至第②步；否则停止。

3.3　模板匹配

模板匹配是一种最原始、最基本的模式识别方法。研究某一特定对象物的图案位于图像的什么地方，进而识别对象物，这就是一个匹配的问题。例如在图 3-1(a)中寻

找有无图 3-1(b)的三角形存在。当对象物的图案
以图像的形式表现时,根据该图案与一幅图像的
各部分的相似度判断其是否存在,并求得对象物
在图像中位置的操作叫做模板匹配。它是图像处
理中的最基本、最常用的匹配方法。匹配的用途
很多,如:①在几何变换中,检测图像和地图之
间的对应点;②不同的光谱或不同的摄影时间所
得的图像之间位置的配准(图像配准);③在立体
影像分析中提取左右影像间的对应关系;④运动
物体的跟踪;⑤图像中对象物位置的检测等。

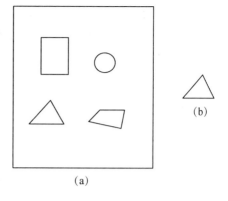

(a)

图 3-1 模板匹配的例子

3.3.1 模板匹配方法

如图 3-2 所示,设检测对象的模板为 $t(x, y)$,令其中心与图像 $f(x, y)$ 中的一像
素 (i, j) 重合,检测 $t(x, y)$ 和图像重合部分之间的相似度,对图像中所有的像素都进
行这样的操作,根据相似度为最大或者超过某一阈值来确定对象物是否存在,并求得
对象物所在的位置,这一过程就是模板匹配。作为匹配的尺度,应具有位移不变、尺
度不变、旋转不变等性质,同时对噪声不敏感。这里采用以下几种形式[9]:

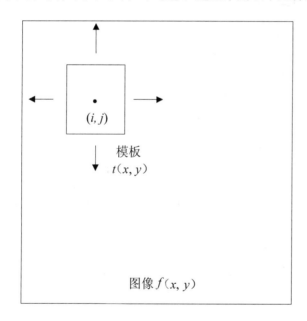

图 3-2 模板匹配

$$\max_s |f - t|$$

$$\iint_s |f - t| \mathrm{d}x\mathrm{d}y \tag{3-14}$$

$$\iint_s (f - t)^2 \mathrm{d}x\mathrm{d}y$$

式中：S 表示 $t(x, y)$ 的定义域。

式中计算的是模板和图像重合部分的非相似度，该值越小，表示匹配程度越好。此外，下面公式计算的是模板和其与图像重合部分的相似度，该值越大，表示匹配程度越好。

$$m(u,v) = \iint_s t(x,y)f(x+u,y+v)\mathrm{d}x\mathrm{d}y \tag{3-15}$$

$$m^*(u,v) = \frac{m(u,v)}{\sqrt{\iint_s (f(x+u,y+v))^2\mathrm{d}x\mathrm{d}y}} \tag{3-16}$$

$$m^*(u,v) = \frac{\iint_s (f(x+u,y+v) - \bar{f})(t(x,y) - \bar{t})\mathrm{d}x\mathrm{d}y}{\sqrt{\iint_s (f(x+u,y+v) - \bar{f})^2\mathrm{d}x\mathrm{d}y \iint_s (t(x,y) - \bar{t})^2\mathrm{d}x\mathrm{d}y}} \tag{3-17}$$

式中：$\bar{f}$，$\bar{t}$ 分别为 $f(x+u，y+v)$，$t(x, y)$ 在 S 内的均值。

3.3.2　模板匹配方法的改进

3.3.2.1　高速模板匹配法

与边缘检测中使用的模板不同，模板匹配中使用的模板相当大（$8 \times 8 \sim 32 \times 32$）。从大幅面图像寻找与模板最一致的对象，计算量大，要花费相当多的时间。为使模板匹配高速化，Barnea 等人提出了序贯相似性检测法——SSDA（sequential similarity detection algorithm）。SSDA 法用式（3-18）计算图像 $f(x, y)$ 在像素 (u, v) 的非相似度 $m(u, v)$ 作为匹配尺度。式中 (u, v) 表示的不是模板与图像重合部分的中心坐标，而是重合部分左上角像素坐标。模板的大小为 $n \times m$。

$$m(u,v) = \sum_{k=1}^{n} \sum_{l=1}^{m} |f(k+u-1,l+v-1) - t(k,l)| \tag{3-18}$$

如果在坐标 (u, v) 处图像中有和模板一致的图案，则 $m(u, v)$ 值很小；相反则较大。特别是在模板和图像重叠部分完全不一致的场合下，如果在模板内的各像素与图像重合部分对应像素差的绝对值依次增加下去，其和就会急剧地增大。因此，在做加法的过程中，如果差的绝对值部分和超过了某一阈值时，就认为这位置上不存在和模板一致的图案，从而转移到下一个位置上计算 $m(u, v)$。由于计算 $m(u, v)$ 只是加减运算，而且这一计算在大多数位置中途便停止了，因此能大幅度地缩短计算时间，提高匹配速度。

还有一种把在图像上的模板移动分为粗检索和精检索两个阶段进行的匹配方法。首先进行粗检索，它不是让模板每次移动一个像素，而是每隔若干个像素把模板和图像重叠，并计算匹配的尺度，从而求出对象物大致存在的范围。然后，在这个大致范围内，让模板每隔一个像素移动一次，根据求出的匹配尺度确定对象物所在的位置。这样，整体上计算模板匹配的次数减少，计算时间缩短，匹配速度就提高了。但是用这种方法存在漏掉图像中最适当位置的危险性。

3.3.2.2 高精度定位的模板匹配

一般的图像中有较强的自相关性，因此，进行模板匹配计算的相似度就在以对象物存在的地方为中心形成平缓的峰。这样，即使模板匹配时从图像对象物的真实位置稍微偏离一点，也表现出相当高的相似度。上面介绍的粗精检索高速化法恰好利用了这一点。但为了求得对象物在图像中的精确位置，总希望相似度分布尽可能尖锐一些。

为了达到这一目的，人们提出了基于图案轮廓的特征匹配方法。图案轮廓的匹配与一般的匹配法比较，相似度表现出更尖锐的分布，从而有利于精确定位。

一般来说，在检测对象的大小和方向未知的情况下进行模板匹配，必须具备各式各样大小和方向的模板，用各种模板进行匹配，从而求出最一致的模板及其位置。

另外，当对象的形状复杂时，最好不把整个对象作为一个模板，而是先将对象分割成几个分图案，对各个分图案作为模板进行匹配，然后研究分图案之间的位置关系，从而求出图像中对象的位置。这样即使对象物的形状稍微变动，也能很好地确定位置。

3.4　神经网络识别

人工神经网络(artificial neural network，ANN)，是一种模拟人脑结构及其功能的信息处理系统。一个神经网络由若干个互连的神经元组成，其输入和输出之间的变换关系是非线性的。20 世纪 40 ~ 60 年代是人工神经网络的初创期，提出了 MP 模型、HEBB 学习规则和感知器模型；1969 年至 20 世纪 80 年代，陷入低谷期，人工神经网络被认为存在理论局限性，无法解决许多实际问题；1982 年，Hopfield 模型突破了线性感知器的局限性，1986 年，反向传播算法(back propagation，BP)解决了多层神经元网络中隐层单元层连接权的学习问题，人工神经网络进入发展期，并广泛应用于模式识别、机器视觉、自适应滤波和信号处理、非线性优化、自动目标识别、语音识别、传感技术与机器人等方面；自 2006 年，深度学习成为机器学习研究的一个新领域，进一步推动了人工智能的发展。

3.4.1　人工神经网络简介

1943 年，美国心理学家 W. S. McCulloch 和数理逻辑学家 W. Pitts 建立了神经网络和数学模型，称为 MP 模型。MP 模型将每个神经元看做一个多输入、单输出的非线性元件。人工神经元模型如图 3-3 所示，其中：

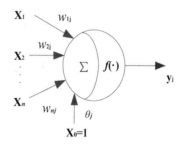

$$I_j = \sum_{i=1}^{n} w_{ij} x_i - \theta_j \qquad (3-19)$$

$$y_j = f(I_j) \qquad (3-20)$$

图 3-3　人工神经元模型

式中：x_i 为从其他神经元传来的输入信号；w_{ij} 为神经元 i 到神经元 j 的连接权值；θ_j 为阈值；$f(\cdot)$ 为激励函数；y_j 为神经元 j 的输出信号。

常用的激励函数有：

阈值型函数：

$$f(x) = \begin{cases} 1, & x \geq 0 \\ 0, & x < 0 \end{cases} \tag{3-21}$$

分段线性函数：

$$f(x) = \begin{cases} 1, & x \geq 1 \\ x, & -1 < x < 1 \\ -1, & x \leq -1 \end{cases} \tag{3-22}$$

Sigmoid 型函数：

$$f(x) = \frac{1}{1 + e^{-\alpha x}}, \ \alpha > 0 \tag{3-23}$$

人工神经网络具有分布式信息存储、并行处理、自学习、自组织、联想记忆、非线性映射、容错等优势，它与遗传算法、分形理论、粗集理论、小波分析、模糊控制、专家系统等融合与应用，进一步推动了人工智能的研究。

按照神经网络的互联结构，主要分成前馈网络、反馈网络、相互结合型网络和混合型网络 4 种典型结构。前馈网络由输入层、隐含层和输出层组成，神经元分层排列，每层仅接受前一层神经元的输入。反馈网络是从输出层到输入层有反馈。相互结合型网络中任意两个神经元之间可能有连接，属于网络结构。混合型网络是层次型网络和网状结构网络的结合。

按照有无教师来分类，神经网络的学习方法主要分为有教师学习和无教师学习。有教师学习又称监督学习，根据提供的若干组输入数据计算出实际输出数据，与期望输出数据比较，再以差值调节相应的参数（如权值、阈值），直至实际输出数据满足要求，从而实现教师功能的模仿，如多层前向网络。无教师学习又称无监督学习、自组织学习，在没有任何范例参考，根据输入信息、特有的网络结构和学习规则来调节自身的参数或结构，如聚类、HEBB 学习规则和自组织特征映射网络等。以下重点介绍前向网络分类器和自组织特征映射网络及其在图像模式识别中的应用。

3.4.2　前向网络分类器

3.4.2.1　前向网络的结构[10]

MP 模型是单层感知模型，可以处理线性可分问题，但无法解决非线性问题，为此在输入层和输出层之间加上隐含层，建立多层前馈网络。

图 3-4 给出一个三层前向网络的结构，其中输入层 L_A 有 n 个单元（即神经元）接受输入模式向量，隐含层 L_B 有 p 个单元，输出层 L_C 有 q 个单元输出分类结果。输入层 L_A 到隐含层 L_B 之间的连接权矩阵为 V，隐含层 L_B 到输出层 L_C 之间的连接权矩阵为 W，即

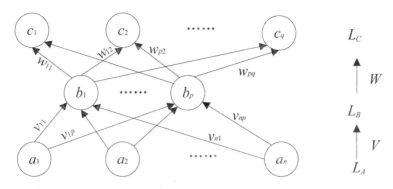

图 3-4 三层前向网络

$$V = \begin{bmatrix} v_{11} & v_{12} & \cdots & v_{1p} \\ v_{21} & v_{22} & \cdots & v_{2p} \\ \vdots & \vdots & \vdots & \vdots \\ v_{n1} & v_{n2} & \cdots & v_{np} \end{bmatrix} \tag{3-24}$$

$$W = \begin{bmatrix} w_{11} & w_{12} & \cdots & w_{1q} \\ w_{21} & w_{22} & \cdots & w_{2q} \\ \vdots & \vdots & \vdots & \vdots \\ w_{p1} & w_{p2} & \cdots & w_{pq} \end{bmatrix} \tag{3-25}$$

式中：v_{hi} 为输入节点 h 与隐节点 i 之间的连接权；w_{ij} 为隐节点 i 与输出节点 j 之间的连接权。必须指出，尽管图 3-4 中只给出一个隐含层，但是前向网络隐含层的数目可以根据需要设置多层。

3.4.2.2 前向网络的工作过程

隐节点 i 的加权输入为：

$$\text{net}b_i = \sum_{h=1}^{n} v_{hi}a_h + \theta_i \tag{3-26}$$

隐节点 i 的输出函数（或激活函数）为：

$$b_i = f(\text{net}b_i) \tag{3-27}$$

输出节点 j 的加权输入为：

$$\text{net}c_j = \sum_{i=1}^{p} w_{ij}b_i + \gamma_j \tag{3-28}$$

输出节点 j 的输出函数（或激活函数）为：

$$c_j = f(\text{net}c_j) \tag{3-29}$$

式中：$f(\cdot)$ 为 S 型函数；θ_i，γ_j 分别为隐节点 i 和输出节点 j 的阈值。

可见，前向网络分类器就是将输入模式 $(a_1, \cdots, a_h, \cdots, a_n)^T$ 映射为分类结果 $(c_1, \cdots, c_j, \cdots, c_q)^T$，令 $v_{n+1,i} = \theta_i$，$a_{n+1} = 1$，则：

$$\text{net}b_i = \sum_{h=1}^{n+1} v_{hi}a_h = V_i^T A \tag{3-30}$$

$$b_i = f(V_i^T A) \tag{3-31}$$

式中：$V_i^T = (v_{1i}v_{2i}\cdots v_{n+1,i})$，$A^T = (a_1 a_2 \cdots a_{n+1})$。

令 $w_{p+1,j} = \gamma_j$，$b_{p+1} = 1$ 则

$$\mathrm{net}c_j = \sum_{i=1}^{p+1} w_{ij}b_i = W_j^T B \tag{3-32}$$

$$c_j = f(W_j^T B) \tag{3-33}$$

式中：$W_j^T = (w_{1j}w_{2j}\cdots w_{p+1,j})$，$B^T = (b_1 b_2 \cdots b_{p+1})$。

3.4.2.3 前向网络的学习

前向网络的性能与连接权矩阵 V 和 W 密切相关，特别是当网络的节点数(n，p，q)和节点的作用函数确定之后尤其如此。那么，如何来确定网络的权矩阵 V 和 W 呢？这就需要通过学习来解决。设有训练样本对(A_k，C_k)，$k = 1$，$\cdots$，m，其中：

$$A_k = (a_1^k, \cdots, a_n^k)^T, \quad C_k = (c_1^k, \cdots, c_q^k)^T \tag{3-34}$$

即当输入向量 $A = A_k$ 时，期望的输出向量为 C_k。在模式识别中，期望输出向量 C_k 实际上就是人工对输入模式 A_k 的判识结果。

令 E_k 为给网络提供样本对(A_k，C_k)时的输出层上的代价函数，则整个训练集上的全局代价函数为：

$$E = \sum_{k=1}^{m} E_k \tag{3-35}$$

如果代价函数取误差平方和形式，则有：

$$E_k = \sum_{j=1}^{q} \frac{1}{2}(c_j^k - c_{jk})^2 \tag{3-36}$$

式中：c_j^k，$c_{jk}(j = 1, \cdots, q)$ 分别为当网络的输入样本为 $A = A_k$ 时的期望输出和实际输出，故 E_k 就是输入样本为 $A = A_k$ 时的误差平方和。

将式(3-36)代入式(3-35)，得：

$$E = \frac{1}{2}\sum_{k=1}^{m}\sum_{j=1}^{q}(c_j^k - c_{jk})^2 \tag{3-37}$$

在 A_k 的作用下，隐节点 i 和输出节点 j 的输出分别为：

$$b_{ik} = f(\mathrm{net}b_{ik}) \tag{3-38}$$

$$c_{jk} = f(\mathrm{net}c_{jk}) \tag{3-39}$$

对输出单元定义一般化误差为：

$$d_{jk} = -\frac{\partial E_k}{\partial \mathrm{net}c_{jk}} = -\frac{\partial E_k}{\partial c_{jk}}\frac{\partial c_{jk}}{\partial \mathrm{net}c_{jk}} = -\frac{\partial E_k}{\partial c_{jk}}f'(\mathrm{net}c_{jk}) \tag{3-40}$$

对隐节点定义一般化误差为：

$$e_{ik} = -\frac{\partial E_k}{\partial \mathrm{net}b_{ik}} = -\frac{\partial E_k}{\partial b_{ik}}\frac{\partial b_{ik}}{\partial \mathrm{net}b_{ik}} = -\frac{\partial E_k}{\partial b_{ik}}f'(\mathrm{net}b_{ik})$$

$$= \left(-\sum_{j=1}^{q}\frac{\partial E_k}{\partial \mathrm{net}c_{jk}}\frac{\partial \mathrm{net}c_{jk}}{\partial b_{ik}}\right)f'(\mathrm{net}b_{ik}) = \left(\sum_{j=1}^{q}d_{jk}\frac{\partial \mathrm{net}c_{jk}}{\partial b_{ik}}\right)f'(\mathrm{net}b_{ik})$$

$$= \left[\sum_{j=1}^{q}d_{jk}\frac{\partial(\sum_{i=1}^{p}w_{ij}b_{ik} + \gamma_j)}{\partial b_{ik}}\right]f'(\mathrm{net}b_{ik}) = \left(\sum_{j=1}^{q}w_{ij}d_{jk}\right)f'(\mathrm{net}b_{ik}) \tag{3-41}$$

e_i 可看作输出节点误差 d_j 反向传播到隐层单元的误差。因此，前向网络的这种学习算法就称为误差反传播算法，简称为 BP 算法。

在现有连接权 w_{ij} 和 v_{hi} 下，为减少代价函数 E_k，需要决定如何改变连接权。这可由梯度下降规则来完成，因此有：

$$\Delta w_{ij} = -\alpha \frac{\partial E_k}{\partial w_{ij}} = -\alpha \frac{\partial E_k}{\partial \mathrm{netc}_{jk}} \frac{\partial \mathrm{netc}_{jk}}{\partial w_{ij}} = \alpha d_{jk} \frac{\partial \mathrm{netc}_{jk}}{\partial w_{ij}}$$

$$= \alpha d_{jk} \left[\frac{\partial \left(\sum\limits_i w_{ij} b_{ik} + \gamma_j \right)}{\partial w_{ij}} \right] = \alpha d_{jk} b_{ik} \tag{3-42}$$

同理 $\Delta v_{hi} = -\beta \dfrac{\partial E_k}{\partial v_{hi}} = -\beta \dfrac{\partial E_k}{\partial \mathrm{netb}_{ik}} \dfrac{\partial \mathrm{netb}_{ik}}{\partial v_{hi}} = \beta e_{ik} \left[\dfrac{\partial \left(\sum\limits_h v_{hi} a_h^k + \theta_i \right)}{\partial v_{hi}} \right] = \beta e_{ik} a_h^k$

$$\tag{3-43}$$

上式中 $0 < \alpha < 1$，$0 < \beta < 1$ 为学习率。令

$$E_k = \sum_{j=1}^q \frac{1}{2} (c_j^k - c_{jk})^2 \tag{3-44}$$

$$f(x) = \frac{1}{1 + e^{-x}} \tag{3-45}$$

则

$$d_{jk} = -\frac{\partial E_k}{\partial c_{jk}} f'(\mathrm{netc}_{jk}) = (c_j^k - c_{jk}) c_{jk} (1 - c_{jk}) \tag{3-46}$$

式中：$c_{jk} = f(x)$

$$f'(x) = \frac{1}{1 + e^{-x}} = \frac{e^{-x}}{(1 + e^{-x})^2} = \frac{1}{1 + e^{-x}} \left[1 - \frac{1}{1 + e^{-x}} \right] = c_{jk}(1 - c_{jk}) \tag{3-47}$$

同理：$\quad e_{ik} = f'(\mathrm{netb}_{ik}) \sum\limits_{j=1}^q w_{ij} d_{jk} = b_{ik}(1 - b_{ik}) \sum\limits_{j=1}^q w_{ij} d_{jk} \tag{3-48}$

下面给出三层网络的 BP 算法如下：

（1）给 v_{hi}，w_{ij}，θ_i，$\gamma_j (h = 1, \cdots, n; i = 1, \cdots, p; j = 1, \cdots, q)$ 赋 $[-1, +1]$ 区间的随机值；

（2）对每个样本对 $(A_k, C_k)(k = 1, \cdots, m)$ 进行下列操作：

① 将 A_k 送到 L_A 层单元，再将 L_A 层单元的值通过连接矩阵 V 送到 L_B 层单元，产生 L_B 层单元新的激活值

$$b_{ik} = f(\sum_{h=1}^n v_{hi} a_h^k + \theta_i) \tag{3-49}$$

$$i = 1, \cdots, p; f(x) = (1 + e^{-x})^{-1} \tag{3-50}$$

② 计算 L_C 层单元的激活值

$$c_{jk} = f(\sum_{i=1}^p w_{ij} b_{ik} + \gamma_j) j = 1, \cdots, q \tag{3-51}$$

③ 计算 L_C 层单元的一般化误差

$$d_{jk} = c_{jk}(1 - c_{jk})(c_j^k - c_{jk}) \tag{3-52}$$

④ 计算 L_B 层单元相对于每个 d_j 的误差

$$e_{ik} = b_{ik}(1 - b_{ik}) \sum_{j=1}^{q} w_{ij}d_{jk} \tag{3-53}$$

⑤调整 L_B 层单元到 L_C 层单元的连接权

$$\Delta w_{ij} = \alpha b_{ik}d_{jk} \quad i = 1, \cdots, p; \ j = 1, \cdots, q; \ 0 < \alpha < 1 \tag{3-54}$$

⑥调整 L_A 层单元到 L_B 层单元的连接权

$$\Delta v_{hi} = \beta a_h^k e_{ik} \quad i = 1, \cdots, p; \ h = 1, \cdots, n; \ 0 < \beta < 1 \tag{3-55}$$

⑦调整 L_C 层单元的阈值 $\Delta \gamma_j$ 和 L_B 层单元的阈值 $\Delta \theta_i$

$$\Delta \gamma_j = \alpha d_{jk}, \ \Delta \theta_i = \beta e_{ik} \quad j = 1, \cdots, q \quad i = 1, \cdots, p \tag{3-56}$$

注意：上述计算公式中的 Δw_{ij}，Δv_{hi}，$\Delta \gamma_j$，$\Delta \theta_i$ 都与 k 有关，此处为表达清晰而省略了。

（3）重复步骤（2）直到对于 $j = 1, 2, \cdots, q$ 和 $k = 1, 2, \cdots, m$，误差 d_j 变得足够小或变为零为止。如果考虑使整个训练集上的全局代价函数最小，则：

$$\Delta w_{ij} = -\alpha \frac{\partial E}{\partial w_{ij}} = \sum_{k=1}^{m} \left(-\alpha \frac{\partial E_k}{\partial w_{ij}} \right) \tag{3-57}$$

$$\Delta v_{hi} = -\beta \frac{\partial E}{\partial v_{hi}} = \sum_{k=1}^{m} \left(-\beta \frac{\partial E_k}{\partial v_{hi}} \right) \tag{3-58}$$

这种学习算法称为累积误差反传播算法。

3. 4. 2. 4　前向网络的多准则学习方法

上述 BP 算法的特点实际上就是在误差平方准则的指导下，逐步优化网络参数（即神经元之间的连接权），使得训练集上的代价函数（即误差平方和）达到最小。然而，这种单准则学习方法不能很好地满足实际应用的需要。这是因为：

①单准则学习存在收敛速度慢、适用范围窄等局限性。

②单准则学习与人脑的学习机制有较大的差异。认知心理学研究表明，人脑在向环境学习的过程中，通常要依赖过去的经验和知识，首先对感受到的信息进行一系列的加工处理，然后进行推理分析、综合评判，从而识别新事物，这也说明了人脑的多准则学习机制。

据此，提出一种基于模糊熵准则和误差平方和准则的多准则学习方法，旨在克服单准则学习的局限性，更好地模拟人脑的自适应学习功能，实现更有效的学习。

令 $c_j(j = 1, 2, \cdots, Q)$ 是训练模式集 $A = \{A_1, \cdots, A_m\}$ 上的 Q 个明确子集，分别代表 A 的 Q 个清晰分类 $f_j(j = 1, 2, \cdots, Q)$，集合 c_j 的特征函数便是网络输出节点的期望输出，即：

$$c_j^k = \begin{cases} 1 & A_k \in f_j \\ 0 & A_k \notin f_j \end{cases} \tag{3-59}$$

又令 R_j 为"将训练样本正确归入集合 c_j"的模糊子集，则对图 3-4 所示的网络定义准则函数如下：

$$H = \frac{1}{q} \sum_{j=1}^{q} H(R_j) \tag{3-60}$$

式中：$H(R_j)$ 为模糊子集 R_j 的模糊熵。

$$H(R_j) = k_o \sum_{k=1}^{m} |x_{R_j} - \mu_{R_j}(A_k)| \tag{3-61}$$

式中：$\mu_{R_j}(A_k)$ 是输入模式 A_k 对 R_j 的隶属度，满足：

$$0.5 \leqslant \mu_{R_j}(A_k) \leqslant 1$$

k_o 为常数，$k_o = \dfrac{2}{m}$；而 x_{R_j} 为与 R_j 有最小欧氏距离的普通子集的特征函数，即：

$$x_{R_j} = \begin{cases} 0 & 0 \leqslant \mu_{R_j}(u_k) < 0.5 \\ 1 & 0.5 \leqslant \mu_{R_j}(u_k) \leqslant 1 \end{cases} \tag{3-62}$$

令：
$$m_j^k = \mu_{R_j}(A_k) = \exp[-l_o(c_j^k - c_{jk})^2]$$

式中：l_o 为常数，以保证 m_j^k 的下限为 0.5。此时，准则函数可写为：

$$H = \frac{k_o}{q} \sum_{k=1}^{m} \sum_{j=1}^{q} |x_{R_j} - \exp[-l_o(c_j^k - c_{jk})^2]| \tag{3-63}$$

由此可知，当 $|c_j^k - c_{jk}| = 0$ 时，$m_j^k = 1$，$H = 0$；

当 $|c_j^k - c_{jk}|$ 取最大值时，$m_j^k = 0.5$，$H = 1$；

当 $|c_j^k - c_{jk}|$ 小于最大值时，$0.5 < m_j^k < 1$，$0 < H < 1$。

显然，学习的目标就是要提高正确划分训练样本集的程度，即增大 m_j^k，减小模糊子集 R_j 的模糊度，即减小 H。因此，模糊熵准则下的学习算法就是要寻求前向网络的权矩阵，达到 H 的最小值。

必须指出：

①模糊子集 R_j 的隶属函数 $\mu_{R_j}(\cdot)$ 的取值范围为 $[0.5, 1]$，而不是 $[0, 1]$，这是因为模糊熵不能直接用来作为学习准则的缘故。设想 $\mu_{R_j}(\cdot)$ 在 $[0, 1]$ 中取值，则对任意 j，k，当 $|c_j^k - c_{jk}|$ 取最大值时，也有 $\mu_{R_j}(A_k) = m_j^k = 0$，$H = 0$，从而出现与训练目标背道而驰的情形。因此，将 $\mu_{R_j}(\cdot)$ 限定在 $[0.5, 1]$ 中取值，就是为了克服模糊熵本身所固有的缺点，以达到指导学习、实现有效学习的预定目的。

②上述所定义的模糊熵准则实际上是一个复合准则。当 $H \to \min H$，即 $H \to 0$ 时，对任意 j，k，$m_j^k \to 1$，$c_j^k - c_{jk} \to 0$，从而有 $E \to 0$。因此，上述模糊熵准则又可称之为模糊熵—误差平方和准则。在这个准则指导下，迭代求解网络的连接权矩阵，可以同时达到 $\min E$ 和 $\min H$。

下面给出三层网络的前向多准则学习算法（简称 MCL 算法）：

①随机选取网络的初始权矩阵。

②按模糊熵准则（即模糊熵 – 误差平方和准则）确定权值修正量。为简便明了，仍以图 3-4 所示的三层网络为例说明之。在图 3-4 中，当输入样本为 $A_k = (a_1^k, \cdots, a_n^k)^T$ 时，隐节点和输出节点的加权输入分别为：

$$\text{net}b_{ik} = \sum_{h=1}^{n+1} v_{hi} a_h^k \tag{3-64}$$

$$\text{net}c_{jk} = \sum_{i=1}^{p+1} w_{ij} b_{ik} \tag{3-65}$$

式中：$a_{h,n+1}$ 和 $b_{i,p+1}$ 均为常数 1。

而隐节点和输出节点的输出分别为：

$$b_{ik} = f(\mathrm{net}b_{ik}) \tag{3-66}$$

$$c_{jk} = f(\mathrm{net}c_{jk}) \tag{3-67}$$

按梯度下降算法，有：

$$\Delta w_{ij} = -\alpha \frac{\partial H}{\partial w_{ij}} = \alpha d_{jk} b_{ik} \tag{3-68}$$

式中：$d_{jk} = \rho(c_j^k - c_{jk}) \exp[-l_o(c_j^k - c_{jk})^2] \mathrm{sgn}(x_{R_j} - m_j^k) f(\mathrm{net}c_{jk})$

$$\rho = \frac{4l_o}{qm}$$

$$\mathrm{sgn}(x) = \begin{cases} 1 & x \geqslant 0 \\ -1 & x < 0 \end{cases}$$

同理：

$$\Delta v_{hi} = \beta a_h^k e_{ik}$$

$$e_{ik} = f(\mathrm{net}b_{ik}) \sum_{j=1}^{q} w_{ij} d_{jk} \tag{3-69}$$

③重复步骤②直到 $j = 1, \cdots, Q$ 和 $k = 1, \cdots, M$，误差变得足够小或变为零为止，即：

$$d = \max_{1 < k < M} |c_j^k - c_{jk}| < \varepsilon \ (\varepsilon > 0)$$

必须指出：上述公式中的 α 和 β 为学习率，通常为 0～1 之间的常数。为了提高收敛速度，取可变学习率，即：

$$\alpha = \alpha_o \exp[t(c_j^k - c_{jk})^2] \tag{3-70}$$

$$\beta = \beta_o \exp[t(c_j^k - c_{jk})^2] \tag{3-71}$$

式中：$0 < \alpha_o < 1$ 且 $0 < \beta_o < 1$；t 为正常数。

由此可见，当误差较大时，α 和 β 增加，权值修正量增大，收敛速度加快；当误差较小时，$\alpha \approx \alpha_o$，$\beta \approx \beta_o$，这时可防止权值修正量过大而发生振荡现象。

3.4.3　自组织映射网络

自组织映射网络(简称为 SOM)是一种无教师学习网络，可以自动地向环境学习，从而具有较强的自适应学习能力。SOM 的学习使得网络节点有选择地接受外界刺激模式的不同特性，从而提供了基于检测特性空间活动规律的性能描述。

SOM 网络用作自联想最近邻分类器，能将任意连续值模式 $A_k = (a_1^k, \cdots, a_n^k)^T$ $(k = 1, \cdots, m)$ 分成 p 个类别。网络用竞争学习规则离线学习，按离散时间方式运行。SOM 网络通过寻求最优参考向量集合来对输入模式集合进行分类，每个参考向量为一输出单元对应的连接权向量。网络输入层的 n 个节点与输出层的 p 个节点之间的连接强度可用矩阵 W 表示，即：

$$W = (W_1, \cdots, W_p) \tag{3-72}$$

式中：p 为类别数；W_j 为与网络第 j 个输出节点对应的权向量，也代表与之对应的第 j 类的中心。而第 j 类的样本集合用 f_j 表示，f_j 满足

①若 $b_j^k = 1$，则 $A_k \in f_j$；若 $b_j^k = 0$，则 $A_k \notin f_j$

② $\sum_{j=1}^{p} |f_j| = m$

式中：$A_k = (a_1^k, \cdots, a_n^k)^T$ 为输入样本；m 为输入样本数；$|f_j|$ 为 f_j 中的样本数；b_j^k 为输入样本是 A_k 时第 j 个输出节点的输出值。

SOM 的学习特点是在某个学习准则的指导下，逐步优化网络参数（即矩阵 W）。因此，学习准则是影响 SOM 学习性能的关键因素之一。本节以学习准则为线索，对自组织特征映射网络的学习方法展开较深入的讨论。

3.4.3.1　离差学习

离差学习采用误差平方和准则，其准则函数为：

$$J = \frac{1}{2} \sum_{j=1}^{p} \sum_{A_k \in f_j} \| A_k - W_j \|^2 \tag{3-73}$$

令 $\mathrm{net}b_j^k$ 为网络输出节点 j 在 A_k 作用下的加权输入，取：

$$\mathrm{net}b_j^k = \| A_k - W_j \| \tag{3-74}$$

而网络输出节点的激发函数为：

$$b_j^k = \begin{cases} 1, & \mathrm{net}b_j^k = \min\limits_{t} \mathrm{net}b_t^k \\ 0, & 其他 \end{cases} \tag{3-75}$$

那么，使 J 最小化的分类是合理的。误差平方和准则是最常用的学习准则。自组织特征映射网络的原始学习方法就是使误差平方和 J 达到近似最小的优化过程，适合于每一类样本都很密集而各类之间又有明显分离的模式分类问题。

离差学习过程就是根据 m 个输入模式，寻找使 J 最小化的权矩阵 W,

$$W = (W_1, W_2, \cdots, W_p)$$

根据优化技术中的梯度下降算法，连接权的修正应使 J 减少，即网络的连接权沿准则函数 J 梯度下降的方法修改之，有：

$$\Delta w_{ij} = -\alpha \frac{\partial J}{\partial w_{ij}} \tag{3-76}$$

其中 $0 < \alpha < 1$

令：
$$\delta_j(A_k; f_1, \cdots, f_p) = \begin{cases} 1, & A_k \in f_j \\ 0, & A_k \notin f_j \end{cases}$$

则：
$$\frac{\partial J}{\partial w_{ij}} = -\sum_{A_k \in f_j} (a_i^k - w_{ij}) = -\sum_{k=1}^{m} \delta_j(\cdot)(a_i^k - w_{ij}) \tag{3-77}$$

$$\Delta w_{ij} = \alpha \sum_{k=1}^{m} \delta_j(\cdot)(a_i^k - w_{ij}) \tag{3-78}$$

在学习算法迭代过程中，当 $|\Delta w_{ij}| < \tau$ 时，即当连接权的变化量小于给定的容许误差时，学习结束。

3.4.3.2　相关学习

相关学习依据的学习准则是相关准则，其函数表达式为：

$$J = \sum_{j=1}^{p} \sum_{A_k \in f_j} R(A_k, W_j) \tag{3-79}$$

式中：$R(A_k, W_j)$ 为向量 $A_k(k=1, \cdots, m)$ 与 $W_j(j=1, \cdots, p)$ 的相关函数。

当 $R(A_k, W_j) = A_k \cdot W_j$ 时，

$$J = \sum_{j=1}^{p} \sum_{A_k \in f_j} A_k \cdot W_j = \sum_{j=1}^{p} \sum_{A_k \in f_j} \sum_{i=1}^{n} a_i^k w_{ij} \tag{3-80}$$

当 $R(A_k, W_j) = \dfrac{1}{n} \sum_{i=1}^{n} e^{-\alpha(a_i^k - w_{ij})^2}$ 时，

$$J = \sum_{j=1}^{p} \sum_{A_k \in f_j} \frac{1}{n} \sum_{i=1}^{n} e^{-\alpha(a_i^k - w_{ij})^2} \tag{3-81}$$

那么，合理的分类是最大化 J 的分类。

令输出节点 j 的激活函数为：

$$b_j^k = \begin{cases} 1, & \mathrm{net}b_j^k = \max_t \mathrm{net}b_t^k \\ 0, & \text{其他} \end{cases} \tag{3-82}$$

式中：$\mathrm{net}b_j^k$ 为该节点 j 在输入模式 A_k 作用下的输入，即：

$$\mathrm{net}b_j^k = R(A_k, W_j) \tag{3-83}$$

当 $b_j^k = 1$，$A_k \in f_j$；当 $b_j^k = 0$，$A_k \notin f_j$。

学习过程如下：

①令 $l = 0$，并从 m 个输入模式中任取 p 个组成初始权阵 $W(0)$，给定 $\varepsilon > 0$。

②计算 $n \times p$ 维矩阵 $CW(l)$，

$$CW(l) = (CW_1^l, \cdots, CW_j^l, \cdots, CW_p^l)$$

$$CW_j^l = \frac{1}{|f_j|} \sum_{A_k \in f_j} A_k = \frac{1}{f_j} \sum_{k=1}^{m} b_j^k A_k$$

式中：f_j，b_j^k，$|f_j|$ 都与 l 有关，为书写方便此处从略。

③若对任意 i，j 都有 $|cw_{ij}^l - w_{ij}^l| < \varepsilon$，则令：

$W = CW(l)$，学习结束；否则令 $l = l+1$，$W(l) = CW(l-1)$，转至第②步继续。

3.4.3.3　模糊学习

人脑的重要特点之一就是能对模糊事物进行识别和判别。模糊学习的基本思想就是根据人脑思维的模糊性特点，提出一种模糊熵准则作为 SOM 的学习准则，其准则函数为：

$$H = \frac{1}{p} \sum_{j=1}^{p} H(B_j) \tag{3-84}$$

式中：$B_j(j=1, \cdots, p)$ 为输入模式集 $A = (A_1, A_2 \cdots, A_m)$ 上的模糊子集，分别代表 A 的 p 个模糊分类 $f_j(j=1, \cdots, p)$；$H(B_j)$ 为模糊子集 B_j 的模糊熵。

$$H(B_j) = \frac{2}{m} \sum_{k=1}^{m} |X_{B_j} - \mu_{B_j}(A_k, W_j)| \tag{3-85}$$

式中：$\mu_{B_j}(A_k, W_j)$ 为输入模式集 A_k 对模糊子集 B_j 的隶属度；X_{B_j} 为与模糊子集 B_j 有最小距离的普通子集的特征函数。

令：

$$\mathrm{net}b_j^k = \mu_{B_j}(A_k, W_j)$$

则网络输出节点 j 的激发函数可按最大隶属原则定义为

$$b_j^k = \begin{cases} 1 & \mathrm{net}b_j^k = \max_t \mathrm{net}b_t^k \\ 0 & \text{其他} \end{cases} \tag{3-86}$$

从而确定输入模式 A_k 的类别。显然，模糊熵准则下的学习目标就是寻求合适的权矩阵 W，使得分类的模糊性最小，即 $\min H$。

根据梯度下降算法，模糊学习的连接权修正量为

$$\Delta w_{ij} = -\frac{\partial H}{\partial w_{ij}} = \beta \sum_{k=1}^m \frac{\mu_{B_j}(A_k, W_j)}{\partial w_{ij}} \mathrm{sgn}\big[X_{B_j} - \mu_{B_j}(A_k, W_j) \big] \tag{3-87}$$

其中 $\beta = \dfrac{2a}{m}$

3.4.3.4 多准则学习

前文已介绍过前向网络的多准则学习方法，通常，多准则学习取多准则的线性组合形成一个新的学习准则，然后再在组合准则的指导下寻求最优解。然而，这种方法存在组合系数不易确定、收敛速度慢、收敛性难以保证等缺点。因此，可通过适当选取隶属函数的形式，使其反映误差平方的概念，从而将误差平方和准则及模糊熵准则融为一体，实现快速有效的学习。为此令：

$$\mu_{B_j}(A_k, W_j) = e^{-c\|A_k - W_j\|^2} \tag{3-88}$$

式中：常数 $c > 0$。

按最小化模糊熵原则确定权值修正量，有：

$$\Delta w_{ij} = \beta \sum_{k=1}^m \mu_{B_j}(A_k, W_j)(a_i^k - w_{ij}) \mathrm{sgn}\big[X_{B_j} - \mu_{B_j}(A_k, W_j) \big] \tag{3-89}$$

式中：$\beta = \dfrac{4ca}{m}$。

引入竞争机制，仅对有最大加权输入的输出节点的连接权进行修正，有：

$$\Delta w_{ij} = \beta \sum_{k=1}^m \delta_j(A_k; f_1, \cdots, f_p)\mu_{B_j}(A_k, W_j)(a_i^k - w_{ij}) \mathrm{sgn}\big[X_{B_j} - \mu_{B_j}(A_k, W_j) \big] \tag{3-90}$$

可以证明，上述模糊熵准则下获得的权矩阵 W 不仅实现了 $\min H$，而且实现了 $\min J$。

3.4.4 深度学习

随着人类认知的不断深入，信息采集与处理的工作不断增加，这给机器学习带来了新的挑战，数据维数的增加使得机器学习的复杂性也呈指数级增加，传统的浅层学习方法因其对特征表达能力不足和特征维度过多，易导致"维数灾难"。为了解决这些问题，2006 年，Geoffery Hinton 首次提出了深度学习的思想，他认为多隐层的人工神经网络具有优异的特征学习能力，可通过"逐层预训练"来有效克服深层神经网络在训练上的困难[11]，深度学习掀起了人工神经网络的新浪潮，给人工智能带来了新的希望。

深度学习(deep learning, DL)是相对于 BP 网、SVM 等浅层学习而言的，是一种具有一定的结构和训练方法且含有多个隐含层的人工神经网络，可以通过无监督学习实现对输入数据信息的分级表示，即逐层初始化。

BP 算法将简单的神经网络模型推广到复杂的神经网络模型中，用以解决线性不可

分的问题,但随着神经网络层数的增加,表征目标的特征空间维数越高,训练所需数据越多,参数优化的效果无法传递到前层,因而易使模型陷入局部最优解。支持向量机(support vector machine,SVM)使用一个浅层线性模式分离模型,当不同类别的数据向量在低维空间中无法划分时,SVM 会将它们通过核函数映射到高维空间,从而使模型训练变得高效。SVM 本质上是一种局部估计算子,它要求数据具有平滑性和足够的先验知识。虽然这些浅层结构算法已经被证实能够高效地解决一些在简单情况下或者给予多重限制条件下的问题,但是当处理更多复杂的真实世界的问题时,比如涉及自然信号的人类语音、自然声音、自然语言和自然图像以及视觉场景时,它们的模型效果和表达能力就会受到限制,无法满足要求[12]。

Geoffery Hinton 提出的深度学习思想解决了深层结构相关的优化难题,其目的是通过逐层构建一个多层的网络来使得机器能自动地学习到反映隐含在数据内部的关系,从而使得学习到的特征更利于推广[13]。深度学习是一种深层非线性网络,它摆脱了浅层网络样本有限和复杂函数表达能力有限的缺陷,能够用更少的参数实现复杂函数的逼近。在深度学习过程中,对输入图像,采用无监督的逐层训练来学习图像特征,通过有监督的训练更新整个网络参数、最小化损失函数,在输出层实现正确的分类。

近几年来,深度学习在语音识别、图像分析和自然语言处理等领域获得了突破性的进展,微软和 Facebook 等众多国际互联网科技企业皆投入了大量的研发资金。研究人员首先在语音识别问题上应用深度学习技术,2012 年,微软公司研发的一个基于深度学习的语音视频检索系统(microsoft audio video indexing service,MAVIS),将单词错误率降低了 30%[14],香港中文大学的 Deep ID 项目[15]以及 Facebook 的 Deep Face 项目[16]在户外人脸识别(labeled faces in the wild,LFW)数据库[17]上的人脸识别正确率分别达 97.45% 和 97.35%,只比人类识别 97.5% 的正确率略低一点点,Deep ID2 项目将识别率提高到 99.15%。2016 年,谷歌 DeepMind 人工智能研究团队开发的 AlphaGo 程序挑战欧洲围棋冠军,并轻松地以 5∶0 战绩获胜。

深度学习分为监督学习和无监督学习。监督学习如多层感知机(multilayer perceptron,MP)、卷积神经网络(convolutional neural network,CNN)等;无监督学习如深度置信网(deep belief nets,DBNs)、自动编码器(auto encoders,AE)、去噪自动编码器(denoising autoencoders,DA)、稀疏编码(sparse coding,SC)等[18,19]。下面主要介绍以卷积神经网络和深度置信网为代表的深度学习。

2006 年,Geoffery Hinton 等提出了深度置信网络(DBNs)[20],它主要是由若干个堆叠在一起的受限玻尔兹曼机(restricted Boltzmann machine,RBM)组成的,通过无监督的训练方式逐层对神经网络进行训练,成功地避免了梯度消失、输出结果不稳定等问题,并且在 MNIST 手写数字图像库上取得了不错的分类效果,错率仅为 1.2%。2007 年 Benigo 在经过深度置信网络的引导下,利用自动编码器取代深度置信网络中的受限玻尔兹曼机,提出了一种新的叠加式自动编码器(auto encoder)的深层神经网络模型[21,22]。

3.4.4.1 卷积神经网络

1962 年,生物学家 Hubel 和 Wiesel 通过对猫脑视觉皮层的研究,发现在视觉皮层中存在一系列复杂构造的细胞,这些细胞对视觉输入空间的局部区域很敏感,被称为

"感受野"。感受野以某种方式覆盖整个视觉域，它在输入空间中起局部作用，因而能够更好地挖掘出存在于自然图像中强烈的局部空间相关性。1980 年，基于 Hubel-Wiesel 模型，Fukushima 提出了结构与之类似的神经认知机（neocognitron），采用简单细胞层（s-layer，S 层）和复杂细胞层（c-layer，C 层）交替组成。在此基础上，LeCun 等提出了卷积神经网络，利用空间相对关系减少参数数目以提高 BP 训练性能，该模型称为 LeNet – 5，是经典的 CNN 结构，卷积神经网络结合了局部感受野和权值共享的概念，通过卷积和子采样操作，使得网络中神经元之间的连接数量大大减少的同时又降低了网络模型的复杂程度。卷积神经网络虽然结构复杂但是算法训练时间却很短，后续有许多工作基于此进行改进，它在一些模式识别领域中取得了良好的分类效果。

CNN 的基本结构由输入层、卷积层（convolutional layer）、池化层（pooling layer）、全连接层及输出层构成。卷积层和池化层一般会取若干个，采用卷积层和池化层交替设置，即一个卷积层连接一个池化层，池化层后再连接一个卷积层，依此类推。由于卷积层中输出特征面的每个神经元与其输入进行局部连接，并通过对应的连接权值与局部输入进行加权求和再加上偏置值，得到该神经元输入值，该过程等同于卷积过程，CNN 由此得名[23]。

卷积神经网络是一种为了处理二维输入数据而特殊设计的多层人工神经网络，卷积和池化（又称为下采样）分别受启发于 Hubel – Wiesel 概念的简单细胞和复杂细胞，它能够准确识别位移和轻微形变的输入模式。网络中的每层都由多个二维平面组成，每个平面由多个独立的神经元组成，相邻两层的神经元之间互相连接，而处于同一层的神经元之间无连接。它采用权值共享网络结构，模型的容量可以通过改变网络的深度和广度来调整，与每层具有相当大小的全连接网络相比，它能够有效降低网络模型的学习复杂度，具有更少的网络连接数和权值参数，从而更容易训练[24]。CNN 具有位移、鲁棒性、并行性等特点，它是第一个真正意义上的成功训练多层神经网络的学习算法模型，对于网络的输入为多维信号时具有更明显的优势。

CNN 提供了一种端到端的学习模型，模型中的参数可以通过传统的梯度下降方法进行训练，完成特征的提取与分类。其特点在于每一层的特征都由上一层的局部区域通过共享权值的卷积核激励得到，因而比其他神经网络更适合用于图像特征的学习与表达[25]。

CNN 通过权值共享减少了需要训练的权值个数、降低了网络的计算复杂度，同时通过池化操作使得网络对输入的局部变换具有一定的不变性，如平移不变性、缩放不变性等，提升了网络的泛化能力。CNN 结构的可拓展性很强，它可以采用很深的层数，深度模型具有更强的表达能力，它能够处理更复杂的分类问题。总的来说，CNN 的局部连接、权值共享和池化操作使其比传统 MLP 具有更少的连接和参数。

卷积神经网络模型如图 3-5 所示，它采用了交替连接的卷积层和下采样层对输入图像向前传导，最终通过全连接层，将下采样层的二维特征图变为一维特征向量输出。

卷积层每一个输出特征图与前一层的特征图的卷积结果建立了关系，一般地，卷积层的计算方式为[26]：

$$X_j^l = \sigma\left(\sum_{m_j} X^{l-1} * Kernel_j^l + b_l\right) \tag{3-91}$$

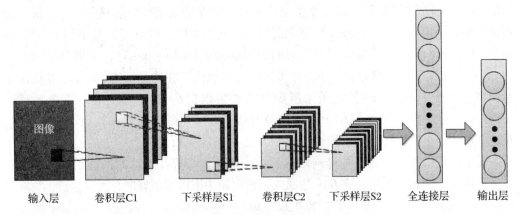

输入层　卷积层C1　下采样层S1　卷积层C2　下采样层S2　全连接层　输出层

图 3-5　卷积神经网络模型

式中：l 为网络的层数；$Kernel$ 为卷积核，每个特征图对应不同的卷积核；m_j 为输入特征图的一个选择，每一层有共享的偏移 b_l；$\sigma(z) = 1/[1 + \exp(-z)]$。

下采样层的功能比较简单，通过提取局部感受野的特征来减小数据规模。下采样层的主要作用是降低网络的空间分辨率，从而实现畸变、位移鲁棒性。开始训练前，所有数据都使用不同的小随机数进行初始化。使用不同的小随机数是为了约束网络，使其具备正常的学习能力，不会因为权值过大而陷入饱和状态。

3.4.4.2　池化操作

由于图像具有一种"静态性"的属性，在图像的一个局部区域得到的特征极有可能在另一个局部区域同样适用。因此，可以对图像的一个局部区域中不同位置的特征进行聚合统计操作，这种操作称为"池化"。比如计算该局部区域中某个卷积特征的最大值(或平均值)称为最大池化(或平均池化)。具体来说，假设池化的区域大小为 $m \cdot n$，在获得卷积特征后，将卷积特征划分为多个 $m \cdot n$ 大小的小相交区域，然后在这些区域上进行池化操作，从而得到池化后的特征映射图，大大节省了计算资源。

经过卷积操作后生成的图像尺寸仍然太大，为了减少计算的复杂度，需要将图片进一步缩小，图 3-6 是一个最大池化的例子，图中左侧把图片分成了 4 个 2×2 的池子，取每个池子中的最大值，就得到右侧的结果，经过池化，图片尺寸减至原图的 1/2。

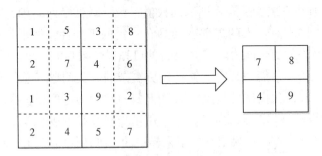

图 3-6　最大池化法示例

本章小结

本章是关于聚类、模板匹配、神经网络识别这3种目标识别算法的介绍。在描述颜色、纹理、形状、空间关系等特征提取方法的基础上，主要介绍了几种常用的聚类方法、相关优化和搜索技术，给出了模板匹配方法，最后综述性地介绍了人工神经网络，着重阐述了前向网络分类器、自组织特征映射网络分类器和深度学习的具体方法。

参考文献

［1］G. PASS, R. ZABITH. 1996. "Histogram refinement for content-based image retrieval," in Proceedings of IEEE Workshop and Applications of Computer Vision, 96 – 102.

［2］M. STRICKER, M. ORENGO. 1995. "Similarity of colour images,"in Proceedings of SPIE Storage and Retrieval for Image and Video Databases Ⅲ, vol. 2185(San Jose, CA), 381 – 392.

［3］章毓晋. 2017. 机器视觉教程［M］. 2版. 北京：人民邮电出版社.

［4］罗会兰. 2012，聚类集成理论与其在图像分类中的应用［M］. 北京：科学出版社.

［5］吴文亮. 2011. 聚类分析中K-均值与K-中心点算法的研究［D］. 广州：华南理工大学硕士学位.

［6］武优西，侯丹丹，李建满，等. 2012. 小型微型计算机系统［J］. 属性权重聚类算法研究，33(3)：651 – 654.

［7］杨小兵. 2005. 聚类分析中若干关键技术的研究［D］. 杭州：浙江大学博士学位论文.

［8］高新波. 2004. 模糊聚类分析及其应用［M］. 西安：西安电子科技大学出版社.

［9］贾永红. 2015，数字图像处理［M］. 3版. 武汉：武汉大学出版社.

［10］姚敏，等. 2006. 数字图像处理［M］. 北京：机械工业出版社.

［11］TECHNICAL INFORMATION R R. 2006. Reducing the dimensionality of data with neural networks［J］. Science，313(5786)：504 – 507.

［12］张建明，詹智财，成科扬，等. 2015. 深度学习的研究与发展［J］. 江苏大学学报（自然科学版），36(2)：191 – 200.

［13］郑胤，陈权崎，章毓晋. 2014. 深度学习及其在目标和行为识别中的新进展［J］. 中国图像图形学报，19(2)：175 – 184.

［14］BENGIO Y, COURVILLE A, VINCENT P. 2013. Representation learning: a review and new perspectives［J］. IEEE Transactions on Pattern Analysis and Machine Intelligence, 35(8): 1798 – 1828.

［15］SUN Y, WANG X, TANG X. 2014. Deep learning face representation from predicting 10 000 classes［C］//Proceedings of the IEEE Conference on Computer Vision and Pattern Recognition. Piscataway, NJ: IEEE, 1891 – 1898.

［16］TAIGMAN Y, YANG M, RANZATO M A, et al. 2014. Deepface: closing the gap to human-level performance in face verification［C］//Proceedings of the IEEE Conference on Computer Vision and Pattern Recognition. Piscataway, NJ: IEEE, 1701 – 1708.

［17］尹宝才，王文通，王立春. 2015. 深度学习研究综述［J］. 北京工业大学学报，41(1)：48 – 59.

［18］郭丽丽，丁世飞．2015．深度学习研究进展［J］．计算机科学，42(5)：28 – 33.

［19］孙志军，薛磊，许阳明，等．2012．深度学习研究综述［J］．计算机应用研究，29(8)：2806 – 2810.

［20］许可．2012．卷积神经网络在图像识别上的应用的研究［D］．杭州：浙江大学．

［21］李梦园．2015．深度学习算法在表面缺陷识别中的应用研究［D］．杭州：浙江大学．

［22］刘建伟，刘媛，罗雄麟．2014．深度学习研究进展［J］．计算机应用研究(7)：1922 – 1942.

［23］周飞燕，金林鹏，董军．2017．卷积神经网络研究综述［J］．计算机学报，40(6)：1229 – 1251.

［24］卢宏涛，张秦川．2016．深度卷积神经网络在计算机视觉中的应用研究综述［J］．数据采集与处理，31(1)：1 – 17.

［25］李彦冬，郝宗波，雷航．2016．卷积神经网络研究综述［J］．计算机应用，36(9)：2508 – 2515，2565.

［26］孙志远，鲁成祥，史忠植，等．2016．深度学习研究与进展［J］．计算机科学，43(2)：1 – 8.

思考题

1. 试述训练前向神经网络的 BP 算法原理，同时分析 BP 的缺陷，并提出相应的改进措施。

2. 自组织映射网络(SOM)的学习准则有哪些？

3. 模板匹配的改进方法有哪些？

4. 模糊聚类法和神经网络识别法各有哪些优势，你认为它们的发展前景如何？

5. 简述几种用于聚类算法的优化和搜索技术。

6. 卷积神经网络有什么优点，可以解决什么问题？

推荐阅读书目

1. 人工神经网络原理与实践．陈雯柏．西安电子科技大学出版社，2016.

2. 人工神经网络应用研究．郭庆春．吉林大学出版社，2016.

3. 人工智能(3 版)．朱福喜．清华大学出版社，2017.

4. 人工智能：改变世界，重建未来．[美]卢克·多梅尔著 赛迪研究院专家组译．中信出版社，2016.

5. Deep Learning 深度学习．[美]Ian Goodfellow(伊恩·古德费洛)，[加]Yoshua Bengio(约书亚·本吉奥)，[加]Aaron Courville(亚伦·库维尔)著．赵申剑，黎彧君，符天凡等译．北京邮电出版社，2017.

下篇　实践篇

第 **4** 章

基于表面漫反射光谱成像的
猪肉新鲜度检测

[**本章提要**]　在表面漫反射中，光在目标内部与微观结构相互作用，特定频率的光能量被吸收。当光重新射出目标表面时，光谱特性与入射时相比发生了改变，这种改变能够反映目标的微观结构。通过采集与分析表面漫反射光谱图像，可以对目标的化学特征及其空间分布进行定量检测。

　　表面漫反射，即表面散射反射，是指部分入射光子进入目标，散射改变方向后再次穿过表面反射出来的物理现象。漫反射光子在目标内部时与其微观结构相互作用，特定频率的光谱能量被吸收，当光子重新射出目标表面时，光谱特性与入射时相比发生了改变，这种改变反映了目标的微观结构。

　　表面漫反射光谱成像采集目标表面漫反射光子的空间分布，得到的是表面漫反射光谱图像三维数据，包含二维空间及其中所有像素位置的光谱信息。通过对光谱图像进行定量分析可以了解目标表层的化学特征及其空间分布。

　　与传统化学方法相比，光谱图像技术不仅具有快速性与无化学药剂污染的技术优势，而且可以提供其他方法难以获取的关于目标化学特征的空间分布信息。

4.1　背景与设计思路

4.1.1　背景

　　目前相对于猪肉工业产能发展迅猛，并已稳居世界首位的现实，我国肉品行业用于保障产品新鲜度与卫生安全的检测技术手段严重滞后，传统检测手段仍然是猪肉行业主要依赖的途径。新鲜度检测新方法的研究虽已取得一定成果，但由于受到应用条件、易用性及认同度等因素限制，一些研究成果尚处于试验室阶段，并没有在猪肉行业的实际生产与行业监管中采用。

　　猪肉从养殖到被消费需要依次经历养殖、生产、加工、储运与销售等环节。对猪肉新鲜度检测的需求主要涉及猪肉加工业的原料肉、肉产品的检验，及市场销售的商检监管环节。

　　在原料肉的新鲜度检测方面，由于受到传统检测方法效率低并具破坏性以及待检品数量巨大等条件限制，大型正规肉品生产企业对冷冻原料肉的新鲜度检测往往以感官抽检为主，配合对有质量怀疑的批次进行抽样送试验室进行理化与微生物指标检测。这种传统检验模式在快速性、客观性及易用性方面已越来越无法满足实际生产需求。

在肉产品新鲜度的检验方面，高温肉产品货架期较长，大型专业肉品加工企业在产品出厂前对质量、卫生(包括腐败产物含量)指标进行内部抽检，或第三方机构送检；低温鲜肉产品的货架期非常短，生产企业往往通过物流控制管理产品从屠宰到出厂的时间来保证产品新鲜，并不专门对肉产品的新鲜度进行检验。自 2011 年起，大型生产企业开始对鲜肉产品进行瘦肉精指标的严格检验。

在实际流通与销售环节中，对肉品的新鲜度的保证一般以生产标签的使用日期为准，鲜肉产品在零售店分割包装，零售店的包装日期即为新鲜度评价基准。由于新鲜度检测技术手段的落后，市场监督部门无法对在售的鲜肉产品进行现场检测，不能根据商品新鲜度指标变化对可能由于物流停滞、销售积压、存储条件异常以及人为等因素造成的卫生风险进行监测，从而存在产品质量保障系统及市场监管系统的漏洞。

由于检测技术严重滞后而导致的对产品质量管理与市场监管的漏洞已经危害了人民群众的用肉卫生安全。2012 年中央电视台"3·15 晚会"报道的世界 500 强知名超市在中国进行生鲜食品的"返包装"，即更改生鲜食品包装日期的行为引起了社会的广泛关注与愤慨，折射出由于技术手段的滞后导致目前对生鲜肉商品新鲜度监管几乎空白这一普遍的行业现状。目前鲜肉产品的包装日期为零售商"说了算"，商检部门"无法检"的局面正迫切呼唤着便携、快速、无损的检测技术与设备的出现。

肉品新鲜程度的传统检测方法分为感官评价法与实验室检测法。感官评价法是经过专业训练的检验员运用视觉、触觉、嗅觉和味觉从色泽、组织状况、黏度、气味和滋味角度对肉品进行评价，从而判定肉品的新鲜度[1]，这种方法对人员依赖程度高，不能得到客观指标。传统实验室检测法在实验室中运用物理、化学及微生物手段对肉品进行检测，常用的检测方法有挥发性盐基总氮(TVB-N)含量检测[2,3]、K 值测定[4]、pH 值检测[5]及微生物计数(TVC)检测[6]，主要检测蛋白质分解与微生物代谢产物总量、死后乳酸分解程度、酸碱性及微生物数量等[7]。这种检测手段操作烦琐耗时，需要在专门实验室中进行，检测前需要对试样进行绞碎、浸渍等破坏性处理，不易实现现场、在线或大批量检测。

肉品新鲜度快速检测方法主要基于电子舌[8-10]、电子鼻[11-14]、紫外-荧光分光度计[15,16]及光谱仪[17-24]等设备，检测肉品在腐败过程中电导率、气味、荧光产物及光谱特性等变化情况，但这些快速检测方法尚未取得公认的、可以替代传统检测方法的突破。

在涌现出的新兴检测技术中，以光谱成像技术在肉品品质检测中的迅速发展最为瞩目，以其结合空间信息与化学组成成分信息的独特优势，正成为检测肉品新鲜度的最佳突破口。

高光谱成像检测技术能同时提供检测对象光谱信息与空间信息[25]，结合光谱分析与图像分析技术，可以快速无损检测食品的表面与内部品质[26]，从而为构建食品整体品质与安全无损检测系统提供新的途径。

4.1.2　设计思路与总体设计

对化学特征在空间分布情况进行光谱成像检测的任务由光谱成像、光谱图像处理、光谱检测建模与空间分布定量检测环节依次完成。光谱成像即采集目标的光谱图像，由光谱成像系统完成，该系统的设计须首先确定成像方式与成像波段；光谱图像处理，包括对光谱图像进行图像增强、标定等预处理，及提取兴趣区域的典型特征光谱曲线；光谱检测建模是将样本特征光谱曲线与检测特征参考值之间建立定量预测模型的过程，这一过程又称为化学计量学建模；空间分布定量检测，是将所建立定量光谱预测模型应用到光谱图像中，得到预测指标在空间分布情况的过程。

4.1.2.1 设计思路

基于光谱图像的猪肉新鲜度检测系统选用国标规定的挥发性盐基氮（TVBN）值作为新鲜度评价化学指标，成像选择表面漫反射方式。表面漫反射与透射相比，所需光源的强度较低，对肉样的厚度不敏感，造成的热影响小；与基于点光源的背向散射成像方式相比，具备对整个肉样表面进行检测的优势，可以开展新鲜度的表面分布研究。

肌肉中的肌红蛋白在贮存过程中与氧或硫结合可形成脱氧、氧合、氧化或硫代肌红蛋白，呈现紫色、鲜红色、暗红色，甚至孔雀绿色，不同肉色反映了肉的新鲜程度；另外，肌肉中的蛋白质在腐败分解过程中产生统称为挥发性盐基氮的仲胺、伯胺、酰胺、腐胺、尸胺等一系列含氮有机小分子，其在肉中的含量是国标所规定食用鲜（冻）肉卫生标准的化学指标[27]，伯胺、酰胺中的 N—H 官能团的 2 阶倍频在 1000nm 以下。此外，游离水的 O—H 伸缩振动的二级倍频在 960nm 左右[28]，也在 1000nm 以下，根据鲜、冻肉随着贮存时间的延长，滴水损失加剧，肉品的水活性随之下降的现象，也可反映肉品的新鲜程度。最后，1000nm 以下的成像器件与可见光波段相同，依然可采用硅基芯片，成本较低，易于获得。所以选用可见光至 1000nm 以下近红外波段，构建猪肉新鲜度的光谱成像检测系统。

考虑到光谱分析用的光谱图像应具有连续光谱波段，故选用在可见至近红外区辐射波长连续的卤钨灯光源。

数码相机的硅基成像芯片都具备 1000nm 以下的光电转换能力，但是由于硅基芯片在 700nm 以上的量子效率急剧下降，光电子很快就淹没在一般成像传感器芯片的电子噪声中，无法成像。高端的硅基可见近红外相机常采取对成像器件降温，从而通过降低芯片热噪声提高近红外成像信噪比，价格也相应高出许多。本系统采用 JAI 公司的非制冷的工业相机 TM1327GE，该相机量子效率较高，价格便宜，内置千兆网接口控制输出，仅需一根超五类千兆网线即可与计算机或路由交换设备链接，方便使用。

由于现有技术限制，目前光谱图像三维数据难以同时获得。光谱成像方式主要有：采集目标在一维空间（某条直线上）的光谱数据，然后对目标进行空间扫描成像，即"推帚式"成像；或者选择同时获得整个视场的空间图像，然后进行光谱扫描，即"凝视型"成像。前者多基于棱镜光栅式成像光谱仪构建，在农产品与食品检测研究中已较多采用，其特点是在光谱成像过程中需要保持成像系统与目标之间稳定的相对运动，适合与传送带配合开发在线检测系统。后者在与目标相对静止状态下采集光谱图像，可由内部振镜与棱镜光栅式成像光谱仪组建，或者采用没有内部运动部件的基于电可调滤光器组建。本系统的分光装置采用基于声光可调滤光器、550～1000nm 波段的光谱成像器。

另外，本系统采用 VC++ 语言在 Windows 平台上进行软硬件系统开发。硬件采用基于 PC 的工控机，以方便检测系统的快速开发，软件选用 Halcon 图像处理工具包完成基础图像处理任务，再基于 Matlab 进行光谱图像数据处理及新鲜度预测建模。

4.1.2.2 总体结构设计

本系统技术路线如图 4-1 所示，主要包括光谱成像系统开发与数据采集、光谱图像分析建模与可视化预测两部分。

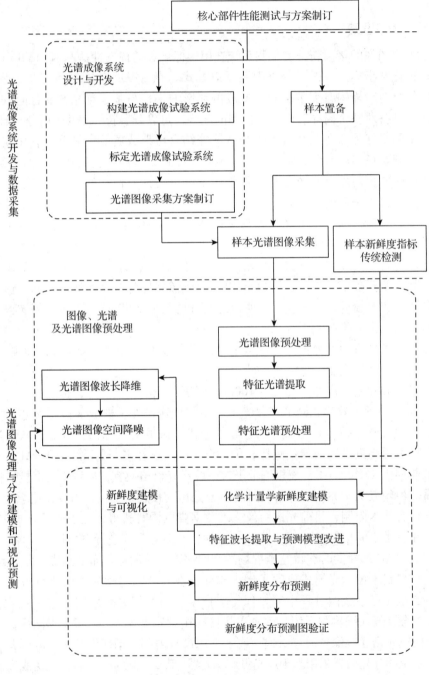

图4-1 猪肉新鲜度谱图像检测研究技术路线

第一部分设计开发一套用于猪肉新鲜度可视化预测的光谱成像系统，基于此系统完成所需光谱图像的采集，同时完成样本置备以及理化数据采集。

第二部分对不同预处理方法进行测试与比较，制订适合本系统的最佳光谱图像预处理方案；进行化学计量学建模，并对模型进行改进以提高新鲜度预测精度和速度；运用改进的新鲜度预测模型对新鲜度在猪肉样本表面的分布情况进行可视化预测，制作新鲜度分布预测图，并对预测结果进行统计验证。

4.2　光谱成像系统构建与图像获取

基于声光可调滤光器(acousto-optical tunable filter，AOTF)的光谱成像系统在与目标相对静止条件下工作，以方便零售现场的检测工作，避免传统食品及农产品光谱成像设备在使用中对传送线的依赖[29-35]。

4.2.1　声光可调滤光器工作原理

声光调制器(acousto-optical modulator，AOM)产生超声波，通过压电单元传入晶体，在晶体内部产生密度波，即类似折射光栅的作用。密度波的强度与入射晶体的声波强度呈正比，同时与被折射的光束强度呈正比[36]。声光可调滤光器(AOTF)在AOM的基础上发展而来，效果上是一种电调节带通滤镜，不仅可以调节折射光的强度，还可以调节其折射光束的波长。它是固态，无内部移动部件，通过在各向异性晶体介质内部光与声波的相互作用工作。通过对AOTF晶体加载射频信号，使入射光的一窄带光

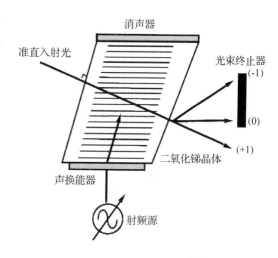

图4-2　AOTF工作原理[37]

谱分量折射至后置成像设备。通过计算机调节射频信号频率与功率分别控制调节光谱带通波长和分光强度[37]，如图4-2所示。

AOTF根据波长可控折射二维光场信息，通过射频扫描在静止状态下获取三维光谱图像信息。

4.2.2　系统架构

基于AOTF的光谱成像系统以冷鲜肉新鲜度检测为应用背景，集成开发。系统应满足：①合适的视场尺寸以满足样本尺寸要求；②光源覆盖尺寸范围与均匀性、波长范围、辐射强度及时间稳定性要求；③空间分辨率；④信噪比；⑤快速性；⑥可扩展性。为此系统采用模块化分层设计，如图4-3所示。基于模块化设计理念将软件系统划分表示层、控制层以及基础层。表示层为图形用户界面与用户交互并进行图形反馈；控制层为软件构架的核心部分，由流程控制部分协调整个系统的配置与运行，并有控制模

软件

| 表示层 | 图形用户界面 |

控制层

流程控制

| 光谱图像采集 | 硬件配置 | 系统配置 |

基础层

Windows 基础类库 （MFC）

| 声光可调滤镜驱动 | 相机驱动 | Halcon 图像处理开发包 |

硬件

计算机及接口

计算机

| RS232 串口 | 千兆网卡 |

光谱成像单元

射频控制器

| 镜头 | 声光可调滤镜 | 可 见—近红外相机 |

照明单元

| 卤素灯 |
| UPS 电源 |

图 4-3　光谱成像系统架构[38]

注：以文献[39]架构为基础设计。

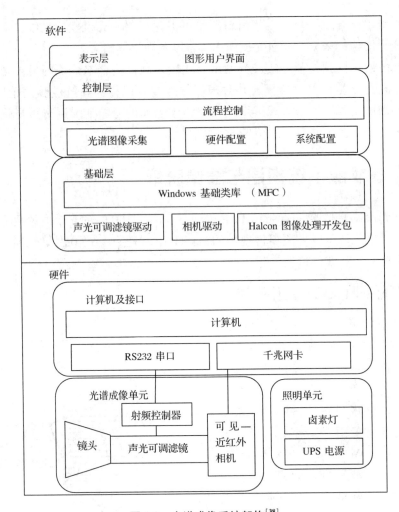

图 4-4　光谱成像硬件系统[38]

块分别专门负责光谱图像采集、硬件配置与系统配置；基础层由 Windows 基础类库（MFC）、硬件驱动程序（如声光可调滤光器驱动及相机驱动）及第三方图像处理软件开发包（Halcon）组成[38]。

硬件系统由配备相应硬件接口的计算机、光谱成像单元及照明单元组成。照明单元为通过 UPS 稳压电源供电的三支多面反射卤素灯；光谱成像单元是硬件系统的核心，其中 AOTF 通过射频控制器信号调节波长及透光率，射频控制器通过 RS-232 串口与控制计算机通信；成像部件选用千兆网接口可见—近红外相机（TM-1327，PULNIX，加拿大），通过千兆网卡（Intel

Pro 1000, Intel, 美国) 与控制计算机通信[38]。

本光谱成像硬件系统包括工作在 550 ~ 1000nm 波段的 AOTF 单元(CVA-200, BRIMROSE, 美国)、可见—近红外相机(TM-1327GE, PULNIX, 加拿大)以及可变焦镜头(Zoom Lens 28 ~ 80mm, Tamron, 日本), 以及由稳压电源(C3K, 山特, 中国)输出的 3 只多面反射卤素灯(500W, Philips, 中国), 卤素灯的布置可以随应用需求灵活调整, 如图 4-4 所示[38,40]。

4.2.2.1 光谱成像单元

(1)声光可调滤光器

声光可调滤光器(AOTF)的生产厂商比较少, 选购的要点主要在应用场合与工作波段。AOTF 器件的应用场合主要有光纤和自由空间之分。光纤 AOTF 主要应用在工艺控制中, 对点目标进行采样检测; 自由空间 AOTF 器件可以用于组建具有一定视场尺寸的目标成像。以冷鲜猪肉为检测目标的成像系统需要获取对象特征的空间分辨能力, 故选用自由空间 AOTF 成像器件。另外, 不同的 AOTF 器件有各自的工作波段, 也对应不同的应用需求。根据工作波段可以分为可见光(VIS, 400 ~ 700 nm)、可见—近红外(VIS/NIR, 550 ~ 1000 nm)、短波近红外(SWNIR, 900 ~ 1700 nm), 与工作在不同波段的 AOTF 单元相配套的成像系统/相机的成像器件的材料与价格迥异。

以冷鲜猪肉的肉色与挥发性产物为检测对象的应用选用工作在可见—近红外波段(550 ~ 1000nm)的 AOTF 器件(CAV-200, BRIMEROSE, 美国), 其最大光圈为 F8, 带宽 ≤ 20nm。

(2)可见—近红外千兆网相机

电可调滤波器成像系统允许各光谱波长采用独立的成像参数(增益与曝光时间), 不要求对所有波长及辐射强度同时成像, 与线扫描光谱成像系统相比, 降低了对成像系统的动态灵敏度要求。根据所选择的工作光谱范围, 采用可见—近红外相机(TM-1327GE, PULNIX, 加拿大)进行成像。该相机采用 2/3" CCD 芯片, 分辨率为 1392 × 1040 像素, 灵敏度峰值出现在 550nm, 在 900nm 处相对灵敏度 > 18%, 1000nm 处相对灵敏度 > 5%, 可以有效兼顾 550 ~ 1000nm 工作波段。作为一款工业级相机, 与生物及农产品线扫描光谱成像系统常采用的电子倍增 CCD(EMCCD)及半导体制冷相机(pilter-cooled CCD)等科学级相机相比具有很好的经济性。该相机采用千兆网(GigE)接口, 内部数模转换模块直接将模拟图像信号转化为数字信号并通过千兆网接口输出, 计算机直接通过网卡与相机进行通信, 省去了图像采集卡, 使用方便。

(3)镜头

镜头的光学涂层能够增强工作波段的透射率, 提高其他波段的反射率, 从而提高成像质量, 减小干扰。本系统采用的短波近红外波段与可见光波段非常接近, 因此采用普通光学变焦镜头(Zoom Lens 28 ~ 80mm, Tamron, 日本)。通过测试, 焦距 28mm、物距 60cm 时视场范围(FOV, field of view)在 15cm × 10cm 左右, 能够容纳检测目标猪肉通脊切片。

4.2.2.2 照明系统

光谱成像系统的照明必须满足辐射强度、光谱分布范围以及时间稳定性要求。由于受到 AOTF 器件对光圈使用的限制，经 AOTF 器件带通滤光后到达成像器件的辐射能量仅为成像系统入射总强度很少的一部分，所以光源必须具备足够的辐射强度，满足工作范围内各光谱通道的最低成像照度要求，从而保证成像信噪比。同时，光源的光谱覆盖范围必须满足工作波段宽度，并且须有很好的稳定性，满足定量分析要求。经过多项试验，最终选用 UPS(C3K，山特，中国)稳定电压输出，接 3 只多反面射镜卤素灯(500W，飞利浦，中国)作为系统光源，很好地满足了系统需求。同时，3 只多面反射镜卤素灯营造的照明场可以很好地满足载物台照明对空间均匀性要求。为减小卤素灯光源产生的大量非工作波段的热辐射，可以在光源与目标之间增加带通滤光镜/隔热膜[38]。

4.2.3 光谱成像系统软件开发与系统标定

4.2.3.1 软件开发

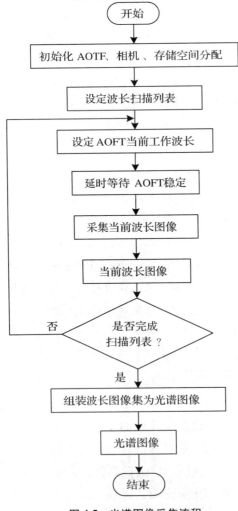

图 4-5 光谱图像采集流程

光谱成像软件系统应具有友好的图形用户界面，并在功能上满足：

- 控制射频控制器、调节 AOTF 带通波长与扫描步长；
- 设置相机工作参数与采集控制；
- 协调 AOTF 波长控制与相机采集；
- 存储每步扫描得到的波长图像；
- 存储光谱扫描图像集，创建可被光谱图像分析软件(ENVI™)直接读取的光谱图像文件。

光谱图像采集工作流程如图 4-5 所示，软件系统需协调 AOTF 波长设定、相机采集、图像存盘等工作。本系统 JAI 相机厂商提供的二次开发接口比较友好，能够支持多种平台及开发语言进行二次开发(Microsoft NET 平台及 C、VC、VB 等语言及 Linux 平台开发接口)，而 BRIMROSE 厂商提供的射频控制器驱动程序仅提供 PowerBuilder™ C++ 语言开发的动态链接库(* . Dll)供二次开发调用，为实现射频控制器与相机控制的集成、协调控制带通滤光与相机采集须选用同时支持二者的二次开发工具，故本系统基于 Microsoft Windows XP 操作系统，选用 Visual Studio 2008™ 作为开发工具，Visual C++

动态库调用射频控制器，并以 COM 组件调用方式控制 GigE 工业相机以及射频控制器（RF），基于 MFC 进行用户界面设计。为缩短图像处理开发周期并提高软件可靠性，基于图像处理开发包（Halcon 10.0，MVTec，德国）进行图像处理相关模块开发。

采集开始时首先初始化光谱成像硬件单元，即打开 AOTF 与可见—近红外相机，并进行存储空间预分配。通过设定波长扫描列表，提交扫描波长通道的数量、顺序以及每通道采集时相应的扫描帧数与成像参数后进入光谱图像采集循环。在光谱图像采集循环体中首先设定声光可调滤波器的当前工作波长，延时等待声光可调滤波器状态稳定后采集得到当前波长光谱图像。随后读取光谱采集列表，进行下一工作波长光谱图像采集循环，直至完成扫描列表。采集结束后对所有波长的图像进行组装，生成符合光谱图像分析软件格式要求的光谱图像文件，并采集如行列分辨率、波长列表及采集参数等信息，写入图像文件并存储。

4.2.3.2 系统标定

通过连续 3d 观测，确定开机 8min 内光谱成像系统对标准反射率标定板（SRT-99-100，Labsphere，美国）的光谱反射率保持稳定，确立每天/次开机稳定时间为 8min。

为抑制图像采集随机噪声，应用 8 帧叠加对各光谱通道进行图像降噪。根据式（4-1）计算，信噪比从 5.48 提升到了 6.77，目测降噪效果明显。

$$SNR = \frac{1}{N}SNR(\lambda_i) = \frac{1}{N}\sum_{i=1}^{N}\frac{\mu_i}{\sigma(\lambda_i)} \qquad (4-1)^{[41]}$$

式中：N 为光谱图像帧数；$SNR(\lambda_i)$ 为在波长 λ_i 处系统信噪比；μ_i 及 $\sigma(\lambda_i)$ 分别为在波长 λ_i 处检测区域内所有像素点的反射强度均值与标准差。

图 4-6 为多帧叠加降噪前后信噪比对比。从图中看出，前 5 个波段与后 12 个波段，即 550 ~ 570nm 及 945 ~ 1000nm 的噪声水平即使经多帧叠加后依然较高，故将这些波段排除，不参加后续光谱预测建模。经 8 帧叠加降噪后的最终 575 ~ 940nm 输出光谱波段信噪比为 8.02[38]。

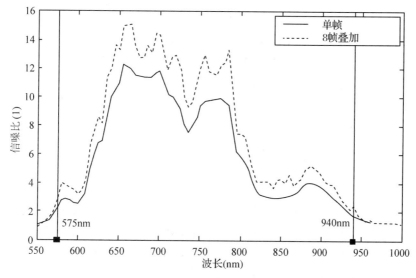

图 4-6 多帧叠加降噪前后信噪比对比[38]

注：仅 575 ~ 940nm 间信噪比较高的光谱波段参与后续光谱建模。

为消除系统多次开机采集间由于光源和/或相机暗噪引起的光谱数据变化，对光谱图像进行相对反射率校正。根据式(4-2)由系统暗噪图像及标准反射率标定板图像计算相对反射率校正图像[38,42]。

$$R = \frac{R_o - R_b}{R_w - R_b} \times 100\% \qquad (4-2)^{[38,42]}$$

式中：R 为反射率校正后的光谱图像，以% 计；R_o 为待校正的输入光谱图像，以 CCD 读数计；R_w 为标准 99% 反射率板的光谱图像；R_b 为系统暖机后盖上镜头盖时采集的暗噪图像；R_w 与 R_b 均以 CCD 读数计。

4.2.4　光谱图像采集

采集 91 通道 8 帧光谱图像所需时间约 70s。为缩短采集时间，对光谱图像采集顺序进行调整，如图 4-7 所示。按照先后次序分别从波长 550～1000nm、1000～550nm 波段各提取 4 帧，以确保因光照时间造成的温升、水分蒸发等因素引起的被测对象的变化尽可能均匀地作用到各波长。

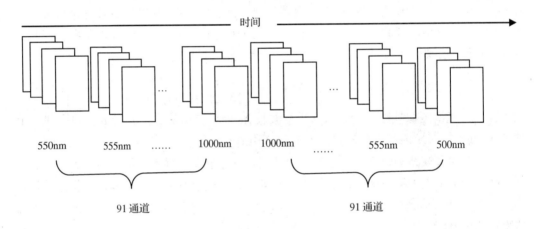

图 4-7　光谱图像 8 帧采集顺序

每日暖机后及关机前采集系统暗噪及标准反射率标定板图像，以验证当日系统工作状态，并将这些图像作为当日反射率校正的标定基准。

采集的原始图像经 8 帧叠加、反射率校正后存储成 1 个包含 91 通道的光谱图像文件。图像处理及文件操作均由基于图像处理工具包(Halcon 10.0，MVTec，德国)自行开发的软件程序完成。

4.3　光谱图像处理

光谱图像检测系统与所有数据处理系统都遵从 GIGO（即"garbage in，garbage out"）法则。光谱图像预处理分为空间预处理与光谱预处理，其效果决定光谱图像检测所处理的数据内容及数据质量，甚至整个系统的性能。光谱图像提供检测对象的三维数据是空间(spatial)与光谱(spectral)信息的综合。

4.3.1 空间预处理

为提取特定生理组织的特征光谱，光谱图像空间预处理包括：图像增强和创建肌肉有效兴趣区域(EMROI)。

4.3.1.1 图像增强

图像数据信号受到采集设备、方法、操作过程及环境因素的影响，不可避免地受到噪声的影响。根据噪声形成的原因以及出现的概率分为随机噪声、系统背景噪声和偶发性噪声。本研究中图像增强的目标是：①抑制随机噪声，提高图像中的信息质量；②系统背景噪声校正。

图像的随机噪声可由式(4-3)给出：

$$I = I_s + \delta \tag{4-3}$$

式中：I 为采集到的图像；I_s 为理想的图像信号；δ 为采集系统的二维随机噪声。

对于本采集系统而言，随机噪声主要来源于成像系统感光 CCD 器件内部的暗电流窜动，这种窜动在某一时刻对某一像素点的灰度会产生随机影响，但在较长时间范围内，其平均值接近于一常量，因此可以认为这种随机噪声在整个图像中的算数和为一常量。

(1)随机噪声抑制

图像信号的强度受到成像系统多方面因素的影响，即光源辐射强度、反射成像时的目标反射率(或透射成像时的目标透射率)、光学成像系统的透光率以及感光器件的光伏转化效率的共同影响，如图 4-8 所示。

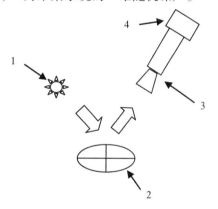

图 4-8　漫反射成像系统影响图像信号的因素
1. 光源辐射强度　2. 目标漫反射率　3. 光学系统透光率　4. 感光器件的量子效率

光源的辐射强度即光源辐射强度的分布，如图 4-9 所示。图中虚线为无滤镜时的卤素灯的辐射强度分布，实线为选用可见光滤镜后的卤素灯光谱辐射强度分布。

目标漫反射率由目标表面及表层的材质决定。光辐射在目标表面发生透射、折射、镜面反射与漫反射，通过比对漫反射与入射光辐射的能量差异可对目标的材质成分进行分析，如图 4-10 所示。

光学系统的透光率与光学系统的材质及其表面镀层有一定的关系，受焦距以及通光孔直径等几何参数影响，对于一定波长范围的光谱成像系统而言，还需考虑由于不同波长辐射在光学系统中折射率的差异而导致的色散现象对焦平面位置的影响，如图 4-11 所示。故本系统选用具备抗色散镀层镜片的光学镜头，以提高成像质量。

感光器件的光伏转化效率是指成像系统的感光元件将接收到的光子输入转化为电子伏特信号输出的能力，光伏转化效率与光辐射波长、成像器件的材质种类以及制作工艺方法有关。感光器件的光伏转化效率越高，捕获的光子信号就越强；同时噪点抑制能力越好，图像的信噪比就越高，高信噪比往往是影响整个成像系统成像质量与成本的关键。

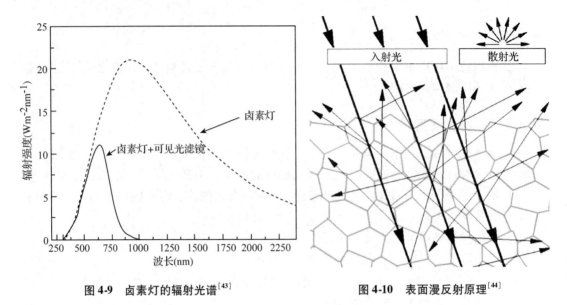

图 4-9　卤素灯的辐射光谱[43]　　　　图 4-10　表面漫反射原理[44]

综合成像系统影响因素，平面目标在波长 λ 图像空间 (x, y) 处光谱图像的灰度值如式(4-4)所示。

$$I(\lambda, x, y) = R(\lambda, x', y') \cdot T(\lambda, x', y') \cdot S(\lambda, x, y) + \delta \tag{4-4}$$

式中：$I(\lambda, x, y)$ 为 λ 波长像平面空间 (x, y) 处图像灰度；$R(\lambda, x', y')$ 为 λ 波长目标空间 (x', y') 处接光源辐射的强度；$T(\lambda, x', y')$ 为目标 (x', y') 处对 λ 波长的漫反射率；$S(\lambda, x, y)$ 为成像器件在像空间 (x, y) 处对 λ 波长辐射的感光率；δ 为成像系统的噪声。

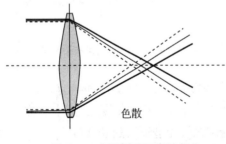

图 4-11　色散导致不同波长焦
平面位置差异[45]

光源按辐射类型分为连续光谱型与非连续光谱型。非连续光谱型光源仅覆盖不连续的一个或几个波段，此波段范围之外的辐射量是零，即 $R(\lambda, x', y') = 0$；连续光谱型光源在不同波段的辐射强度也有很大差异，其覆盖波段范围内不同波长的辐射强度差距可相差 10 倍以上，如图 4-9 所示。

成像器件对不同波长辐射的感光率 $S(\lambda, x, y)$ 也不是一个常量，如图 4-12 所示。以

JAI TM-1327GE 可见—近红外工业相机为例，其光伏转化效率的峰值出现在 550nm，而在 400nm 以下及 1000nm 以上波段成像质量就难以保证，即 $S(\lambda, x, y) \approx 0$，$\lambda < 400nm$ 或 $\lambda > 1000nm$。

与上述光源辐射强度及成像器件感光率两项的降低直接导致图像信噪比下降的情况不同，目标对 λ 波长入射辐射的漫反射率的降低具有双重意义。如果目标对特定波段的漫反射率整体很低，则对组建成像系统的灵敏度提出很高要求，对成本控制不利；目标在成像波段范围内反射率的差异则是光谱信息的来源，波长间漫反射率的陡降则是光谱分析中被称之为吸收峰的重要特征，是直接反映目标成分的重要性质。

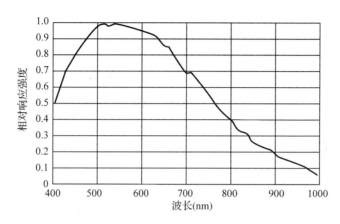

图 4-12 可见—近红外工业相机 JAI TM－1327GE 的量子效率曲线[46]

由此可见，在光源的弱辐射波段或成像器件的低敏感度波段，光谱图像的信噪比必然很低，因此在光谱图像分析前评价与提高信噪比是光谱图像预处理的重要任务。

光谱图像中主要由暗电流产生的噪声项随机函数 δ[见式(4-3)及式(4-4)]在稳态条件下长时间积分均值为一常量，如式(4-5)所示，通过多帧叠加的方法消除噪声对图像信号的随机干扰。

$$\mathrm{const} = \frac{\int_0^T \delta(t)\ dt}{T}, T \to \infty \tag{4-5}$$

式中：T 为积分时间；δ 为随机噪声项。

测试结果显示 8 帧叠加降噪对提高输出图像信噪比效果显著。

（2）系统背景噪声校正

光源能量在视场中的辐射分布并不严格均匀，同时成像系统的光学特性决定了视场中不同位置的强度与光谱成像效率并不严格均匀，因此需要对这两种因素在图像空间上所造成的系统误差进行校正。

为简化系统，本研究试验对象设定为猪肉通脊部位切片，被测表面基本呈平面，故按平面光场进行成像系统校正。系统暖机后，首先将 99% 反射率标定板置于样本载物平台图像采集位置，调整其高度使之与样本被测表面设计高度一致，然后采集其光谱图像作为标准白板图像；保持光源打开状态下盖上镜头盖，采集系统暗噪标准图像；用标准白板图像与系统暗噪图像对所采集的试验样本光谱图像按式(4-2)进行反射率校正。

在进行暗噪采集操作时，由于本研究所采用光源功率以及发热量较大，采集图像时间较长，故保持系统光源打开状态，从而使标准暗噪图像反映采集系统在工作温度场中的状态。

4.3.1.2 肌肉有效兴趣区域创建

研究中目标区域定义为仅限猪肉背最长肌切片断面肌肉部分，即肌肉有效兴趣区域（EMROI，eligible muscle region of interest）。该区域的建立需排除光谱图像中脂肪、骨及腱等其他组织成分的干扰，以及由表面镜面反射在肌肉部位造成的耀斑。

为探索整块猪通脊切片未去除脂肪、筋膜以及肉皮的光谱图像以创建 EMROI，对照彩色照片手工选取光谱图像中肌肉样本点（选取时注意避开镜面反光亮斑区域）及脂肪与筋膜等非兴趣区域样本点，作各采样点的光谱曲线（见彩图1）。

图中红色部分为肌肉样本点的光谱曲线，蓝色部分为脂肪、筋膜，以及肉皮区域的光谱曲线，包含了从新鲜到各种腐败程度的不同手工采样点。从图中可见在 575nm 处肌肉与非肌肉区域存在明显区别，而其他光谱波段肌肉与非肌肉区域的光谱曲线有所交叠。

利用式(4-6)计算波长 λ 处的 EMROI 与非 EMROI 之间的区分度，结果显示肌肉与非肌肉区域的区分度在 575nm 处的确出现了最大峰值，可见 575nm 处吸收值适用于未去除脂肪、筋膜以及肉皮的整块猪通脊切片的肌肉分割，如图 4-13 所示。图中横坐标为波长，纵坐标为肌肉与非肌肉区域的区分度。

$$D = （脂肪均值 - 肌肉均值）/肌肉均值 \qquad (4-6)^{[38]}$$

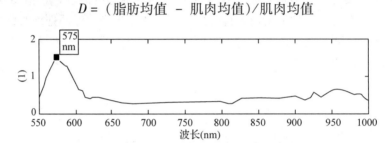

图 4-13　有效肌肉区域区分度曲线[38]

在通脊切片反射率光谱图像中，利用 575nm 处吸收值对肌肉区域进行自动分割，效果如彩图2所示。对分割结果进行人工分析，结果显示该方法可以正确排除非肌肉区域，甚至对肌肉区域中的筋膜部分的排除性能优于人工分割。由于光照角度等因素干扰引起的肌肉高反光区域被分割为非肌肉，这一判断对避免所提取的肌肉区域特征光谱遭受入射光在高反射区域造成的光污染而得到"干净的"肌肉区域特征光谱大有裨益。

4.3.2　光谱预处理

空间预处理划定了样本兴趣区域的空间范围，从中提取出每块肉样的特征光谱，是进行光谱分析的起点。与任何通过量化光谱数据进行测量的试验研究类似，对光谱试验数据尽可能地降噪而又不过度削弱数据中的信息是光谱数据预处理的目的。

4.3.2.1　特征光谱提取

在传统检测中，TVB-N 值反映了肉的腐败程度，即新鲜度。参照化学检验流程，对检测对象表层 5mm 厚度切片在剔除脂肪、筋膜等非肌肉区域后绞碎搅匀后的采样检测值。对该检测值进行光谱预测建模必须首先得到反映相应肌肉区域的代表性光谱曲线，光谱曲线应该满足如下条件：①仅包含相应肌肉组织的光谱；②检测数量与传统新鲜度检测结果一致，且一一对应。

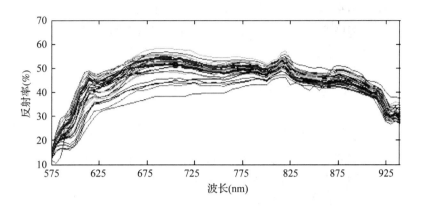

图 4-14 从有效肌肉兴趣区域提取的特征光谱[38]

系统采用求取光谱图像中肌肉有效兴趣区域内所有空间像素位置处光谱均值的方法提取特征光谱，40 个样本的肌肉有效兴趣区域的特征光谱曲线如图 4-14 所示。

4.3.2.2 全局光谱预处理

全局光谱预处理可为创建一个高精度的预测模型服务，但不能为仅采集少数输入光谱波段的快速预测系统所用。全局光谱预处理算法在计算输出光谱时需要输入光谱的全部数据点，因此输出光谱的每一点不仅包含该波长位置的输入光谱，还蕴含了输入光谱全部波段的统计信息，在一定的系统噪声水平范围内所包含的信息量比较丰富。另外，由于计算需要输入光谱的全部波段，所以即使后续光谱模型仅需要少数光谱波段的特征光谱，仍必须采集全部光谱波段的特征光谱。

由于任何波段的过大噪声都会对全局光谱预处理结果造成较大干扰，所以排除低信噪比通道后，本系统全波段输入光谱确定为 575～940nm，如图 4-14 所示。

采用式(4-7)（standard normal variate，SNV）对输入光谱进行标准正态化处理后的结果如图 4-15 所示。

$$Y = \frac{X - \bar{X}}{\sqrt{\dfrac{(X - \bar{X})^2}{n - 1}}} \qquad (4-7)^{[47]}$$

式中：Y 为输出光谱；X 为输入光谱；$\bar{X}$ 为输入光谱均值；n 为输入光谱点数。

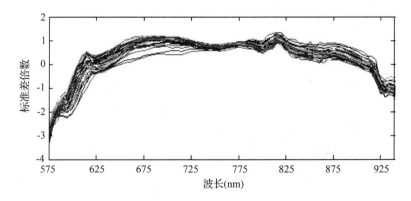

图 4-15 经标准正规化处理得特征光谱[38]

　　通过分析比较图 4-14 与图 4-15，可见经过标准正规化处理后的光谱反射率百分比为光谱自身标准差的倍数，不仅消除了输入光谱中的水平漂移幅值差异，而且光谱幅值的纵向跨度经过标准化也更加一致，便于开展光谱建模。

4.4　新鲜度的定量可视化分析

　　近年来，对肉品的光谱成像检测已发展到对关键化学指标进行定量可视化预测阶段[38,42,48-50]。光谱成像技术将化学指标在目标表面的空间分布情况以图像方式呈现，突破了传统光谱检测技术的局限，为肉品质量与安全检测研究增加了空间维度。从此人们不仅可以讨论肉品样本的某个指标的平均值/采样值，还可以"看见"局部检测值出现在样本表面的位置及覆盖的面积。

　　本节以全局光谱高精度预测模型为例，对肉样表面/表层新鲜度进行定量可视化预测，并提出两个关键技术：对检测对象目标生理组织的空间区域进行精确划定；提出对光谱图像进行必要尺度的空间平滑预处理，从而在尽量保留细节特征的同时抑制系统噪声对空间预测精度的干扰。

　　对空间预测结果图的统计分析显示，若直接应用基于区域特征光谱进行像素光谱预测可能造成空间可视化预测结果不具统计学定量意义，对光谱图像进行必要的空间平滑可以提高空间预测的量化精度，甚至关系到整个定量可视化的成败[38]。

4.4.1　全局光谱预测建模

　　经标准正态化预处理后，对肌肉有效区域的特征光谱进行偏最小二乘回归建模，建立 TVB-N 的全波段（575 ~ 940nm）光谱预测模型，将其作为全局光谱建模的基础模型。

　　在此基础上，采用基于波段贡献度的偏最小二乘回归模型光谱降维算法提取特征波长组。借助标准正态化肌肉特征光谱 4 主成分全波段预测模型的回归系数及光谱集的均值光谱构建波段贡献度曲线，如图 4-16(a)所示。图 4-16(b)为其绝对值曲线，有 9 个局部峰，中心波长分别位于 575，600，615，705，765，825，885，915 及 935nm。以此作为该标准正态化肌肉有效区域新鲜度预测模型的特征波长组，再一次进行偏最小二乘回归建模，得到精简预测模型。经过留一法交互验证，该精简模型的均方根误差（$RMSE_{CV}$）为 1.94mg/100g，确定系数（R_{CV}^2）为 0.89（校正集均方根误差 $RMSE_C = 1.60mg/100g$，确定系数 $R^2 = 0.93$）。与模型精简前相比，交互验证确定系数有了提高，这可能源自精简模型排除了过多冗余波长及包含其中的噪声。

　　为对比提取特征波长前后预测模型的效果，作预测值与测量值散点图，如图 4-17 所示。图 4-17(a)为提取特征波长前对标准正态化肌肉有效兴趣区域特征光谱全波段预测模型的散点图，(b)为仅用相同特征光谱中 9 个特征波长点的数据建模得到的散点图。图中红色对角线为理想散点位置线，对比图 4-17(a)与(b)，可见通过特征波长提取精简模型后的数据点更加接近理想散点分布红线，精简模型的交互验证精度（$R_{CV}^2 = 0.89$，$RMSE_{CV} = 1.94mg/100g$）与特征波长提取前的校正精度（$R^2 = 0.90$，$RMSE_C = 1.87mg/100g$）基本一致，但数据采集时间明显减少[38]。

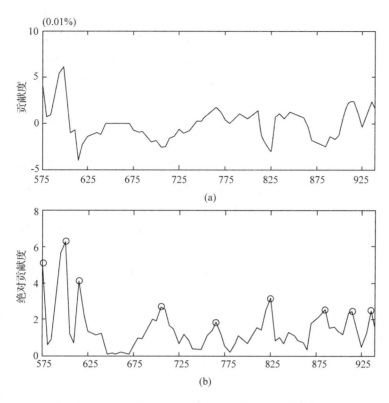

图4-16 全局光谱预测模型的特征波长选取[16]

（a）贡献度 （b）贡献度绝对值及其局部峰值

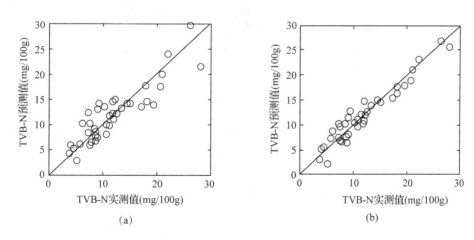

图4-17 全波段预测模型与特征波长预测模型散点图[38]

（a）全波段模型 （b）特征波长预测模

综上所述，通过提取肌肉有效兴趣区域标准正态化（SNV）反射率光谱的特征波长，得到了高精度的全局光谱 TVB-N 预测精简模型。

4.4.2 基于肌肉有效兴趣区域的新鲜度定量可视化

基于特征波长预测模型对 40 样本进行 TVB-N 值可视化预测，如彩图 3 所示。肉样表面预测值由低(新鲜)至高(腐败)分别以伪色彩蓝色至红色显示,背景着以黑色,非有效兴趣区域(皮、脂肪、耀斑等)着以白色。猪肉 TVB-N 值最敏感的数值区域为 0 ~ 25mg/100g 之间,理论上 TVB-N 值不应低于 0,高于 20.0mg/100g 的肉样将被判为不可食用,且常伴有强烈气味,因此相对应于预测值自 0 ~ 25mg/100g,伪色彩设置为从蓝色逐渐向红色转变,低于 0 的预测值着以深蓝色,高于 25mg/100g 的预测值着以暗红色,分别用深蓝色、浅蓝色、黄色、橙色及红色等表示非常新鲜肉、新鲜肉、可食用肉、腐败及不可食用肉[38]。

肉品生产企业对猪肉原料肉的验收检验标准通常定为≤TVB-N 值 10.0mg/100g,如彩图 3 中第一行 8 肉样所示,肉样表面大部分区域显示为蓝色,只有少部分区域可能为黄色或橙色[38]。根据我国 2005 年颁布的现行国家鲜(冻)肉卫生标准[51],食用鲜猪肉 TVB-N 含量应当≤15.0mg/100g,见彩图 3 中的上面 3 行,黄色区域占主体,橙色及红色部分逐渐增加[38]。根据我国现行标准,TVB-N 值超过 15.0mg/100g 即为腐败肉,即彩图 3 中最下一行所示,黄色逐渐减少,橙色占据大部分面积,出现大量红色区域[38]。

彩图 3 所示表面定量可视化预测均值与化学参考值之间存在较大差异(> 4.0mg/100g)的肉样在彩图 4 中列出,其中左起 4 列肉样表面白色区域占据了较大面积,说明这 4 块肉样在图像采集时较大的表面耀斑干扰了预测结果;而最右列肉样将肉样的侧面误判为腐败区域着红色[38]。

彩图 4 中样本表面全部新鲜度定量可视化预测值的统计直方图如彩图 5 所示。为便于对比,直方图布局顺序与彩图 3 中的肉样布局顺序相同,均按照化学检测参考值自左而右、自上而下增序排列。彩图 5 中各肉样的化学检测值以蓝字蓝线在直方图中标注,预测均值以红字红线标注。从图中可以看出,表面预测直方图上大部分肉样红蓝线基本重叠,表明像素级预测值均值与化学参考值之间存在良好的一致性。直方图统计结果显示有效兴趣区域(EMROI)中超过 95% 的像素预测值在 0 ~ 50.0mg/100g 的合理分布范围内。由于受到未能被空间平滑滤波完全抑制的噪声部分影响,TVB-N 值出现了少量小于零的预测值[38]。

同样原因造成肉样表面像素级定量可视化预测均值与有效兴趣区域特征光谱预测值之间存在差异,但像素级预测值的空间分布均值与化学参考值之间的确定系数仍高于 0.80,表征像素级预测仍具有很高的可靠性[38]。

4.4.3　空间平滑滤波对像素级定量预测的必要性

将基于区域特征光谱建立的模型直接应用到未经必要噪声抑制的像素光谱进行预测可能导致失败,空间均值滤波进行像素光谱抑噪是研究新鲜度可视化预测取得成功的关键要素之一。为彰显其对像素级预测的必要性,本小节对未经空间平滑光谱图像的像素级预测结果图进行对比。

理想情况下将预测模型应用到像素光谱可获得像素级预测结果,但未经空间滤波的光谱图像提取的肌肉有效兴趣区域颗粒非常粗大[38],见彩图 6(a)所示,这样获得的实际像素级可视化预测结果与经过空间平滑滤波的定量可视化预测图(见彩图 3)相比,可能图像颗粒非常粗大。

相对于预测图颗粒粗大的缺陷而言,直接应用未经空间平滑的光谱图像进行像素级预测结果与化学参考值之间可能不具备相关性。彩图6(a)中的有效肌肉区域中的像素级预测结果的直方图如彩图6(b)所示红蓝线间距离明显，这与经空间滤波的像素级预测结果直方图(彩图5)中表示的预测均值与化学参考值的红蓝线距离很近或相互重合不同，进一步统计分析显示此时肉样表面的像素级预测均值与化学参考值间的确定系数R^2为小于零的-0.29，均方根误差$RMSE$为6.66mg/100g，大于化学检测参考值的分布标准差，说明不经空间平滑的像素级光谱预测值与化学参考值之间不存在相关性[38]。

4.5 案例总结

本章介绍了猪肉新鲜度定量可视化快速检测方法，实现猪肉新鲜度的精确定量可视化检测。介绍了一套基于可见—近红外光谱成像猪肉新鲜度及其空间分布的快速检测原型系统的设计过程。

光谱图像技术在肉品检测中的研究展望如下：

(1)多指标与动态检测机理

肉品成分的复杂性与变化的多样性决定肉品的品质由众多指标描述，光谱图像检测可以突破传统检测的单一性，实现通过不同数据分析模型作用在相同光谱图像上得到多个指标的集成检测，如对牛肉高光谱图像的分析可以同时获得肉质类型感官指标与大肠杆菌数量生物指标[52]。多指标检测因其大幅提高检测效率将是肉品检测的一个重要趋势。

光谱图像检测的快速性与非接触性使得肉品检测可以脱离传统检测破坏性的局限，进行检测指标的动态检测，探究不同指标变化之间的关联规律将成为肉品品质变化机理检测的新方法。

(2)多源图像融合

光谱检测不仅可以在多个波段展开，并且可以与不同来源的图像数据融合，以获得更加全面的数据。紫外荧光对表征鲜肉存储过程中化学成分(如原卟啉、锌原卟啉及镁原卟啉)变化有很好的响应特性[53]，紫外荧光光谱图像与可见—近红外光谱图像的光谱扫描部件与成像部件完全类似，仅光源部件不同，可以进行成像设备集成，并获取多源光谱图像，实现多指标检测。

(3)光谱图像微尺度分析

光谱图像的空间分辨率能够对检测目标的空间分析深入到亚像素尺度，丰富的空间信息为探索肉品组织成分内部与不同组织成分之间特征变化的空间规律提供可能，可以实现对不同组织成分在品质变化过程中的相互作用机理的研究。

(4)便携式光谱成像系统

目前，用于肉品检测的高光谱成像系统主要采用推帚式成像系统，适宜与生产线集成。基于电可调滤镜(ETF)的焦平面成像高光谱系统内部没有机械运动部件，具有结构简单紧凑，且采集快速的特点，非常适宜开发可移动的现场检测系统，具有广阔的市场前景。

本章小结

通过构建光谱成像系统，采集能够反映肉样存储过程中新鲜度变化的表面漫反射光谱图像，从中提取不同新鲜程度肉样的典型光谱，通过化学计量学手段建立与传统化学检测相应的新鲜度化学指标参考值之间的定量模型，并将新鲜度指标定量预测光谱模型应用到光谱图像中，得到肉样新鲜度空间分布的可视化检测结果。光谱成像技术可以在几十秒内得到传统化学手段几个小时才能获得的新鲜度化学评价指标，而且能完整反映整个肉样表面的新鲜度，并用伪色彩直观反应新鲜度的定量分布情况，不仅能回答"有多坏?"，还可以精确告知"坏哪里?"。

参考文献

[1] 中华人民共和国卫生部，中国国家标准化管理委员会. 2003. GB/T 5009. 44—2003 肉与肉制品卫生标准的分析方法[S]. 北京：中国标准出版社.

[2] 文星，梁志宏，张根伟，等. 2010. 基于稳态空间分辨光谱的猪肉新鲜度检测方法[J]. 农业工程学报，26(9)：334 –339.

[3] 张雷蕾，李永玉，彭彦昆，等. 2012. 基于高光谱成像技术的猪肉新鲜度评价[J]. 农业工程学报，28(07)：254 –259.

[4] SAITO K, AHHMED A, TAKEDA H, et al. 2007. Effects of a humidity – stabilizing sheet on the color and K value of beef stored at cold temperatures[J]. Meat Science，75：265 –272.

[5] 马世榜，汤修映，徐杨，等. 2012. 可见/近红外光谱结合遗传算法无损检测牛肉 pH 值[J]. 农业工程学报，28(18)：263 –268.

[6] 王伟，彭彦昆，张晓莉. 2010. 基于高光谱成像的生鲜猪肉细菌总数预测建模方法研究[J]. 光谱学与光谱分析，30(2)：411 –415.

[7] 侯瑞锋，黄岚，王忠义，等. 2005. 肉品新鲜度检测方法[J]. 现代科学仪器(5)：76 –80.

[8] GIL L, BARAT J M, BAIGTS D, et al. 2011. Monitoring of physical-chemical and microbiological changes in fresh pork meat under cold storage by means of a potentiometric electronic tongue[J]. Food Chemistry，126(3)：1261 –1268.

[9] 韩剑众. 2008. 猪肉生鲜品质的控制与评价方法研究[D]. 杭州：浙江工商大学.

[10] KANEKI N, MIURA T, SHIMADA K, et al. 2004. Measurement of pork freshness using potentiometric sensor[J]. Talanta，62(1)：217 –221.

[11] PAPADOPOULOU O S, PANAGOU E Z, MOHAREB F R, et al. 2013. Sensory and microbiological quality assessment of beef fillets using a portable electronic nose in tandem with support vector machine analysis[J]. Food Research International，50(1)：241 –249.

[12] HONG X, WANG J. October 29, 2011-October 31, 2011. Discrimination and prediction of pork freshness by E-nose[C]// IFIP. 5th International Conference on Computer and Computing Technologies in Agriculture, CCTA 2011, Beijing, China. New York：Springer New York，370 AICT：1 –14.

[13] 黄星奕，周芳，蒋飞燕. 2011. 基于嗅觉可视化技术的猪肉新鲜度等级评判[J]. 农业机械学报，42(5)：142 –145，124.

［14］常志勇，陈东辉，佟月英，等.2012. 基于人体嗅觉特征的猪肉新鲜度仿生电子鼻检测技术［J］. 吉林大学学报（工学版），42（S1）：131 – 134.

［15］AïT-KADDOUR A, BOUBELLOUTA T, CHEVALLIER I. 2011. Development of a portable spectrofluorimeter for measuring the microbial spoilage of minced beef［J］. Meat Science, 88 (4): 675 – 681.

［16］DUREK J, BOLLING J S, KNORR D, et al. 2012. Effects of different storage conditions on quality related porphyrin fluorescence signatures of pork slices［J］. Meat Science, 90(1): 252 – 258.

［17］ARGYRI A A, JARVIS R M, WEDGE D, et al. 2013. A comparison of Raman and FT-IR spectroscopy for the prediction of meat spoilage［J］. Food Control, 29(2): 461 – 470.

［18］PENG Y, ZHAO S, WANG W, et al. July 29, 2012-August 1, 2012. Real-time evaluation system of pork freshness based on multi-channel near-infrared spectroscopy ［C］// ASABE. American Society of Agricultural and Biological Engineers Annual International Meeting 2012, Dallas, TX, United states. St. Joseph, MI: American Society of Agricultural and Biological Engineers, 7: 5823 – 5831.

［19］LIAO Y T, FAN Y X, CHENG F. 2010. On-line prediction of fresh pork quality using visible/near-infrared reflectance spectroscopy［J］. Meat Science, 86(4): 901 – 907.

［20］HU Y, GUO K, SUZUKI T, et al. 2008. Quality evaluation of fresh pork using visible and near-infrared spectroscopy with fiber optics in interactance mode［J］. Transactions of the ASABE, 51 (3): 1029 – 1033.

［21］ANDRES S, SILVA A, SOARES-PEREIRA A L, et al. 2008. The use of visible and near infrared reflectance spectroscopy to predict beef M-longissimus thoracic et lumborum quality attributes［J］. Meat Science, 78(3): 217 – 224.

［22］XING J, NGADI M, GUNENC A, et al. 2007. Use of visible spectroscopy for quality classification of intact pork meat［J］. Journal of Food Engineering, 82(2): 135 – 141.

［23］HOVING-BOLINK A H, VEDDER H W, MERKS J W M, et al. 2005. Perspective of NIRS measurements early post mortem for prediction of pork quality［J］. Meat Science, 69(3): 417 – 423.

［24］蔡健荣，万新民，陈全胜.2009. 近红外光谱法快速检测猪肉中挥发性盐基氮的含量［J］. 光学学报，29（10）：2805 – 2811.

［25］ALEXANDER F H, GOETZ VANE JERRY E, et al. 1985. Imaging Spectrometry for Earth Remote Sensing ［J］. Science, 228 (4704): 1147 – 1153.

［26］GOWEN A A, O'DONNELL C P, CULLEN P J, et al. 2007. Hyperspectral imaging-an emerging process analytical tool for food quality and safety control ［J］. Trends in Food Science & Technology, 18(12): 590 – 598.

［27］中华人民共和国卫生部，中国国家标准化管理委员会 . 2005. GB/T 2707—2005 肉与肉制品卫生标准的分析方法［S］. 北京：中国标准出版社 .

［28］褚小立 . 2011. 化学计量学方法与分子光谱分析技术［M］. 北京：化学工业出版社 .

［29］CHAO K, MEHL P M, KIM M, et al. November 5, 2000-November 6, 2000. Detection of chicken skin tumors by multispectral imaging［C］//SPIE. Photonic Detection and Intervention

Technologies for Safe Food, Boston, MA, United states. Bellingham, WA: SPIE, 4206: 214 – 223.

[30]KIM I, KIM M S, CHEN Y R, et al. 2004. Detection of skin tumors on chicken carcasses using hyperspectral fluorescence imaging[J]. Transactions of the American Society of Agricultural Engineers, 47(5): 1785 – 1792.

[31]HEITSCHMIDT J, LANOUE M, MAO C, et al. 1999. Hyperspectral analysis of fecal contamination: A case study of poultry[C]// SPIE. Proceedings of SPIE-The International Society for Optical Engineering, Boston, MA, USA. Bellingham, WA: Society of Photo-Optical Instrumentation Engineers, 3544: 134 – 137.

[32]NAKARIYAKUL S, CASASENT D. October 28, 2003-October 29, 2003. Hyperspectral feature selection and fusion for detection of chicken skin tumors[C]// SPIE. Monitoring Food Safety, Agriculture, and Plant Health, Providence, RI, United states. Bellingham, WA: SPIE, 5271: 128 – 139.

[33]KAMRUZZAMAN M, BARBIN D, ElMASRY G, et al. 2012. Potential of hyperspectral imaging and pattern recognition for categorization and authentication of red meat[J]. Innovative Food Science & Emerging Technologies, 16(0): 316 – 325.

[34]CHAO K, MEHL P M, CHEN Y R. 2002. Use of hyper-and multi-spectral imaging for detection of chicken skin tumors[J]. Applied Engineering in Agriculture, 18(1): 113 – 119.

[35]CHAO K, MEHL P M, CHEN Y R. July 9, 2000-July 12, 2000. Use of Hyper-and Multi-spectral Imaging for Detection of Chicken Skin Tumors[C]// ASABE. 2000 ASAE Annual International Meeting, Technical Papers: Engineering Solutions for a New Century, Milwaukee, WI, United states. St. Joseph, MI: American Society of Agricultural and Biological Engineers, 1: 1033 – 1049.

[36]ANONYMOUS. 2006: 3-4. Acousto-Optical Tunable Filter[M]// Encyclopedic Reference of Genomics and Proteomics in Molecular Medicine. Springer Berlin Heidelberg.

[37]NELSON M P, TREADO P J. 2010. Raman Imaging Instrumentation[M]// Sasic, S. and Ozaki, Y. RAMAN, INFRARED, AND NEAR-INFRARED CHEMICAL IMAGING. NJ: Wiley.

[38] WANG X, ZHAO M, JU R, et al. 2013. Visualizing Quantitatively the freshness of pork using acousto-optical tunable filter-based visible/near-infrared spectral imagery[J]. Computer and Electronics in Agriculture, 99: 41 – 53.

[39] WANG W, LI C, TOLLNER E W, et al. 2012. A liquid crystal tunable filter based short-wave infrared spectral imaging system: Design and integration[J]. Computers and Electronics in Agriculture, 80: 126 – 134.

[40] 南京林业大学. 2012-07-04. 基于静态高光谱成像系统的肉品品质可视化检测装置: 中国, ZL201110455792. 8[P].

[41] MAZZETTA J, CAUDLE D, WAGENECK B. [2013. 11. 17]. Digital Camera Imaging Evaluation[EB/OL]. http: //www. electro-optical. com/pdf/EOI OSG 2005 Paper final. pdf.

[42] ElMASRY G, SUN D W, ALLEN P. 2012. Near-infrared hyperspectral imaging for predicting colour, pH and tenderness of fresh beef[J]. Journal of Food Engineering, 110 (1): 127 – 140.

［43］NEWPORT.［2013-10-19］. Simulation of Solar Irradiation［EB/OL］. http：//www. newport. com/Technical-Note-Simulation-of-Solar-irradiation/411986/1033/content. aspx.

［44］GIANNIG46.［2013-10-19］. Mechanism of diffuse reflection by a solid surface［EB/OL］. http：//en. wikipedia. org/wiki/File：Diffiuse_ refl. gif.

［45］MELLISH B.［2013-10-19］. Chromatic abberation lens diagram［EB/OL］. http：//en. wikipedia. org/wiki/File：Chromatic_ abberation_ lens_ diagram. svg.

［46］JAI. 2009. User's Manual RM/TM-1327GE RMC/RMC-1327GE Digital Monochrome/Color Progressive Scan Cameras［EB/CD］. San Jose, CA：JAI.

［47］褚小立, 袁洪福, 陆婉珍. 2004. 近红外分析中光谱预处理及波长选择方法进展与应用［J］. 化学进展, 6(04)：528 – 542.

［48］ElMASRY G, IQBAL A, SUN D W, et al. 2011. Quality classification of cooked, sliced turkey hams using NIR hyperspectral imaging system［J］. Journal of Food Engineering, 103(3)：333 – 344.

［49］KAMRUZZAMAN M, ElMASRY G, SUN D W, et al. 2011. Application of NIR hyperspectral imaging for discrimination of lamb muscles［J］. Journal of Food Engineering, 104(3)：332 – 340.

［50］KAMRUZZAMAN M, ElMASRY G, SUN D W, et al. 2012. Non-destructive prediction and visualization of chemical composition in lamb meat using NIR hyperspectral imaging and multivariate regression［J］. Innovative Food Science & Emerging Technologies, 16(0)：218 – 226.

［51］中华人民共和国卫生部, 中国国家标准化管理委员会. 2003. GB/T 5009. 44—2003 肉与肉制品生标准的分析方法［S］. 北京：中国标准出版社.

［52］TAO F, PENG Y, LI Y, et al. 2012. Simultaneous determination of tenderness and Escherichia coli contamination of pork using hyperspectral scattering technique［J］. Meat Science, 90：851 – 857.

［53］SCHNEIDER J, WULF J, SCHMIDT H, et al. 2008. Fluorimetric detection of protoporphyrins as an indicator for quality monitoring of fresh intact pork meat［J］. Meat Science, 80：1320 – 1325.

思考题

1. 什么是表面漫反射？
2. 通过什么数学手段可以在目标的光谱数据与化学特征之间建立定量联系？
3. 利用其对化学特征的空间分布情况的检测能力, 还可以怎样应用光谱图像技术？

推荐阅读书目

1. Computer vision technology in the food and beverage industries. Da – Wen Sun. Woodhead Publishing Ltm, 2012.

2. 化学计量学方法与分子光谱分析技术. 褚小立. 化学工业出版社, 2011.

第**5**章
肉内异物检测

[**本章提要**] 采用 X 射线成像系统对肉及其制品内部的异物及缺陷检测是最主要的检测技术手段，但是由于肉的形状及尺寸具有不规则性，异物检测不准确，食品企业不能快速准确地识别出异物，危及消费者食用安全，本章提出一种肉厚度补偿检测系统，提高了肉异物识别的准确率和实时性。

食品异物引发的食品安全事件多为肉食品。肉食品从禽畜饲养企业、加工企业到消费者之间都有被异物污染的可能，肉中的异物来源很广，包括：螺丝钉、铁钉、金属片、玻璃、陶瓷、玻璃碎片等。肉食品异物检测技术主要有 X 射线技术、金属检测技术等，但由于肉的形状及尺寸具有不规则性，如采用 X 射线在成像过程中，肉的厚度不同对 X 射线图像的灰度产生影响，如肉边缘含骨异物，尽管肉较薄，但其与较厚处的灰度值相当，仅根据灰度值难以分割出肉中异物。本章在采集肉 X 射线图像的基础上，利用激光实时采集肉厚度尺寸信息，补偿肉厚度不同对图像灰度产生的影响，从而可以和含有异物图像的灰度加以比较而判别异物的存在，从而大幅提高肉中异物识别的准确性。

5.1 背景与设计思路

5.1.1 背景

肉异物识别是将残存于肉及其制品中的碎骨、金属、石子等杂质从肉中分离出来，采用 X 射线成像系统可以对肉及其制品内部的异物及缺陷的检测，通过机器视觉识别算法能快速准确地识别出规则形态物体中的异物。

采用 X 射线可以有效地检测肉中的异物（主要是碎骨）。当 X 射线透射过含有异物的肉制品时，会在 X 射线图像中形成，异物的灰度值与周围区域肉制品的灰度值相差很大，利用该灰度值差异检测肉中的碎骨即是采用 X 射线检测肉制品中异物的原理。

但实际上，肉的厚度经常是不规则的，当 X 射线透射过肉制品时，在肉的厚度较厚的区域与周围厚度较薄的区域，在 X 射线图像中也形成很大灰度值差异，因此，X 射线成像系统会误认为存在碎骨，而把合格的肉剔除。

由于肉的形状及尺寸具有不规则性，X 射线在成像过程中，肉的厚度不同对 X 射线图像的灰度产生影响。如肉边缘含骨异物，尽管肉较薄，但其与较厚处的灰度值相当，仅根据灰度值难以分割出肉中异物。在采集肉 X 射线图像的基础上，利用激光实时采集肉厚度尺寸信息，以补偿肉厚度不同对图像灰度产生的影响，能够修正由于肉制品的厚度不均匀而导致的 X 射线灰度偏差，从而与补偿后的异物图像的灰度加以比较而判别异物的存在，快速准确地识别出异物，从而提高异物检测的检测精度和可靠性，满足人们对肉类产品质量的更高需求，促进肉类加工企业的快速发展。

5.1.2 设计思路

X 射线成像检测系统能穿透肉品，但是 X 射线穿透肉时的衰减程度由入射的 X 射线能量、目标物的厚度、目标物的吸收系数决定。X 射线检测不规则形状肉时，获得厚度不均匀的 X 射线肉图像的灰度值差异较大，对异物识别造成很大影响，研究采用激光与 X 射线共同完成肉图像检测，设计构建肉厚度补偿在线实时检测系统，采集同一环境下肉 X 射线图像和激光图像并测量肉图像尺寸，作为图像异物分析的主要数据。由于 X 射线图像和激光图像的成像机理有很大差异，分别建立了 X 射线对不规则肉检测数学模型和激光图像对肉厚度检测的数学模型，并以此为依据建立了肉厚度补偿数学模型求解方法，实现激光图像对 X 射线不均匀厚度的肉图像灰度偏差的补偿。

利用 X 射线成像系统和激光图像采集系统分别得到肉 X 射线灰度图像和激光厚度图像，然后将 X 射线灰度图像与激光图像进行图像配准，把含有肉厚度信息的厚度补偿图像融合到 X 射线灰度图像中去，修正由于肉的厚度不均匀导致的 X 射线灰度偏差，凸显肉中异物。

为满足上述要求，需要建立如图 5-1 肉异物厚度补偿系统，实时采集同一位置的肉 X 射线图像及激光图像并测量肉尺寸。

肉异物厚度补偿系统采集 X 射线肉图像及激光肉图像后，首先要进行 X 射线图像和激光图像预处理，再完成如下 3 个主要工作：

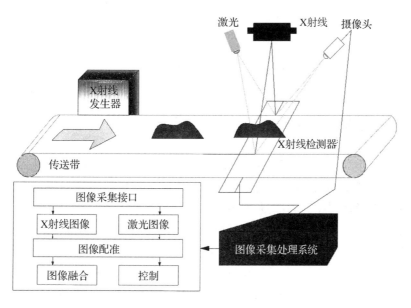

图 5-1　肉异物厚度补偿系统示意图

①由于 X 射线图像和激光图像成像原理各异，视场建立条件也各不相同，X 射线肉图像和激光肉图像在像素尺寸上存在差异，需要将 X 射线图像和激光图像转换为肉实际尺寸图像，所以要对肉 X 射线图像及激光图像进行尺寸测量，将图像尺寸统一到肉实际尺寸图像，才能进行图像配准。

②X 射线图像与激光图像配准属于异源图像配准，要找到适合 X 射线图像及激光图像特征的图像配准方法，以提高两图像配准的精度，两者配准的准确性直接影响肉厚度补偿的实际效果和异物提取的准确性及完整性。

③X 射线图像与激光图像的厚度信息都是用图像灰度来进行定义，两种图像的灰度信息需要建立数学模型上的相关性，以便配准后进行图像融合，实现肉异物的提取。肉图像厚度补偿系统流程如图 5-2 所示。

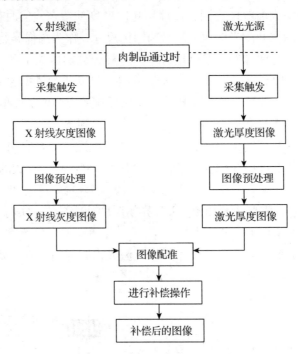

图 5-2　肉厚度补偿系统流程图

5.2　激光轮廓扫描系统构建与图像获取

由于肉形状不规则且为半弹性物质无法采用接触式测量，因此必须采用光电技术的非接触式激光测量肉的轮廓，并可消除接触式测量中可能产生的肉表面形变和避免创伤，满足肉图像测量精度和测量速度的要求。

肉异物激光轮廓扫描图像采集原理基于激光三角测量法，激光结构光投射到肉表面，获取含有肉厚度信息的二维激光平面图像，肉轮廓可以根据肉激光图像中占据图像像素的数量来测量，采用双 CCD 相机从直射式激光光束左右两侧分别对肉激光图像采集，构成激光双三角法的肉图像测量系统，以获取完整的肉轮廓及厚度信息。

5.2.1　激光双三角法肉尺寸测量系统构建

激光测量系统根据是否外加光源，分为主动视觉测量系统和被动视觉测量系统。被动视觉系统不能提取大量的特征点信息[1]，采用激光器作为主动视觉的结构光线光源，系统里使用了两个 CCD 相机同时采集激光肉厚度图像构成激光双三角法肉厚度图像采集系统，相对被动视觉测量系统，更好地反映肉三维轮廓重构方面往往不能精确反映的肉精细轮廓。

采用直射式激光双三角法采集肉的激光图像厚度尺寸，如图 5-3 所示。激光器投射垂直光源到肉表面上，左右 2 个 CCD 相机的镜头指向激光投影位置，以克服相机单侧采集肉图像出现的肉局部遮挡、阴影等问题。

由于激光投射到肉表面会发生光散射及反射，当肉表面粗糙时发生散射，导致激光图像产生暗斑，而在图像的其他部分，波相辅相成，产生明亮的斑点。激光投射在肉表面产生镜面反射会降低系统测量的准确性和精度，因此需

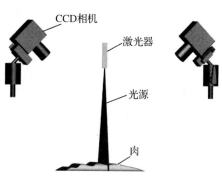

图 5-3　激光肉厚度图像采集

要减少镜面反射，增加漫反射光强[2]。为了获得清晰的肉激光厚度图像，在激光器和其聚光镜之间安置孔径光阑，以减小光斑直径；在 CCD 相机镜头前安置一红色滤光片，只对激光器发出的波长为 650nm 激光透过，激光透过率达 90% 以上，其他波段的光将被全部滤掉，以减少激光散射。根据激光对肉反射、折射的特性试验，经多次反复测试，将激光入射光线与反射光线之间的夹角设置为 30°，以获得较大激光漫反射光强。

采集肉的图像时，肉在激光的主动投射下与托盘参考平面形成梯度差，当肉托盘水平移动时，实现被测肉与激光之间的相对运动，从而完成激光肉图像扫描采集过程。将 CCD 相机采集的多帧激光厚度曲线按采集次序组合，即为一幅激光图像，左右 2 个相机采集激光图像通过图像拼合方法可获得完整无遮挡的肉的激光图像。

采用激光双三角法测量肉厚度尺寸具有双视场测量的高精度、高稳健性的特点，同时对于肉局部无法测量的区域也能够在双视场中通过图像拼合加以补偿。

从彩图 7 激光肉测量模型图中可以看出，激光器投射垂直的结构光线光源到托盘平面上，左右 CCD 相机的镜头指向激光在托盘上的投影位置，托盘上的肉在激光的主动投射下与参考面形成梯度差，当步进电机皮带带动托盘在导轨上位移，实现被测肉与激光之间的相对运动，托盘平移运动使激光相对肉对象进行平移扫描测量，完成了激光肉被动扫描过程。

在被动测量扫描过程中，由于相机每次都采集同一位置的 ZOY 平面肉激光图像，平面 ZOY 面相对肉表面沿 X 轴方向进行扫描运动形成 M 幅 ZOY 平面图像，CCD 相机连续采集 M 个 ZOY 平面激光图像，多幅 ZOY 平面图像组合拼接完成肉三维图像；由于本文需要采集肉激光二维激光平面图像，因此 ZOY 平面上 Z 方向梯度差的厚度信息用灰度值表示存放在 Z 方向的一维向量 N 中，X 轴方向共采集 M 次 ZOY 平面组合成 M 维 N 列激光二维图像，矩阵的灰度值即为肉厚度信息。

5.2.2　图像获取

5.2.2.1　激光双三角法肉厚度图像采集

采用激光双三角法采集左右相机的二维激光图像,将右相机激光图像映射变换到左相机激光图像视场下,形状不规则的肉分别进行激光图像采集进行激光图像映射变换试验。

表 5-1　激光双三角法左右相机的采集肉激光图像

步骤	左相机	右相机
采集肉激光图像		
肉图像右相机映射为左相机图像		

如表 5-1 选择对外形不规则的肉进行激光图像采集。步骤一为左右相机采集肉激光图像,由于形状不规则的肉影响,肉局部位置的存在遮挡,左相机的肉外部的右边缘和上边缘清晰明显,而右相机左边缘和下边缘下图像不齐锯齿状明显,部分轮廓边缘丢失。步骤二为将右相机采集的激光图像转到左相机视场下的肉激光图像,左右相机采集的肉激光图像相比,左相机图像外部右边缘和上边缘清晰明显,而右相机图像外部左边缘和上边缘清晰明显,两图像边缘存在互补。

5.2.2.2　基于灰度的肉激光厚度图像拼合

采用激光双三角法采集完整的肉激光图像,本章已将两相机采集的激光图像统一到一个坐标系下,由于左右相机的视场所限,左图像的左边界区域在右图像中找不到对应点,右图像的右边界区域在左图像中找不到对应点,并基于灰度信息的图像进行拼合。

设定 I_1 上任一点灰度值为 $\mu_1(i, j)$,设定 I_2 上任一点灰度值为 $\mu_2(i, j)$,对两幅图像同时从头开始遍历,$i = 1, 2, \cdots, M$;$j = 1, 2, \cdots, N$,若图像中任一点 $\mu_1(i, j) \geqslant \mu_2(i, j)$,则该点为左相机中肉的灰度值大于右相机灰度值,记下此时的位置 i, j,设此类点的集合为 D_P;若 $\mu_1(i, j) < \mu_2(i, j)$,该点为左相机中有肉的灰度值小于右相机灰度值,记下此时的位置 i, j,设此类点的集合为 D_Q。

本文对目标图像用两参考图像进行图像优化拼合,最终得到优化的拼合目标图像如下:

$$I_3 = \begin{cases} \sum\limits_{i=1,}^{M} \sum\limits_{j=1}^{N} f_1(i,j) & i,j \in D_P \\ \sum\limits_{i=1,}^{M} \sum\limits_{j=1}^{N} f_2(i,j) & i,j \in D_Q \end{cases} \tag{5-1}$$

方法　　对象	基于灰度的图像拼合
肉	

5.3　X射线成像系统构建与图像获取

5.3.1　系统构建

　　X射线检测系统一般包括三部分：由光产生器和X光检测器构成的放射装置、图像处理计算机、排除异物的机械装置。当X光通过被测物时，会被被测物削弱并形成与被测物密度相对应的光束，如高密度区域的X光将大大减弱。之后，X光到达光电二极管，对传感器上的振荡器产生冲撞，产生和激发的X光会成为光束。光电二极管接受光束，产生电信号，并将其转化为数字信号。将这些数据与标准参数比较，如果低于标准值，将产生信号；所显脉冲信号将传送给高速微处理器，用以进一步的机械排除动作。

　　随着数字式X射线成像技术的发展，基于该技术的检测技术有了进一步的发展，配置一套设备(硬件与软件)作支撑，就可构成一个完整的数字射线检测系统，简称X射线实时数字成像系统。X射线实时成像系统主要由X射线发生装置、X射线接收转换装置、图像处理和分析系统组成等。X射线数字成像系统检测流程图如图5-4所示：

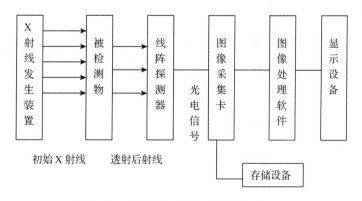

图5-4　X射线数字成像系统检测流程图

5.3.2 图像获取

5.3.2.1 X 射线图像获取系统

X 射线图像获取系统主要由 X 射线源、图像增强器、CCD 摄像机和显示器等组成。由 X 射线源产生的 X 射线，透射过被测物体后发生衰减，经图像增强器增强后转变为可见光信号，该信号由 CCD 摄像机摄取转变为视频信号显示在显示器上。如图 5-5 所示：

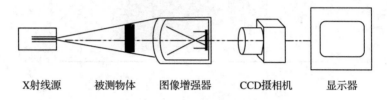

X射线源　　被测物体　　图像增强器　　CCD摄相机　　显示器

图 5-5　X 射线图像获取系统

5.3.2.2 X 射线肉图像质量因素影响分析

X 射线透射待检测的肉制品，需要对 X 射线灰度图像中检测异物图像的存在判定，X 射线灰度图像的形成质量决定了肉制品中异物检测的准确性。

根据 X 射线产生的原理可知，X 射线的管电压（阳极电压）和管电流（阴极电流）决定了 X 射线强度的大小，X 射线强度越大，其穿透被测物体的能力也越强。如图 5-6 所示，为不同管电压、管电流下形成的肉制品的 X 射线图像。

由图 5-6 可见，不同的管电压、管电流影响了肉制品的 X 射线图像质量和肉制品中异物检测的准确性。随管电压、管电流的增大，肉制品的边缘在 X 射线图像中丢失较多，对比度下降，噪声增加严重。

管电压的选取应在满足透射肉制品的良好性能前提下，选择较低值。在本试验中，肉制品的厚度最大值为 1.5cm，从图 5-6 所示，管电压在 19kV 下透射过肉制品的性能最好。

综上所述，选择管电压为 19kV，并对该电压下的管电流的大小对 X 射线图像质量的影响进行研究，如表 5-2 所示：

表 5-2　19kV 管电压下 X 射线灰度范围

	管电流（mA）				
	0.3	0.4	0.5	0.6	0.7
背景	133~228	165~223	182~230	195~230	203~230
肉制品	125~197	126~197	145~205	162~208	179~210
碎骨	116~143	133~164	141~169	150~174	163~175

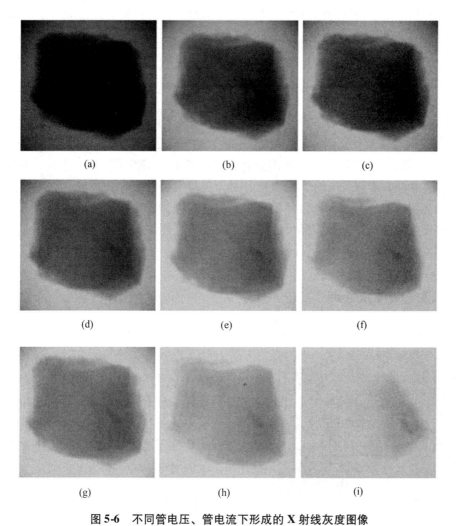

(a)　　　　　　　　(b)　　　　　　　　(c)

(d)　　　　　　　　(e)　　　　　　　　(f)

(g)　　　　　　　　(h)　　　　　　　　(i)

图5-6　不同管电压、管电流下形成的 X 射线灰度图像
（a）18kV、0.3mA　（b）18kV、0.5mA　（c）18kV、0.7mA　（d）19kV、0.3mA　（e）19kV、
0.5mA　（f）19kV、0.7mA　（g）20kV、0.3mA　（h）20kV、0.5mA　（i）20kV、0.7mA

从表5-2可知，在一定的管电压下，X
射线图像中背景、肉制品和碎骨图像的灰
度值随管电流的增加而增大，如图5-6
（d）、（e）、（f）所示，图像的亮度随管电
流的增加而变亮。

图5-7为管电压为19kV下，X射线图
像中背景、肉制品和碎骨图像的灰度值变
化情况，图中的灰度值取表5-2中对应灰
度范围的平均值。

从图5-7可见，当管电流在0.4mA时
肉制品与背景分离效果最好，在0.3mA时
碎骨图像与肉制品图像的灰度值相差最

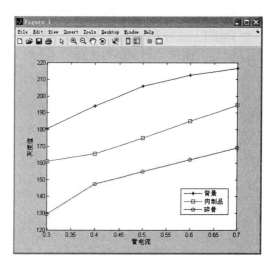

图5-7　19kV 管电压下 X 射线灰度值比较

大，但从背景分割出整块肉制品所在的区域较困难。因此，X 射线选取管电压为 19kV 下 0.4mA 管电流时获取肉图像质量较好。

5.4　图像处理方法

由于每一块肉具有不同形状、大小、厚度、肉质密度等，肉的轮廓边缘厚度随机，此外 X 射线的畸变及激光图像系统误差及视场遮挡等因素都给肉图像轮廓和厚度的准确提取带来不确定性，另外 X 射线图像和激光图像采集图像成像原理各异，视场建立条件也各不相同，X 射线肉图像和激光肉图像在像素尺寸上存在差异，需要将 X 射线图像和激光图像转换为肉实际尺寸图像，所以要对肉 X 射线图像及激光图像进行尺寸测量，将图像尺寸统一到肉实际尺寸图像，才能进行图像配准，否则会给 X 射线图像和激光图像配准与融合带来困扰。

5.4.1　激光图像预处理

5.4.1.1　激光图像平面尺寸标定

图 5-8　标定铝板实物图

为测定二维激光图像实际尺寸，需将以像素为单位的图像转化为以毫米为单位的尺寸图像，为此本章设计激光图像标定板，标定板采用 5mm 厚铝板，板中开条状沉槽，为确保精度用激光切割，如图 5-8 标定板上布置沉槽尺寸为 6mm × 110mm，沉槽间距 6mm，精度 0.1mm。

5.4.1.2　激光图像厚度尺寸标定

为将激光图像厚度灰度值线性化校正，通过建立激光肉图像厚度与灰度值线性对应关系，获得真实的激光厚度补偿图像，本章设计一种已知厚度尺寸金字塔结构的标定物体。

彩图 8(a)为金属块金字塔标定实物图，金属块每块都为 6mm 厚，共 7 块，长度从 1cm 到 7cm 递增，将 7 块金属块由小到大叠垒成金字塔形状，累加后的金字塔高度从 6～42mm，可对厚度小于 42mm 的肉进行标定。

将金字塔标定块在激光线束下进行图像采集。彩图 8(b)为激光扫描金字塔标定物。

表 5-3　金字塔标定块灰度值

层序号	高度(mm)	左肩灰度均值	右肩灰度均值	灰度值
1	6	251	251	251
2	12	245	244	244.5
3	18	238	239	238.5
4	24	231	231	231
5	30	223	224	223.5
6	36	216	216	216
7	42	208	208	208

上文对彩图9金字塔标定块图像灰度值测量，对金字塔左右两肩的图像灰度值均值化后求取灰度平均值（表5-3），彩图9（a）建立激光灰度值与厚度线性拟合关系，彩图9（b）灰度值偏差表明拟合后灰度值偏差小于1像素。根据彩图9（a）拟合关系计算，可建立激光灰度值与拟合后灰度值对应关系如表5-4。

表5-4　激光灰度值与拟合后灰度值对应关系

金字塔高度	6	12	18	24	30	36	42
灰度值	251	244.5	238.5	231	223.5	216	208
拟合后灰度值	250.51	243.67	236.84	229.99	223.16	216.32	209.48

建立激光图像厚度灰度值拟合后图像，将厚度灰度值定义为 z，拟合后灰度值 w，激光图像厚度灰度值转换，如式（5-2）。

$$w = k_w z + b_w \qquad (5\text{-}2)$$

式中：z，w 以 pixel 为单位。

激光图像厚度灰度值线性拟合转换结果：$w = 0.95078z + 10.9804$

通过引入激光灰度值与实际厚度线性拟合关系，对灰度值进行线性化处理，将激光厚度灰度值进行拟合，从而对激光图像厚度灰度值进行线性标定。

5.4.2　X射线图像预处理

X射线肉图像成像质量是肉厚度补偿能否成功的关键，由于X射线系统成像系统的物理特性，获得的X射线图像都存在着一定程度的畸变，然而肉厚度补偿系统需要获得无畸变真实尺寸的X射线肉图像，否则获取的X射线肉图像与激光肉图像尺寸与形状上有差异，不能满足图像配准的要求，因此X射线图像畸变成为影响肉图像总体质量的关键环节之一。

5.4.2.1　X射线图像畸变分析

X射线图像畸变主要分为两类：枕形畸变和S形畸变，如图5-9（a）与（b）。枕形畸变主要是由X射线成像系统元件本身存在的缺陷造成的，光电阴极的弯曲曲面呈现为双曲面和椭圆球面，是引起枕形畸变的主要原因，CCD相机为了与弯曲的曲面兼容，

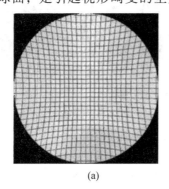
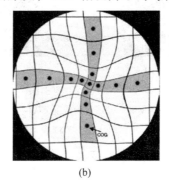

(a) 　　　　　　　　　(b)

图5-9　枕形畸变和S形畸变

（a）枕形畸变　（b）S形畸变

将影像增强器的出射球面改为平面，导致在图像边缘处的放大倍数大于图像中心处的放大倍数，引起图像枕形畸变。S形畸变是因为成像系统周围的存在磁场，引起 X 射线的粒子发生偏转，速度不同的电子受洛仑兹力（即电场力）不同，因此引起的偏转也不同，从而导致射出的 X 射线图像成像不均匀[3]。

所谓畸变校正就是建立畸变图像特征点坐标与理想图像特征点坐标之间的映射模型，一旦建立起这种映射关系，就可以得到理想图像像素坐标在畸变图像上的对应坐标。由于得到的畸变坐标可能是小数，而数字图像中不存在小数，因此需要结合灰度插值法得到理想图像在该像素坐标处的灰度值，从而得到校正后的图像。图像校正结果的好坏直接影响着后续图像处理的精度。

通过 X 射线系统采集金属网及金属板条，采集如图 5-10(a)和(c)。图 5-10(a)是间距 1mm×1mm 的长方形金属网格，从 X 射线金属网格图像外轮廓形状上看，金属网格的边缘轮廓四角突出，边缘向中心凹陷，图像呈明显的枕形畸变。图 5-10(c)是激光切割的条纹间隔沉槽铝板，铝板内开 5 个尺寸为 110mm×10mm 长条沉槽，沉槽间距宽 10mm。图 5-10(d)是图 5-10(c)的 X 射线下畸变图像，从物理形状上看，在图像靠外的区域，直线条纹明显向外扭曲呈弧形，四周的畸变要大于图像中心处的畸变，这是典型的枕形失真的效果；对于长条沉槽的直线条纹，直线呈现轻微的 S 形弯曲状态，在视场中不同位置的直线，S 型弯曲程度各不相同，本射线系统畸变图像既有枕形畸变又有轻微的 S 型畸变。

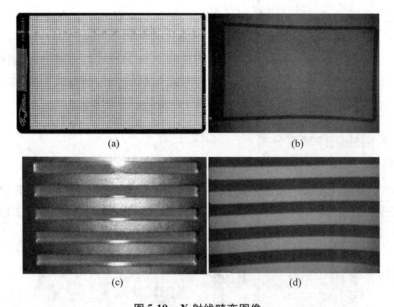

图5-10 X 射线畸变图像

(a)金属网　(b) X 射线下金属网　(c) 金属板条　(d) X 射线下金属板条

5.4.2.2　X 射线图像畸变校正

(1)标定板设计

本文标定板采用 5mm 厚钢板，如图 5-11 所示，钢板中均匀分布排列 12 行 17 列圆

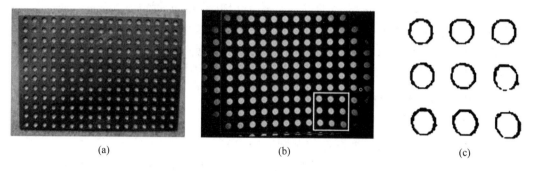

图 5-11 标定板

(a)标定对象 (b)X 射线下标定图 (c)标定板椭圆模型的边缘图像

形沉孔，圆孔直径都为 4mm，圆孔圆心间距均为 8mm，钢板中相邻圆孔间距的加工误差为 0.1mm。

图 5-11(b)为标定板 X 射线图像，图像大小为 768×576，由于视场限制呈现完整的圆孔为图中红色外方框内 10 行 11 列的圆，本文将以圆孔圆心为特征中心进行畸变校正，首先应提取圆孔畸变特征中心点，传统提取特征点的方法先将图像进行阈值分割，然后对图像二值化处理后利用边界检测算子提取圆孔边缘。

（2）最小二乘法椭圆中心提取

通过灰度矩边缘检测算法获取椭圆最佳边缘后，还要提取椭圆中心作为特征点，本章所用椭圆形特征点成像前景为黑色，背景为白色，利用它们的强烈灰度对比差异，易于实现特征点识别和定位。椭圆提取中心的算法很多，包括 Hough 变换[4]、遗传算法[5]、最小二乘方法[6]、灰度中心法[7]等。Hough 变换方法提取椭圆准确率低，算法效率不高；遗传算法可以得到较准确的结果，但算法实现复杂；最小二乘方法能够得到椭圆中心的亚像素级定位，运算速度快，定位精度相对较高，本章采用最小二乘方法提取椭圆圆心。

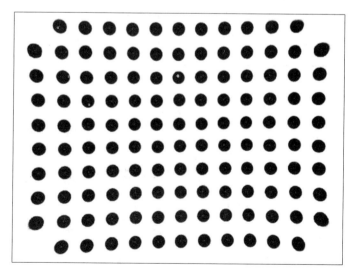

图 5-12 椭圆中心点提取图

对图 5-12 中 X 射线视场下所获得的所有沉孔椭圆图像进行中心点提取，图 5-13 是基于改进的灰度矩提取的椭圆边缘及最小二乘法的椭圆中心点提取后的效果，图中每个椭圆中心点都准确获取，从图像整体上可以看出图像存在明显的枕头和轻微的 S 型畸变，下章将对获取中心点为特征点的畸变图像进行校正。

（3）基于 RBF 神经网络全局校正算法

① RBF 网络结构的确定 RBF 网络由一个输入层、一个径向基神经元的隐含层和一个线性输出层组成，将畸变图像的椭圆中心像素坐标作为输入层，隐含层的神经元采用高斯函数作为基函数，将多项式校正后的畸变图像椭圆中心像素坐标作为输出层。经过多次试验发现，隐含层采用 5 个神经元时的效果最好，所以采用了 2-5-2 的 RBF 网络结构。

② 训练集的获取 图 5-13 中已使用本章中提出的基于改进的灰度矩提取的椭圆边缘及最小二乘法提取椭圆的中心点，中心坐标点如表 5-5：

表 5-5 沉孔椭圆的中心坐标

圆孔序号	圆心坐标（水平）	圆心坐标（垂直）	圆孔序号	圆心坐标（水平）	圆心坐标（垂直）	圆孔序号	圆心坐标（水平）	圆心坐标（垂直）
1	468.807	611.678	5	463.509	414.528	9	471.433	220.579
2	464.546	559.308	6	465.215	366.211	↓	…	…
3	462.327	510.405	7	466.526	319.383	35	29.5189	108.084
4	462.327	462.595	8	468.487	270.084	36	25.2416	51.3777

以畸变图像中心部分的成像为理想图像，用畸变图像中心 9 个点的坐标来计算出理想成像图采样点的行间距和列间距加权平均值推算出来的对应的理想无畸变图行列间距。图中 a_{22} 为中心坐标，$\overline{a_{12}a_{22}}$，$\overline{a_{32}a_{22}}$，$\overline{a_{21}a_{22}}$，$\overline{a_{23}a_{22}}$ 与中心点坐标靠近的点间距权重为 2，其他点间距权重为 1，理想图像行间距 d_r 和列间距 d_c 分别为：

$$d_r = (\overline{2a_{12}a_{22}}, \ \overline{a_{32}a_{22}} + \overline{a_{11}a_{21}} + \overline{a_{31}a_{21}} + \overline{a_{13}a_{23}} + \overline{a_{23}a_{33}})/8 \tag{5-3}$$

$$d_c = (\overline{2a_{21}a_{22}}, \ \overline{a_{23}a_{22}} + \overline{a_{11}a_{21}} + \overline{a_{12}a_{13}} + \overline{a_{31}a_{32}} + \overline{a_{32}a_{33}})/8 \tag{5-4}$$

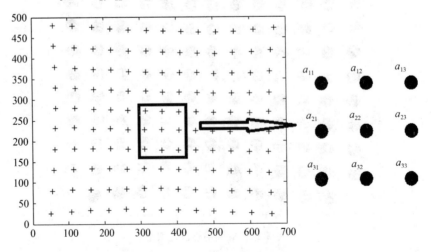

图 5-13 畸变图像中心坐标

如图 5-13 所示，以畸变图像中心点为中心，以理想图像行间距 d_r 和列间距 d_c 为步长，向图像四周扩展。

提取出的沉孔椭圆图像畸变中心坐标点与推算出来的对应的理想无畸变坐标如图 5-14 所示，其中，"+"表示网格交叉点的畸变坐标；"·"表示推算出来的对应的理想无畸变坐标。将沉孔椭圆图像畸变中心坐标点与理想无畸变坐标点组合起来，形成点对作为 RBF 网络训练集。

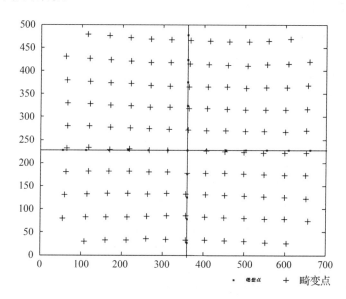

图 5-14　理想无畸变图像中心坐标

③网络训练　利用得到的训练集对 RBF 网络进行训练。将畸变图像作为输入图像位置坐标作为 RBF 网络的输入，理想无畸变图像位置坐标作为 RBF 网络的输出。

网络训练选取的误差平方和指标为 0.001，最高迭代次数为 150。网络在第 109 次迭代时的误差平方和已经小于设定的目标误差。

（4）标定板全局校正算法

本章对采用 RBF 全局校正及局部插值校正方法对图 5-10 中（a）和（c）做畸变校正，校正后图像如图 5-15。

图 5-15（a）经过校正，金属网格轮廓四周已经恢复为正四边形，边缘没有向图像中心凹陷，图像已经消除了枕型畸变；图 5-15（b）经过校正，金属板条的直线消除了扭曲

（a）　　　　　　　　　　　（b）

图 5-15　畸变校正后图像

（a）金属网　（b）金属板条

的弧形，沉槽长条直线平直消除枕型畸变和 S 型畸变。

5.5 二源图像融合

5.5.1 图像配准

5.5.1.1 X 射线肉图像和激光肉图像特点

肉图像异物提取前需图像配准，特征图像源来自 X 射线相机与激光相机，两种图像虽然来自于常见的传感器，但由于两者的成像机制不同，适合肉的图像配准方法选择较难，肉图像配准的难点是如何找出肉 X 射线图像与激光图像所必需的匹配特征对，以确定图像变换模型。

X 射线图像及激光图像中肉图像由于成像机制差异灰度对比度并不显著，此外，肉 X 射线图像与激光图像的肉灰度与背景之间的对比度也有差异。在 X 射线图像中，肉与背景对比度相对较高，肉灰度值由肉的厚度和密度决定，灰度对比度可以在相对大的范围内变化；在激光图像中，肉灰度对比度完全由肉的厚度决定，灰度对比度相对 X 射线图像在较小的范围内变化；肉表面较为光滑，肉 X 图像与激光图像灰度梯度变化平滑，肉图像中没有明显的区域特征点，基于特征点的图像配准方法受到很大的限制；另外，激光图像在运动过程中采集，受到系统的热噪声、振动噪声等的干扰，激光肉图像相对 X 射线肉图像比真实的肉在成像形态上误差更大，且图像中肉内边缘与背景的灰度差异不大，有时很难得到完整闭合边缘，肉边缘形状非规则，对肉边缘提取需要大量的运算时间，从射线图像、激光图像中提取肉一致特征困难较大，误匹配可能会出现。

本章采用大量基于特征点的配准方法对肉 X 射线图像及激光图像进行配准试验，由于肉边界不明确或灰度级别特征变换较大，通常算法不能直接处理肉 X 射线图像及激光图像，由于采集系统中固定视角的 X 射线和激光图像的配准来说，两个视场的相对位置固定，只需做一次配准得到固定的平面变换关系后，X 射线和激光图像可以自动实现配准，为此本章 X 射线和激光图像配准的对象将灰度特性上不显著的肉对象改为形状规则的标定物来进行校正，算法需求主要体现在配准精度和可靠性等方面，配准速度及实时性并不重要，从而减少配准算法的强度要求，达到 X 射线与激光图像配准的目的。

5.5.1.2 基于特征点与互信息相结合的由粗到精的配准

综合考虑上文因素，本文提出采用一种基于 X 射线图像及激光图像特征点与互信息相结合图像配准方法。首先，选用已知规则且表面平整的标定块，通过对基于 X 射线图像及激光图像标定块特征点的进行配准，图像配准误差较大仅是粗配准；然后，选用有曲面变化标定块，将经过粗配准的 X 射线图像及激光图像利用互信息配准的方法进行图像的精确配准。

假设表面平整的标定块 A，其激光图像为参考图像 R_A 的主轴方向即方向角为 d_R，浮动图像 F_A 的主轴方向角为 d_F，则两图像间的相对旋转角为：

$$\theta_A = d_F - d_R \tag{5-5}$$

设参考图像 R_A 和浮动图像 F_A 的质心坐标分别为 $C_R(x_r, y_r)$ 和 $C_F(x_f, y_f)$，则两图像在 x，y 方向的平移参数 tx_A，ty_B、用下式计算：

$$tx_A = x_f - x_r$$
$$ty_B = y_f - y_r \tag{5-6}$$

可得到上述粗配准的变换参数 $T_A = [\theta_A, tx_A, ty_A]$，同样有曲面变化标定块 B，其激光图像为参考图像 R_B，浮动图像为 F_B，将变换参数 T_A 应用到浮动图像 F_B，得到粗配准后的浮动图像 $T_A(F_B)$，将参考图像 R_B 和经过粗配准的浮动图像 $T_A(F_B)$ 按照基于互信息的图像配准流程进行下一步配准，得到配准参数 $T_B = [\theta_B, tx_B, ty_B]$，最终实际配准结果为 $T_A + T_B$。基本流程如图 5-16 所示。

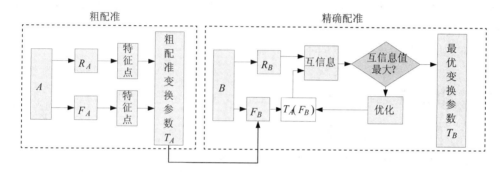

图5-16　X射线图像与激光图像由粗到精的配准

粗配准中特征点集中了图像上很多重要的局部特征，具有旋转不变性优点，但激光图像及 X 射线图像存在干扰，容易丢失图像数据信息，配准离真正的配准位置还有偏差，互信息区域精确配准，是在变换参数的寻优过程中，每进行一次搜索，都重新计算一次互信息，以得到精确的配准图像。

5.5.1.3　基于图像特征的粗配准算法

SURF 算法是 Herbert Bay[9]等人提出一种快速鲁棒的特征描述方法，该算法具有高速性、鲁棒性以及尺度不变的特性，加速了特征点提取和描述的算法的速度，节省了程序运行的时间。SURF 算法实现物体识别主要有 3 个主要过程如图 5-17：①通过 Hessian 矩阵求取图像的特征点候选集合，提取合适的特征点；②对特征点局部特征用向量形式描述；③通过两待匹配图像附带上特征向量特征点两两比较找出相互匹配的若干对特征点，也就建立了图像间的对应关系。

图5-17　SURF 算法特征匹配流程图

5.5.1.4 基于最大互信息法的精确配准算法

互信息(mutual information，MI)本是信息论中的一个基本概念，用于描述两个系统间的统计相关性，或者是在一个系统中包含的另一个系统的信息的多少，一般用熵来表示，表达的是一个系统的复杂性或不确定性，从而避免了因分割带来的误差，因具有精度较高、稳健性强、不需要预处理而能实现自动配准的特点。Studholme 等人则就其中的熵测度做了更深入的研究，并提出了归一化熵的相似性测度来增强互信息对图像重叠部分的稳健性，可以以最大互信息法以互信息作为相似性测度。

在图像配准中，虽然两幅图像来源于不同的成像设备，但是它们基于共同的图像原信息，所以当两幅图像的空间位置达到完全一致时，其中一幅图像 A 表达的关于另一幅图像 B 的信息，也就是对应像素灰度的互信息应为最大。接下来的任务是寻找一个变换使得一幅 X 射线图像经过此变换后和激光图像的互信息最大。一般采用刚体变换，即在二维空间中寻找两个方向上的平移值。

5.5.2 图像配准变换参数及肉图像配准

5.5.2.1 图像配准变换参数

通过基灰度 SURF 的配准中对标定块进行了粗配准，再基于互信息配准的方法进一步提高激光图像与 X 射线图像配准试验的准确性。经过两次配准，分别得到粗匹配和精确配准的变换参数，计算得到最终变换参数如表 5-6，将 X 射线图像与激光图像严格配准。

表 5-6 配准变换参数

	旋转角度(度)	X 方向平移(mm)	Y 方向平移(mm)
粗配准 T_A	1.623	13.11	7.49
精确配准 T_B	−0.073	2.93	−1.13
最终结果 $T_A + T_B$	1.550	16.04	6.36

5.5.2.2 肉图像配准

根据图像配准变换参数 $T_A + T_B$，对肉 X 射线图像与激光图像进行配准如表 5-7。

为判断肉 X 射线图像与激光图像配准精度，本章以配准的度量函数即相似性测度，来判断两幅图像是否完全对齐，衡量经过空间变换后激光图像与 X 射线图像在是否实现了空间一致性。

由于肉 X 射线图像与激光图像属于异源图像配准，两图像其灰度属性存在非常大的差异，为此在 Shannon 信息论基础上，提出统计型相似性测度来检测肉图像配准的准确性，这类方法利用肉图像的灰度特性，对两幅图像重叠区域内根据像素灰度值直接计算相似性测度函数，而不用事先选取控制点或提取图像特征，使得肉图像配准相似度测度可判。

表5-7 肉图像配准

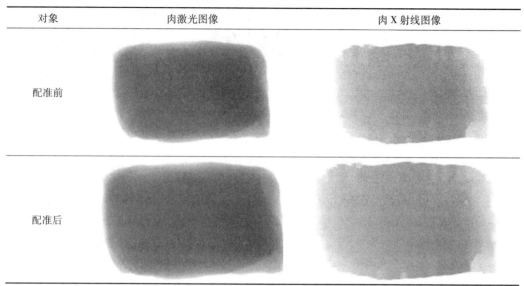

对象	肉激光图像	肉X射线图像
配准前		
配准后		

本文分别采用归一化互信息，Rényi 熵测度，Tsallis 熵测度对肉图像配准检测，对激光肉图像轴向旋转范围 5°~ -5°，平面进行两个方向平移，移动范围为左移动10至右平移10mm，向上移动10至下平移10mm，平移步长为0.01像素，表5-8为归一化互信息，Rényi 熵测度，Tsallis 熵极值情况下肉图像变换的变换参数。

表5-8 肉图像配准变换参数

	旋转角度（度）	X 方向平移（mm）	Y 方向平移（mm）
归一化互信息	0.19	0.06	0.17
Rényi 熵测度	0.43	0.93	- 0.65
Tsallis 熵极值	0.350	- 0.78	0.37

试验结果表明，3 种配准变换参数肉图像旋转角度小于0.5°，水平和垂直方向平移都小于 1mm，本文肉图像配准方法具有较高的精度。

5.5.3 厚度补偿

本文对用于配准的肉中加入一个骨性异物，异物长约为 10mm，宽约为 5.5mm。采集由含有异物的肉X射线图像与激光图像，并对图像进行配准，配准后的图像为图 5-18（b）（c）。

进一步分析图 5-18（b），（e）为（b）中 X 射线肉图像异物所在的第 255 行灰度值分布直方图，X 射线图像中异物的灰度与厚肉处灰度值接近，通过灰度阈值难以判断异物，为提取肉 X 射线图像中的异物图像，需要建立肉激光图像与肉厚度补偿图像的映射关系，将肉激光图像转变为肉厚度补偿图像消除厚度不均匀的 X 射线肉图像，因此获取厚度补偿图像是判断图像中异物的关键，此处给出基于权函数的改进型最小二乘法求解方法，下文中将介绍两种求解方法。

将配准后 X 射线图像［图 5-18（b）］与配准后的激光图像［图 5-18（c）］中每一像素点

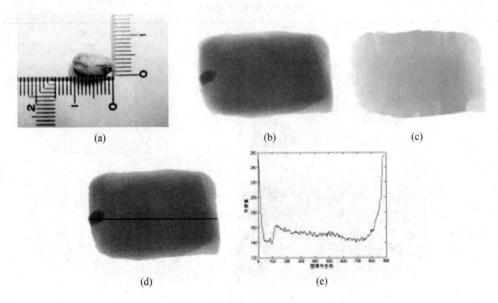

图 5-18　激光肉图像及 X 射线肉图像

（a）异物图像　（b）X 射线图像　（c）激光线图像　（d）X 射线肉图像行灰度值　（e）X 射线肉图像行灰度值

上——对应，首先对肉 X 射线图像和肉激光图像进行逐行扫描，并在每一列上逐点判断其灰度值，记录下该点的坐标值并把处理后的数据保存到数据库中，读取数据库中的数据，将肉激光图像与 X 射线图像中肉同一位置对应的灰度值用分布散点表示，如图 5-19，并采用改进型最小二乘法对肉灰度值分布散点图进行拟合。拟合考虑了灰度值分布位置的出现的次数，还对出现的灰度值引入加权平方和权函数表示，拟合过程以权重形式更加合理地考虑到肉灰度值，减少噪声干扰引起的描述灰度值偏差。

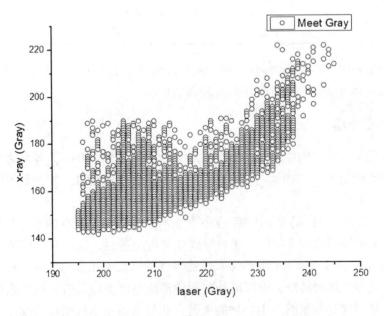

图 5-19　肉激光与 X 射线图像灰度值分布散点图

厚度补偿图像就可以由第二章厚度补偿数学模型 $I_c(x,y) = f[L(x,y)] = \sum_{i=0}^{k} a_i [L(x,y)]^i$ 得到，根据曲线拟合结果，得到曲线拟合函数即为灰度图像到厚度补偿图像的映射，完成激光图像上每一像素点灰度值的映射即将激光图像转变为厚度补偿图。

图5-20　肉厚度补偿图像

对图 5-18 中(b) X 射线肉图像和图 5-18 中(c)激光肉图像改进型最小二乘法的算法进行厚度补偿求解，根据求得的曲线拟合函数映射关系将激光图像变换为厚度补偿图像，图 5-20 是改进型最小二乘法的厚度补偿图像。将获得的厚度补偿图像与图 5-18 中(b)含有异物的 X 射线的异物图像进行肉图像融合。

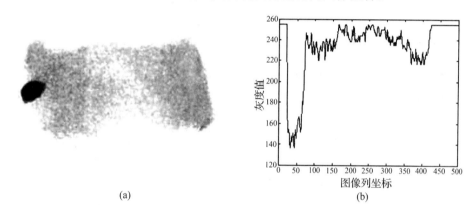

(a)　　　　　　　　　　　(b)

图5-21　厚度补偿与 X 射线图像融合

(a) 融合后图　　(b) 融合后图像灰度分布

图 5-21(a)采用改进型最小二乘法将肉厚度补偿图像与 X 射线异物图像融合，融合后图像补偿了 X 射线图像中肉厚度不均匀引起的灰度值变化，从图像第 255 行灰度分布直方图 5-21(b)中可以看出，补偿后异物图像异物灰度值凸显，补偿效果明显。

5.5.4　肉异物图像分割

为将异物从融合后的肉图像中有效分割，快速而准确的图像阈值化分割方法成为非常重要的研究目标。阈值法是一种简单有效的图像分割方法，它用一个或几个阈值将图像的灰度级分为几个部分，认为属于同一个部分的像素是同一个物体。阈值法的最大特点是计算简单，在融合后图像分割过程中，异物像素的灰度级与背景像素的灰度级有明显不同，它可以将异物从背景中较好地分割出来，但是图像阈值化技术的难点在于选择恰当的阈值，否则不能分割得到完整的异物，如果异物细小阈值分割容易丢失异物。

基于异物像素本身灰度值的阈值的分割选取方法有很多种，如基于像素阈值选取法中有最优阈值选取法、迭代阈值法，基于灰度值梯度变换的主动轮廓模型等，然而算法过于复杂且抗噪声能力强，但实时性不强，肉异物提取并不适用。

全局法与 OTSU 算法成熟可靠，且图像分割实时性较强，本章用全局分割法与 OT-

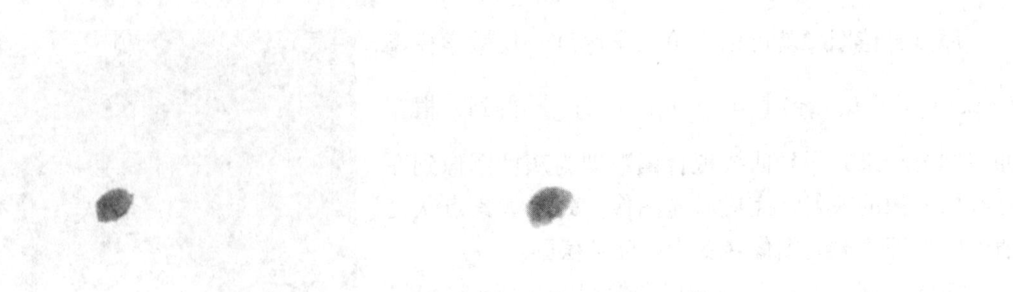

(a)   (b)

图 5-22 阈值分割的异物图像

（a）全局分割法 （b）OTSU 算法分割法

SU 算法对本章中融合后图像进行分割，分割后效果如图 5-22。

5.6 结果与讨论

肉形状的不规则性严重影响用 X 射线成像方法检测肉中的异物，本章以肉为研究对象，建立了基于激光的肉厚度补偿试验系统，补偿 X 射线图像因厚度不同对肉产生的影响。用最小二乘法求取肉厚度补偿模型，建立激光图像与厚度补偿图像映射关系，用激光厚度补偿图像与 X 射线肉图像融合，基于 OTSU 算法提取出融合后的肉 X 射线图像中的异物，结果表明，这种方法能够消除厚度的变化对图像的影响，该研究为支撑肉异物提取提供了一种准确高效的方法。

本章小结

肉异物异源图像配准和肉厚度补偿图像的获取是肉异物识别的难点，也是提高异物识别提取准确率和效率的关键，选用低价成熟的 X 射线和激光构建系统采集肉图像，可实现对肉图像中异物进行分割提取。但是由于肉的种类很多，如鸡肉、猪肉、牛肉等，不同种类的肉形态结构、化学组成及特性、物体性质都有较大的差异，对于同品种类型的肉不同批次、不同的加工、贮藏时间，肉中的水分、蛋白质、脂肪等各种物质也有一定的差异，肉异物检测还应针对上述各种类型、各种成分的肉进行分析还需要进一步深入研究。

参考文献

［1］陶立，孙长库，等. 2006. 基于结构光扫描的彩色三维信息测量技术［J］. 光电子激光，17（1）：111－114.

［2］POSUDIN Y I. 1998. Lasers in Agriculture. Enfield，New Hampshire. Science［M］. Publishers，Inc.

［3］S RUDIN D R，BEDNAREK，R WONG. 1991. Accurate Characterization of Image Intensifier Distortion［J］. Med. Phys，18（6）：1145－1151.

［4］R A McLAUGHLIN. 1998. Randomized Hough transform：improved ellipse detection with comparison［J］. Pattern Recognition Letters，19（3－4）：299－305.

［5］YAO JIE，N KHARMA，P GROGONO. 2004. A fast robust GA-based ellipse detection［C］. Proceedings of the17th International Conference on Pattern Recognition，Cambridge，UK. 2：

859－862.

[6] M PIU, A FITZGIBBON, R FISHER. 1996. Ellipse-specific direct least－square fitting [C]. Proceedings of 3rd IEEE International Conference on Image Processing, Lausanne, Switzer-land. 3: 599－603.

[7] 于起峰, 陆宏伟, 刘肖琳. 2002. 基于图像的精密测量与运动测量[M]. 北京: 科学出版社.

[8] LOWE D G. 1999. Object recognition from scale－invariant features[C]. International Conference of Computer Vision: 1150－1157.

[9] LOWE D G. 2004. Distinctive image features from scale-invariant key points[J]. Inter-national Journal of Computer Vision, 60(2): 91－110.

[10] STUDHOLME C, HILL D L G, HAWKES D J. 1999. An overlap invariant entropy measure of 3D medical image alignment[J]. Pattern Recognition, 32(1): 71－86.

[11] 章毓晋. 2012. 图像工程[M]. 北京: 清华大学出版社.

思考题

1. 若要提高 X 射线肉图像, 可采用什么有效的图像算法?

2. 肉中肥瘦部分采集的激光图像有差异吗, 对厚度补偿模型有何影响?

3. 肉异物图像的分割还可以采用哪些方法?

推荐阅读书目

1. 现代机械设计理论与应用. 2011. 王明强. 国防工业出版社.

2. Advanced engineering design. 2012. Efrén M. Benavides. Woodhead Publishing Limited.

第6章

苹果自动快速分级

[**本章提要**] 由于目前我国苹果存在品质差、价格低、附加值低、进出口贸易逆差大等问题，并且针对苹果果梗、萼区的处理是分级中的难点，本章阐述一种集机器视觉、神经网络、自动旋转定向输送等技术为一体的苹果品质实时检测方法，及基于 Halcon 和 VC++ 平台的神经网络综合分级技术以及使用单摄像头双平面镜同时拍摄物体 3 幅不同侧面图像方法，并介绍一种苹果分级机械装置及基于神经网络的自动分级软件系统。

目前我国苹果存在品质差、价格低、附加值低、进出口贸易逆差大等问题，设计一种苹果自动分级系统以全面提高苹果价值显得尤为重要。为此本章介绍一种集机器视觉、神经网络、自动旋转定向输送等技术为一体的苹果品质实时检测方法，着重介绍苹果分级机械装置的构建，基于 Halcon 和 VC++ 平台的神经网络综合分级技术，使用单摄像头双平面镜同时拍摄物体 3 幅不同侧面图像方法，以及基于神经网络的自动分级软件系统。

6.1 背景与设计思路

6.1.1 背景

我国是世界果树大国，栽培历史悠久，资源丰富，水果和干果达 50 余种，是世界果树起源最早、种类最多的原产地和世界著名果树古国之一。20 世纪 50 年代以来，我国水果业发展较快，尤其是 20 世纪 80 年代中后期以来，进入了迅猛发展时期。我国虽是水果生产大国，却非水果贸易强国，水果业需在种植及加工两方面加快结构调整以提升竞争力，而水果采后商品化处理正是提高水果国际竞争力的重要途径。水果商品化处理是水果采收后的再加工、再增值过程，包括挑选、分级、清洗、打蜡、催熟、包装等环节，可最大限度地保持其营养成分、新鲜程度并延缓其新陈代谢过程，延长果品贮藏寿命，实现优质优价，获得最大的经济效益。欧洲各国果品采后商品化处理率达 90% 以上，中国却不足 40%。近年来中国水果采后商品化处理虽有较大改进，但还存在差距。一些果农和经销商的商品意识不强，处理设施落后，不洗果、不打蜡、挑选分级不严格，包装不规范(纸箱质量差、箱外无标识、分量不足、混等混级、弄虚作假)等现象普遍存在，严重影响到水果出口[1]。

为了提高我国水果产后处理的水平，全面提高水果品质，增强国际国内市场的竞争力，"农产品价格技术与设备研究开发"被列为我国"十五"重大科技攻关项目的第一项，"农产品精深加工与现代储运"在"国家中长期科学和技术发展规划纲要（2006—2020年）"中被列为优先主题[2]。据全国优势农产品区域布局规划，到2015年，我国苹果产后处理能力要达到优势区内总产量的40%。由此可见我国政府及科研人员对该主题非常重视，全面提高农产品品质是摆在我们面前的一项迫切任务。

为了扩大我国水果在国内外市场的份额，克服采后商品化处理水平低的劣势，对水果进行自动快速分级处理的意义就显得尤为重要。

6.1.2 设计思路

从国内外学者[2-5]对苹果自动分级技术研究的情况来看，对苹果的果梗、萼区的处理一直是分级的一个难点，这是因为苹果的果梗、萼区在机器视觉处理过程中，容易被识别为缺陷，从而影响分级的精度；机器视觉及软件在处理过程中，必须将苹果的果梗、萼区和真正缺陷区加以区分，这需要一定的运算时间，易发生因分级的实时性不理想而导致分级速度降低的现象，因此本章重点研究苹果自动定向装置的原理及实现；研究基于机器视觉和模式识别的苹果检测技术；以及基于神经网络的苹果智能分级技术。通过采用机器视觉与机械相结合等方法，快速有效地实现苹果的智能分级，促进提高我国水果的品质，增强我国苹果的国际竞争力，为我国的水果产业出口创汇，实现我国果业的健康发展，同时也可为开展水果内部缺陷无损检测提供研究设施。

本章采用的系统总体设计如图6-1所示。

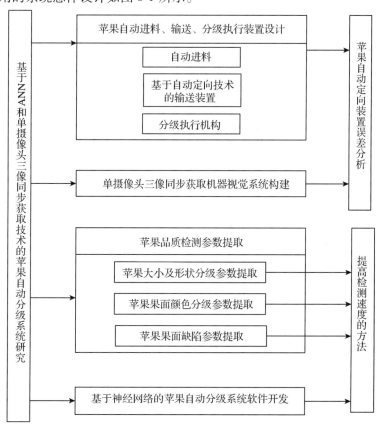

图6-1 系统总体设计示意图

6.2 基于自动定向的苹果分级机械装置设计

6.2.1 苹果分级装置系统组成

机器视觉系统要完成其功能，必须具备硬件系统、软件系统和具有一定操作技能的操作者。硬件系统包括光源、工业相机、输送设备、图像采集卡、计算机及后处理设备等。软件系统包括操作系统、合适的图像处理软件及各种合适的应用程序。实际农产品检测或分级操作时，被检测的农产品经输送装置输送至特定的光照系统中，工业相机控制获取被检测对象的二维图像信息(根据需要该信息可以是灰度图像或彩色图像)。此图像信息由图像采集卡完成模数转换，使图像数字化。数字图像被送入计算机由相关软件进行处理，通过提取图像的有关特征，获得用于农产品分级或指标检测的信息，或者以直观的方式将检测结果显示出来，或者将结果作为工作参数传递到后续处理设备中进行相关操作[6]。

图6-2所示为本章设计的苹果自动分级流程图，从苹果进入输送带直至分级后的苹果放入正确等级的位置。

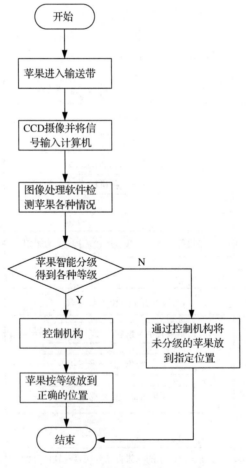

图6-2 苹果自动分级流程图

苹果自动分级系统包括进料机构、输送定向机构、图像采集装置、图像处理系统、控制装置及分级执行机构[7]。进料机构完成苹果的自动上料；输送定向机构使苹果在进料时自动输送并定向，使果梗和花萼轴线位于竖立位置；图像采集装置完成苹果图像采集；图像处理系统接收来自图像采集装置发送的信号，并完成苹果图像处理，得到每一个苹果的等级信息；控制装置负责整套系统信号的控制，接收图像采集系统的苹果等级信息，并发出控制信号，使相应出口打开或关闭；分级执行机构将各种等级的苹果在规定出口处出料。

6.2.2 苹果品质智能分级生产线设计

为了满足批量检测苹果的需要，基于自动定向的苹果品质智能分级生产线主要由四大模块组成：苹果自动进料系统、苹果自动定向输送系统、分级执行系统、计算机视觉识别控制系统。首先苹果进入输送带和定节拍装置，然后进入自动定向小车，实现苹果的定向输送，同时安装在定向输送装置固定位置摄像头完成苹果表面信息采集，并将该信息传送到计算机，由计算机中的图像处理分析软件根据苹果的大小、形状、颜色、缺陷和表面光洁度进行外部品质的综合检测，并按照苹果分级国家标准进行苹果分级，得到每个苹果的等级，然后由计算机发出控制信号，将特定等级苹果在对应等级的出口出料，完成苹果的智能分级。

辊子输送带与定节拍系统组成苹果自动进料系统。能实现苹果自动排成一列，并使苹果按自动定向小车的节拍输送苹果至小车上。

自动定向输送系统由自动定向小车、链轮输送机构组成。链轮输送机构由变频调速电机驱动，可进行输送速度的调节。该系统保证苹果在输送时将果梗与花萼轴线保持在竖直位置。

计算机视觉识别控制系统由光照箱、摄像头、计算机、控制器和位置传感器组成。

分级执行系统由弹簧、气缸、门、出料口和底板等组成。当带有等级信息的苹果下落到底板中相应分级区域时，由控制模块发出指令控制气缸中活塞运动，将对应等级的门打开，则苹果顺利落到对应等级区，完成分级，同时弹簧使门复位。

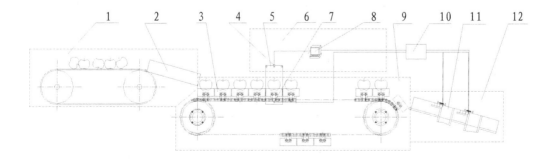

图6-3 基于自动定向的苹果品质智能分级生产线简图

1. 苹果自动进料系统　2. 定节拍系统　3. 苹果自动定向小车　4. 摄像头
5. 光照箱　6. 计算机视觉识别控制系统　7. 位置传感器　8. 计算机
9. 苹果自动定向输送系统　10. 控制器　11. 分级执行装置　12. 分级执行系统

图 6-3 所示为基于自动定向的苹果品质智能分级生产线简图。该智能分级生产线采用的机械定向装置能实现苹果于竖直方向定向，即苹果能自动定向到使果梗和花萼轴线位于竖直位置，随后摄像头采集得到苹果整个表面全图。与美国 Autoline 公司生产的水果分级设备以及由浙江大学生物系统工程与食品科学院、杭州杭挂机电有限公司合作研制的智能化水果分级生产线比较[8]，有着与卧式锥形滚子链不同的输送结构，优点如下：

①由于苹果输送的同时实现了果梗和花萼轴线定向于竖直位置，则后续图像处理不需要对果梗和花萼区进行处理，避免了将果梗和花萼区识别为缺陷的错误，因此识别精度和速度可得到提高。

②一个摄像头一次性采集苹果全图，不需要进行数据融合，减小了图像处理时间，使分级速度得以提高。

6.3　单摄像头三像同步图像采集系统

6.3.1　照明方案及背景的选择

6.3.1.1　照明方案的选择

在整个机器视觉系统中，光源与照明方案选择是否适当非常重要，它关系到整个检测系统性能的优劣。在苹果实时分级系统中，主要是基于苹果特征信息进行分级的，因此，光源显色性必须好。表 6-1 为各种光源性能比较，目前市场上大多数 LED 灯的显色指数为表中所列的情况，但也有 LED 灯显色指数达到 95 以上的。

分别采用 LED 灯和卤素灯作为光源进行对比试验，最终选择卤素灯照明。图 6-4 为 LED 光源的摆放位置示意图。试验中发现，用 LED 灯进行照明，图像拍摄效果不理想，且由于价格原因，实际没有采用。

试验中采用两个卤素灯，分别在两侧进行照明，如图 6-5 所示。为了防止光源直接打至苹果上造成亮斑，故用卤素灯光先打至毛玻璃上，使光产生漫反射效应，然后均匀地照射到苹果上。为使光照更加均匀，在苹果四周设置了 4 块用于光照补偿的反光镜，使苹果下部和上部都能得到充分的光照。光照补偿镜的位置如图 6-6 所示。

表 6-1　各种光源性能比较

光　源	颜　色	寿　命（h）	发光亮度	显色指数（Ra）	特　点
卤素灯	白色，偏黄	5000 ~ 7000	很亮	95 ~ 99	较便宜，发热多
荧光灯	白色，偏绿	5000 ~ 7000	亮	55 ~ 85	较便宜
氙　灯	白色，偏蓝	3000 ~ 7000	亮	90 ~ 94	发热多，持续光
LED 灯	红，黄，绿，白，蓝	6000 ~ 100 000	较亮	<83	发热少，能制成多种形状

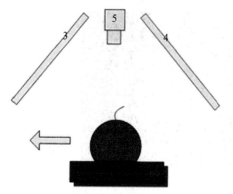

图 6-4　光源摆放位置示意图

1. 苹果　2. 定向小车
3、4. LED 光源　5. CCD 摄像机

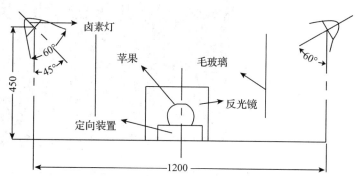

图 6-5　卤素灯双侧照明示意图

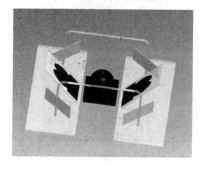

图 6-6　卤素灯双侧照明
镜片摆放示意图

图 6-7　卤素灯双侧照明拍摄效果图

采用卤素灯双侧照明，并用补偿镜进行补光的照明方案拍摄结果如图 6-7 所示，从图中可以看出，拍摄效果较为理想，图片目标轮廓清晰，颜色逼真，能达到苹果分级的拍摄要求；且该方案中的卤素灯为常用光源，价格便宜，在满足使用要求的前提下，该方案经济实惠。

6.3.1.2　背景的选择

机器视觉中背景的选择也是比较重要的环节，良好的背景在恰当的照明条件下能衬托目标更加突出，便于后续图像处理中对目标特征的提取；反之，如果背景选择不当，则为后续图像处理带来极大的不便。

一般而言，苹果表面所具有的颜色有：红、黄、绿。为了使目标和背景能明显区分，背景色应不考虑红、黄、绿这 3 种颜色。为此，选择黑、白、蓝 3 种常见且苹果表面通常所没有的颜色作为背景色，进行对比试验。用同一苹果作为研究对象，分别在黑、白、蓝 3 种背景下对其拍摄照片，然后分析苹果不同背景下的直方图，3 种背景下苹果及其直方图如图 6-8 ~ 图 6-10 所示。通过直方图对比发现，黑色和蓝色背景下，直方图有明显的双峰现象，有利于进行背景分割，而白色背景下，无双峰现象。因此，可以用黑色或蓝色作为背景，通过对比，确定选用蓝色背景。

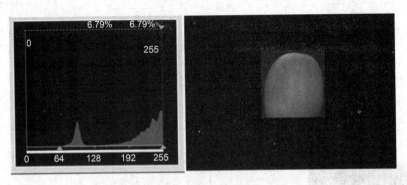

图 6-8　黑色背景下苹果直方图

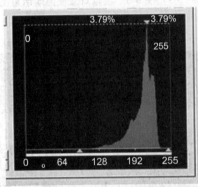

图 6-9　白色背景下苹果直方图

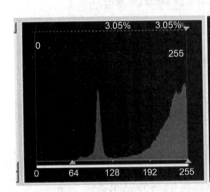
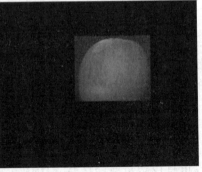

图 6-10　蓝色背景下苹果直方图　　　　　图 6-11　CCD 摄像头

6.3.2　相机及附件的选择

根据系统拍摄照片的要求和整体性价比，本章系统选择 MVC1450DAC-GE15 相机，如图 6-11 所示，其主要参数如下：

该相机为 1/2 英寸逐行扫描面阵 CCD 相机，可以应用在机器视觉、工业检测、运动物体抓拍分析、医疗影像、显微镜观测等需要高分辨率彩色或黑白图像的场合，可以满足苹果分级生产线对图像拍摄的要求。

一般镜头应与所选用的相机配套，本章根据相机的靶面尺寸选择 1/2 英寸、C 型接口的 M0814-MP 镜头。

6.3.3 图像拍摄误差分析与计算

苹果分级生产线图像采集方式为摄像机一次拍摄，得到一个苹果的不同侧面的 3 幅图像，苹果在生产线上与镜子位置关系如图 6-12 所示，摄像机安装于 A 点位置，苹果置于定向小车上方。在一次拍摄中，苹果下方有部分区域不能在拍摄的 3 幅图像中完全显示，即存在机器视觉盲区，因此，需研究由此产生的误差对后续分级处理的影响。

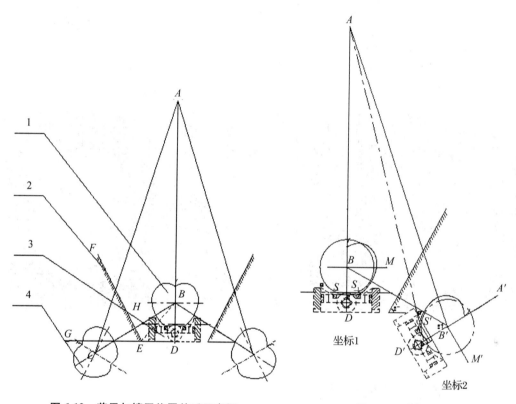

图6-12 苹果与镜子位置关系示意图
1. 苹果 2. 镜子 3. 定向小车 4. 苹果在镜中成的像

图6-13 坐标系图

图 6-12 中，设 $\angle CAB = \alpha$，镜子与水平方向的夹角 $\angle FEG = \theta$，$\angle EBD = \beta$，$\angle HEB = \gamma$，$\angle ABC = \varphi$，苹果的中心距自动定向小车的高度为 h_1（图中 $BD = h_1$），镜子与自动定向小车在水平方向的距离为 l_1（图中 $ED = l_1$）。

如图 6-13 所示，设有坐标系 1$\{B; \overrightarrow{BA}, \overrightarrow{BM}\}$，其坐标原点为 B。另有一坐标系 2$\{B'; \overrightarrow{BA'}, \overrightarrow{BM'}\}$，其坐标原点为 B'，从图中可以看出，坐标系 2 可以看成坐标系 1 经平移和旋转而成。

通过坐标平移和旋转，求得直线 AQ' 和以 $B'(X_{B'}, Y_{B'})$ 为圆心，半径为 R 的圆的交点坐标 S'，然后再一次通过坐标平移和旋转，求得 S 点在坐标系 1 中的坐标，其 y 坐标即为所求的能检测到的下半球体的高度。S 点在坐标系 1 中 Y 坐标为：

$$S_y = X_{s'}\sin(180° - 2\theta) + Y_{s'}\cos(180° - 2\theta) + 2\sqrt{l_1^2 + h_1^2}\cos\left(\theta - \arctan\frac{l_1}{h_1}\right)\cos\theta \quad (6\text{-}1)$$

将苹果近似为一球体，则式(6-1)即为所求的能检测到的下半球体的高度。

试验中，取 $\theta = 55°$，$h_1 = 600\text{mm}$，$l_1 = 100\text{mm}$，设球半径 $R = 40\text{mm}$，代入式(6-1)的 y 坐标计算，镜头无法检测到的球冠的高度 $h = 4\text{mm}$，则盲区误差为：

$$\varepsilon = \frac{2\pi Rh}{4\pi R^2} = \frac{h}{2R} = \frac{4}{2 \times 40} = 5\% \quad (6\text{-}2)$$

从误差结果看，对中等尺寸的苹果而言，此误差较小，正好是果梗或花萼区域(该区域在设计上不需检测)位于该检测盲区，因此，该设计合理，苹果实际检测图像也验证了这一点，如图6-14所示。

另外，从误差式(6-2)中可以发现，误差随检测苹果半径的减小而增大，因此，对半径比较小的球形果的检测，可以降低 h 以获得较小的机器视觉盲区误差。

图6-14　苹果图像

6.4　苹果分级创新方法

6.4.1　苹果大小和形状分级方法

6.4.1.1　苹果大小分级方法

在水果分级中，大小是水果的重要外部品质指标之一，苹果的大小一般指水果果实最大横切面的直径大小。苹果的大小分级可按国标进行，在 GB/T10651—2008 中关于苹果的大型果、中型果和小型果的果径分级参数如表6-2所示。

表6-2　苹果大小分级标准　　　　　　　　　　　　mm

等级	特级	一级	二级	等外
大型果	≥70	≥65	≥60	<60
中型果	≥65	≥60	≥55	<55
小型果	≥60	≥55	≥50	<50
试验大型果	≥80	≥75	≥70	<70

本章提出一种简单、快速的测量苹果果径大小的方法。苹果经 6.2 节介绍的定向机构自动定向后，将处于图 6-15(a)或(b)位置。由于摄像头位于苹果正上方，因此拍摄的图像轮廓接近于圆形，在此图像中，能比较清晰地反映出苹果最大果径的大小。由于该图像轮廓接近圆形，但并非真正的圆形，因此，可用图 6-16 中的 d_{max}，即苹果轮廓最小外接圆直径来确定苹果的最大果径。

图 6-15 生产线上苹果位置示意图

(a)苹果果梗朝上 (b)苹果花萼朝上

图 6-16 苹果最大果径示意图

苹果轮廓的最小外接圆直径 d_{max} 及最大内接圆直径 d_{min} 的求取：首先对采集的图像进行预处理，用 Halcon 软件所提供的功能进行图像读入，然后将该图像分解为 RGB 分量图像，并将 RGB 模型转变为 HSI 模型，再在 S 空间进行背景分割，提取图像；最后得到苹果最小外接圆和最大内接圆直径，调用 Halcon 的 smallest_ circle( ) 函数，用最

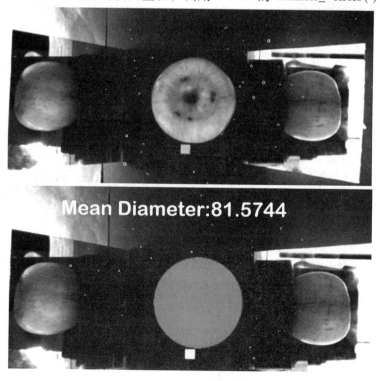

图 6-17 求取苹果直径屏幕截图

小外接圆外切于苹果的轮廓，此圆的直径即为苹果的最大直径 d_{max}。调用 Halcon 的 inner_circle( ) 函数，用最大内接圆内切于苹果的轮廓，此圆的直径即为苹果的最小直径 d_{min}。同时，提取出的内、外接圆直径也为后续的苹果形状特征分级奠定了重要的基础。用最小外接圆法求取苹果果径的截图如图 6-17 所示。

以 20 个苹果为样本，手工测其果径，再用最小外接圆法对其求取果径，测得的数据如表 6-3 所示。从数据上看，该方法测量误差较小，测量精度完全满足分级要求。每一个苹果测量时间极短，约为 20ms，满足实时分级的要求。

表6-3 果径测量数据表　　　　　　mm

样本标号	手工测量	机器视觉测量	样本标号	手工测量	机器视觉测量
1	84.5	84.3	11	78.2	78.0
2	96.3	96.4	12	73.5	73.3
3	102.6	102.4	13	75.4	75.2
4	87.0	87.1	14	75.0	75.1
5	78.7	78.9	15	75.2	75.3
6	76.3	76.5	16	84.1	84.3
7	70.8	70.5	17	66.8	66.7
8	65.4	65.3	18	82.3	82.4
9	75.3	75.1	19	95.5	95.4
10	76.8	76.9	20	80.9	80.7

6.4.1.2　苹果形状分级方法

水果的形状也是评价水果质量的指标之一，因为人们在购买水果时总是将形状不规则的剔除。因此，本章将苹果形状因子作为神经网络的输入参数之一。

这里用苹果最大内接圆直径与最小外接圆直径之比值作为形状分级参数：

$$e = \frac{d_{min}}{d_{max}} \tag{6-3}$$

很显然，e 值越接近 1，说明苹果果形越圆；e 值越小，说明苹果果形越不规则。一次拍摄得到的苹果 3 幅不同的方位图像，其 e 值不同，在具体运用时，选中间图像的 e 值作为苹果形状分级参数，并作为神经网络的输入参数之一。因为正常苹果中间幅图像的 e 值最接近于 1，畸形苹果的 e 比较小，比较容易区分。而两侧镜子中的图像 e 值普遍比较小，不太容易区分。由于运用的算法简单，因此实时性良好。

试验中，用一定数量的苹果先人工分级后，取每种等级的苹果各 4 个，进行 e 值求取和对比，如表 6-4 所示。结果表明，特级以及一级苹果形状比较好，无明显果形畸形缺陷；二级苹果果形参数 e 允许少许形状不规则；等外果形状畸形较明显。从表中数据可以看出，用这种方法进行形状分级是合适的。

表6-4 果形测量数据表

样本编号	苹果等级	果形参数 e（比值）	样本编号	苹果等级	果形参数 e（比值）
1	特级	0.95	9	二级	0.84
2	特级	0.93	10	二级	0.85
3	特级	0.90	11	二级	0.83
4	特级	0.93	12	二级	0.84
5	一级	0.90	13	等外	0.47
6	一级	0.92	14	等外	0.49
7	一级	0.90	15	等外	0.47
8	一级	0.92	16	等外	0.50

6.4.2 苹果颜色分级方法

颜色是衡量水果外观品质的重要指标之一，高品质的苹果一般着色均匀而且色泽好，且苹果的颜色也能反映苹果的成熟度、糖度、酸度、口感等内部品质。颜色好且着色均匀的苹果的市场价值比一般色泽苹果的价值要高几倍，所以颜色是苹果分级中的一个重要指标。

本章为了达到颜色分级的有效性和实时性，求出苹果图像中红色面积占苹果总表面积之比，然后根据国家标准进行相应的分级。首先将拍摄的苹果图像转换为HSI模型空间的图像，HSI模型是面向彩色处理的常用模型。在实验条件下，光源强度一定，所以光源的纯度也是确定的，对颜色的识别只需考虑 H 分量即可。

由HSI彩色模型中的色调和色饱和度图及相关文献[9-11]可知，各等级的苹果的 H 值一般分布于 0~60 之间，考虑到红色区域的 H 值在 255 附近区域也比较显著，因此拟用 H 值 0~60 以及 210~255 对苹果图像进行分割，得到苹果图像中的红色部分，并求取该部分面积与苹果总表面积之比，作为颜色分级的指标，并作为后续神经网络分级的输入值之一。彩图10即为去背景后的苹果原始图像和不同 H 值的苹果分割图像。

彩图10表明，原苹果全红，因此理论上，苹果红色部分所占面积应为苹果的总面积。事实上，应用苹果的 H 分量在 0~60 之间进行分割，如彩图10(b)所示，分割出的面积占苹果面积的90%以上，与相关文献[9-11]的分析一致。但从图6-18苹果色度直方图可以看出，苹果的 H 值在 240~255 之间仍然有一峰值，说明苹果 H 值在 255 附近仍然有红色区域，彩图10(c)是对苹果的 H 值在 210~255 之间进行分割，分割出的面积也说明了这一点。因此，仅用苹果 H 值在 0~60 之间进行分割得到苹果红色区域是片面的，本章用苹果 H 值在 0~60 以及 210~255 进行分割，并将分割得到的苹果红色区域面积与苹果总表面积之比作为苹果颜色分级指标，其中，苹果总表面积取苹果左右两侧图像分割后的总面积。

$$\eta = \frac{s_1}{s} \tag{6-4}$$

式中：s_1 为苹果红色部分面积；s 为苹果表面积。

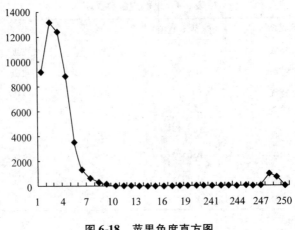

图 6-18 苹果色度直方图

6.4.3 苹果果面缺陷分级方法研究

水果表面缺陷分析是苹果分级的一个重要方面，为了提取果面缺陷，需对获取的苹果图像进行预处理，为了获得理想的果面缺陷提取效果，本章通过几种果面缺陷提取方法进行对比，拟找出最合适的提取方案。苹果果面缺陷提取流程图如图 6-19 所示。

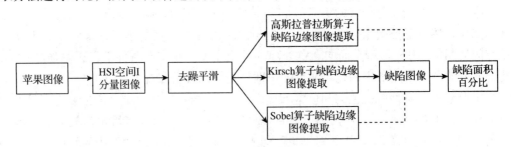

图 6-19 苹果果面缺陷提取流程图

首先获取苹果图像，然后背景提取，将图像转变为 HSI 空间图像，其中 I 空间图像果面缺陷非常清晰分明，因此在 I 空间进行苹果果面缺陷的提取。试验中发现，用单纯的阈值法进行果面缺陷提取效果较差，精度很低。因此，用边缘提取算子进行苹果果面缺陷边缘提取，为了获得较好的提取效果，试验中，用了 3 种边缘检测算子进行果面缺陷提取，分别是 Kirsch 算子、高斯 – 拉普拉斯算子及 Sobel 算子。

对于获取的苹果图像，分别用以上 3 种算子进行果面缺陷边缘提取，然后进行去噪、平滑、填充果面缺陷区域后，得到提取完成的果面缺陷图像如彩图 11 所示。Kirsch 算子提取出的果面缺陷占苹果果面面积百分比为 1.529%，LOG 算子提取出的数据为 1.065%，Sobel 算子提取出的数据为 1.408%。从果面缺陷占果面面积百分比数据及彩图 11 可以看出，Kirsch 算子提取出的果面缺陷与原始图像中的缺陷在形状上最接近，LOG 算子提取出的果面缺陷与原始图像中的缺陷在形状上差别最大，Sobel 算子提取效果介于二者之间。从数据上看 Kirsch 算子得到的数据最符合实际情况，Sobel 算子次之，LOG 算子最差。因此，本章采用 Kirsch 算子提取苹果果面缺陷，并以该数据作为后续神经网络的输入之一。

6.5 基于 Halcon 和 VC⁺⁺ 平台的苹果综合分级方法

6.5.1 基于 L－M 算法的多层前向神经网络设计

本章将采用如图 6-20 所示的基于 L－M 算法的三层前向神经网络模型进行苹果综合分级调试。

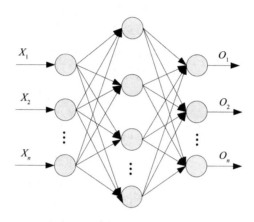

图 6-20 三层前向神经网络模型

本章所采用的苹果分级的参考指标包括苹果的果径、苹果颜色、苹果缺陷及苹果果形。所以本章输入层选择 4 个节点，分别代表苹果的果径、苹果果面红色区域所占果面的百分比、果面缺陷百分比以及果形特征。

根据 Kolmogorov 定理[12]：给定一连续函数 f：$[0, 1]^n -> R^m$，f 可以精确地用一个三层前向神经网络实现，此网络的第一层即输入层有 n 个神经元，中间层有 $2n + 1$ 个神经元，第三层即输出层有 m 个神经元。所以本章隐层节点数定为 $2 \times 4 + 1 = 9$ 个。

苹果分级系统的输出向量应为苹果的等级信息。但神经网络无法直接输出苹果的等级信息，所以本章将输出层的节点数设为 2 个，输出组合为 $(0, 0)$、$(0, 1)$、$(1, 0)$、$(1, 1)$，具体含义如表 6-5 所示。

表 6-5 神经网络输出值及其含义

输出值		含 义	输出值		含 义
0	0	特级	1	0	二级
0	1	一级	1	1	等外

6.5.2 苹果综合分级系统软件设计

本章采用 Visual C⁺⁺ 作为工控机与控制电路通信程序的开发环境。而图像的采集则采用相机的 SDK 函数进行二次开发，以方便地将相机与系统控制部分相连接。在图像处理方面采用 Halcon 来实现图像的处理，由于图像处理软件 Halcon 具有强大的图像处理功能，且可以方便地将图像处理代码转换为各种编程语言（包括 C⁺⁺），故采用 Halcon 可以极大地增强本章系统软件的实用性、通用性与便捷性。本章系统的后台数

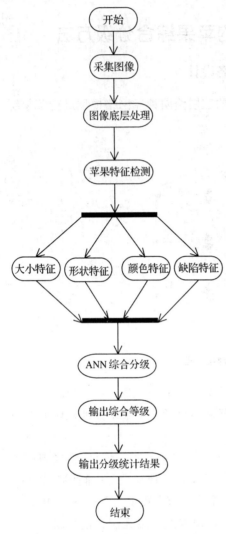

图 6-21 苹果分级软件流程框图

据库为 SQL Server 2000，数据库的访问采用 ADO（ActiveX Data Object）技术，系统运行的环境为 Window XP。

本章苹果分级系统的软件流程图如图 6-21 所示。首先，采集苹果图像，对图像进行背景分割等底层处理，然后对苹果大小、形状、颜色、缺陷面积等特征进行提取，并将其输入到神经网络，对苹果进行神经网络（ANN）综合分级，分级完毕后，输出苹果等级信息，并在数据库中记录。

在设计本章图像实时采集和计算机与分级控制部分的通信软件时，采用了模块化设计的思想[13]。模块化可以使程序具有简单性、灵活性、易读性和独立性，在软件设计时，将整个系统按功能划分为相对独立的功能块，这样不但易于开发，而且易于维护。这种模块化设计方法与面向对象的编程手段是吻合的。

本章系统软件分为 4 个模块，即相机操作模块、图像预处理模块、ANN 分级模块以及 UI 模块。软件系统组件图如图 6-22 所示。

相机操作模块主要通过相机提供的 SDK 开发包来操纵相机的打开、图像采集以及关闭等操作。图像预处理模块主要包括背景分割、平滑噪音、边缘检测等。ANN 分级模块主要包括苹果的各种特征参数提取，用神经网络实现苹果分级，并对已检测出的各等级苹果信息进行统计。UI 模块主要包括登录界面、主界面、用户界面设计。其中主界面分为普通用户界面和管理员用户界面，系统根据登陆时用户类型的不同，自动选择运行的用户界面。

6.5.3 苹果综合分级控制系统的通信

系统的正常工作离不开各部分的相互协作，而各部分的协作则需要通信来维持，通信通过交换各部分的数据信息和状态信息来实现各部分的顺序运行或并行运行。控制系统的通信分为 3 个方面：硬件与软件的通信，软件与软件的通信，硬件与硬件的通信。本章的苹果综合分级系统控制总图如图 6-23 所示。苹果经输送机构输送，当经过光电传感器时，触发相机拍照，并传送到 PC 机，经苹果综合分级软件处理后，得到苹果等级信息，并将该信息经运动控制卡传递给 PLC，控制分级执行气缸开启及闭合，完成苹果分级。

本章系统的通信主要包括硬件与软件的通信、软件与软件的通信。硬件与软件的通信主要为相机的触发通信和输出控制机构通信。软件与软件的通信有两方面：采集

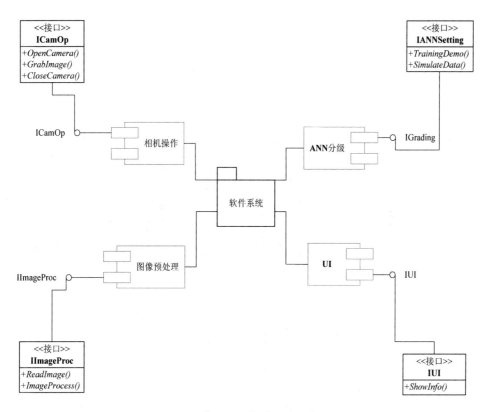

图 6-22 苹果分级软件系统组件图

图像通信与 UI 界面信息通信。

　　相机的触发通信具体为当传感器受到触发后向系统发出触发信号，系统接收到触发信号即转到回调函数中开始将图像采集到内存。该部分的通信信号为相机的触发信号，传感器发出触发信号后，相机与系统进行通信，采集苹果图像。相机触发通信示意图如图 6-24 所示。

　　图像的采集通信为系统接收到触发信号，在回调函数中将采集的图像送入内存，并将内存中的图像放入预先设定的图像存储缓冲区，然后向工作者线程发出信号，工作者线程接收到信号后调用图像处理函数对采集到的图像进行处理。

　　为了在苹果图像采集时实现通信，需要设定一个信号，为此创建一个事件 g_ hEvent ＝ CreateEvent(NULL，TRUE，FALSE，NULL)，用来实现线程的同步，当系统接收到触发信号后，系统自动调用采集的回调函数，在回调函数中用 SetEvent(g_ hEvent) 发出信号，工作者线程接收到信号后对采集的图像进行图像处理。苹果图像采集通信的数据流图如图 6-25 所示。

　　由于需要提取出所采集到苹果图像的红、绿、蓝 3 个分量，用来生成图像处理软件 Halcon 能够处理的图像类型，所以本章系统动态分配了 3 段内存地址，用来存储采集的位图中的 R、G、B 3 个分量。由 R、G、B 三分量生成图像(即读取内存中的图像) 的操作，不可在回调函数分配的内存中操作，原因是相机回调函数分配的内存地址是不允许用户访问的，故需要另外开辟一片内存用来存放采集的图像的地址，然后在这段地址中完成读取图像的操作。

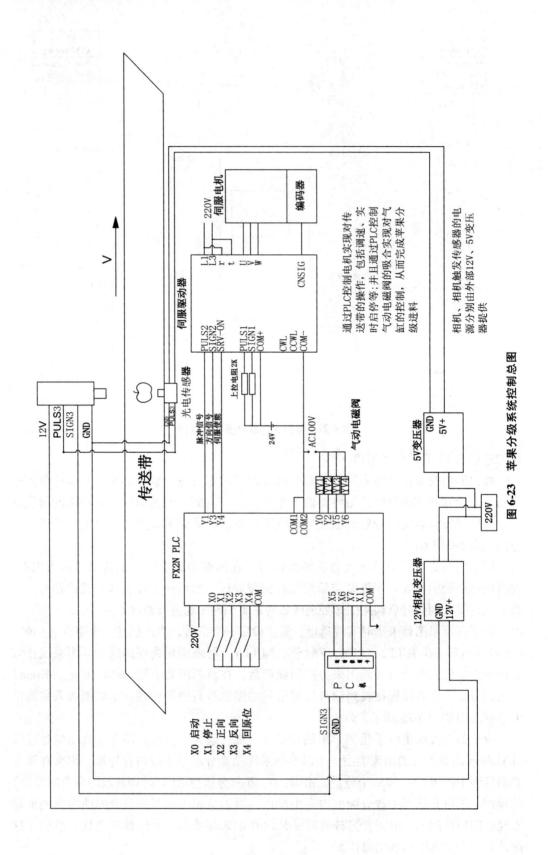

图 6-23 苹果分级系统控制总图

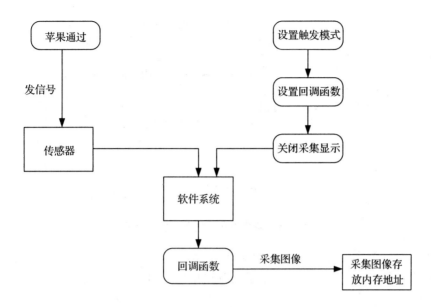

图 6-24 相机触发通信示意图

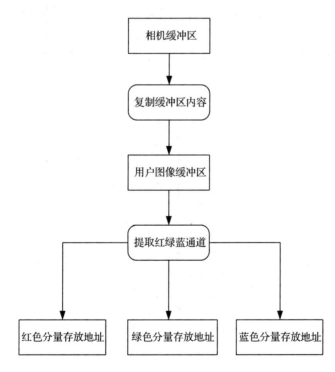

图 6-25 苹果图像采集通信的数据流图

用户界面（UI）的信息通信为苹果分级操作完成后，向系统发出信号，系统将苹果分级的等级信息以及分级的统计信息显示在 UI 界面上。

显示在 UI 界面上的信息包括所拍摄苹果图像的左视图、主视图、右视图，以及分级的基本统计信息（已检测苹果的数量、特等级苹果数、一等级苹果数、二等级苹果数、等外苹果数；特等级百分比、一等级百分比、二等级百分比、等外百分比）。当在

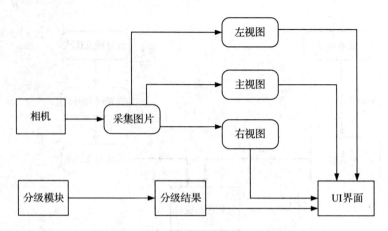

图 6-26　用户界面的信息通信示意图

流水线上运行本章系统时，需要在 UI 界面上实时更新分级的信息，即实时的进行 UI 界面的信息通信，以显示每个检测苹果的分级信息。UI 界面的信息通信示意图如图 6-26 所示。

采集到的苹果图像经各种特征提取，并送 ANN 分级模块处理完成后，已经获得该苹果的等级信号，该信号经运动控制卡进行信息转换后，发信号给 PLC，由 PLC 向各气缸发出控制指令，实现各等级出口的开关控制，进而使苹果按照等级输送到各自的出口，从而完成苹果的自动分级。分级执行机构的信息通信如图 6-27 所示。

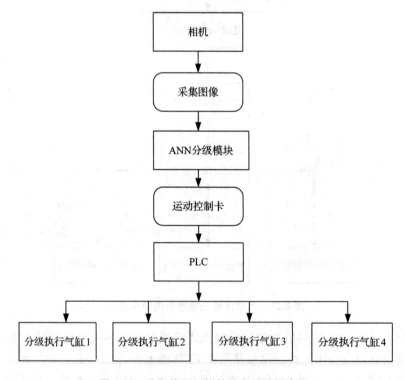

图 6-27　分级执行机构的信息通信示意图

6.5.4 苹果综合分级系统类的组成

类(Class)是面向对象程序设计语言中的一个基本概念。类是对某种类型的对象定义变量和方法的原型。它表示对现实生活中一类具有共同特征的事物的抽象，是面向对象编程的基础[14]。

本章研究的苹果分级系统包括的主要类如表 6-6 所示。主要包括：CCameraOperate 相机操作类，用于打开相机，开始采集苹果图像；CImageProcess 图像预处理类，用于对苹果进行各种预处理；CANNSettingDlg 神经网络操作类，用于训练神经网络，保存权值矩阵；CGradingOperate 分级类，用于苹果特征提取，并进行 ANN 分级；CAdminDlg 及 CANNDataDlg 是数据库类，用于管理分级数据，并显示分级信息。

表 6-6 苹果分级系统主要类列表

类　名	主要成员函数	作　用
CCameraOperate （相机操作类）	OnCameraOpen( )	打开相机
	OnCameraStart( )	连接相机
	OnStartCapture( )	开始采集苹果图像
CImageProcess （图像预处理类）	OnImageCalibration( )	标定图像
	OnImageGenerate( )	抓取苹果图像
	OnImageProcess( )	苹果图像预处理
CANNSettingDlg （神经网络操作类）	OnBeginTrain( )	开始训练
	OnBeginSimulate( )	开始神经网络苹果分级
	OnSaveNetwork( )	保存网络结构
	OnSaveStringFile( )	保存权值矩阵
	OnTrainRepeat( )	根据 L－M 算法训练网络
	OnStopTrain( )	停止训练
CGradingOperate （分级类）	OnSizeDetect( )	苹果大小值检测
	OnColorDetect( )	苹果颜色值检测
	OnDefectDetect( )	苹果缺陷值检测
	OnShapeFactorDetect( )	苹果形状特征检测
	OnGrading( )	ANN 苹果分级
	OnGradingStatistics( )	苹果分级结果统计
CAdminDlg （系统数据库类）	OnAllRecord( )	显示苹果分级信息
	OnDeleteRecord( )	删除信息
	OnFindRecord( )	查找苹果分级信息
CANNDataDlg （ANN 样本数据库类）	OnShowData( )	显示样本数据
	OnNormalization( )	样本数据归一化

6.6 基于神经网络的苹果综合分级系统

本章根据前面各小节的研究基础，设计的苹果综合分级系统启动文件名为 AppleGrade. exe，启动后首先进入登录窗口，根据用户级别的不同来决定所进入的系统界面：若用户为普通用户则打开普通用户界面；若用户为管理员用户则打开管理员用户的用户界面。彩图 12 为普通用户界面。

6.6.1 普通用户主界面

普通用户主界面分为 6 个部分：苹果视图、视图检测、ANN 操作和当前苹果分级信息、分级统计、百分率统计、用户信息及其开始按钮和停止按钮。

(1)苹果视图

苹果视图分为左视图、主视图、右视图，用来显示当前所检测苹果的图像。

(2)视图检测

视图检测分为左视图检测、主视图检测、右视图检测，各个视图所检测项目包括平均果形直径、红色百分比率、缺陷百分比率、果形系数。视图检测用来显示各个视图所检测的信息。

(3)ANN 操作和当前苹果分级信息

ANN 操作部分包括数据归一化、ANN 训练和 ANN 分级，右边编辑框用来显示当前苹果分级的分级信息。

(4)分级统计

分级统计分为已检测苹果数、特级苹果数、一级苹果数、二级苹果数、等外苹果数。分级统计用来显示系统运行时间内所检测苹果的统计信息。

(5)百分率统计

百分率统计分为特级百分比、一级百分比、二级百分比、等外百分比。百分率统计用来显示系统运行时间内所检测苹果的百分率统计信息。

(6)用户信息及其开始按钮和停止按钮

用户信息分为当前用户、用户类型。用户信息用来显示当前系统用户的用户名和当前用户的用户类型。开始按钮用来启动系统，停止按钮用来停止系统。

当点击 Normalization 按钮时，系统对神经网络的 30 个样本数据进行归一化操作，归一化后的样本数据用来对神经网络进行训练。归一化窗口如图 6-28 所示。

单击 ANNSetting 按钮，进入 ANN 操作窗口，对神经网络进行训练。神经网络训练窗口如图 6-29 所示。

网络学习结束后，系统显示学习次数、学习时间，如图 6-30 所示。同时，能得到神经网络的权值。

ANN Data

ID号	x1	x2	x3	x4	y1	y2
ag0001	.360333	0.700000	.855556	.051981	1	0
ag0002	.404667	0.740000	.766667	.103982	1	0
ag0003	.436083	0.920000	.577778	.00438	1	0
ag0004	.478	0.780000	.744444	.025981	0	1
ag0005	.313333	0.000000	.844444	.053981	1	1
ag0006	.349167	0.260000	.455556	.075982	1	1
ag0007	.292833	0.740000	.233333	.043981	1	1
ag0008	.310417	0.840000	.311111	.02398	1	1
ag0009	.408917	0.560000	.611111	.079982	1	0
ag0010	.366917	0.580000	.911111	.02198	1	0
ag0011	.414833	0.640000	.6	.025981	1	0
ag0012	.40475	0.680000	.911111	.035981	0	1
ag0013	.4145	0.840000	.944444	.049981	0	1
ag0014	.509083	0.860000	.688889	.02398	0	0
ag0015	.560417	0.860000	.833333	.029981	0	0
ag0016	.586667	0.800000	.677778	.01318	0	0
ag0017	.498417	0.940000	.733333	.01138	0	1
ag0018	.459667	0.920000	.933333	.01798	0	0

[Show Data]   [Normalization]   [Quit]

图 6-28 数据归一化窗口

ANN Setting

Learning Accuracy	0.001		Training Times	10000
Input Dimensions	4		Output Dimensions	2
Data Input	C:\Documents and Settings\Administrator\桌面\训	[Browse...]
Current Error	0.0031634343		Current Training Times	2703
Storage Networking	C:\Documents and Settings\Administrator\桌面\n(	[Browse...]
Save Results	C:\Documents and Settings\Administrator\桌面\n(	[Browse...]

[Training]   [Stop]   [Quit]

图 6-29 神经网络训练窗口

6.6.2 管理员用户界面

管理员用户界面主要是用来对软件的数据库部分进行操作[15-19]。管理员用户拥有系统使用的最高权限，管理员用户可以进入普通用户界面，控制系统的运行与停止，查看和更改苹果分级的历史信息（苹果分级的历史信息存放于数据库中）。当分级结束，关闭普通用户界面时，系统会提示是否保存分级信息到数据库中，若选择"是"，则将本次分级信息写入数据库中。苹果综合分级系统的管理员用户主界面如图 6-31 所示。

管理员用户界面分为 5 个部分：分级信息的显示部分、显示记录按钮、查询记录按钮、删除记录按钮、退出按钮。

(1) 分级信息的显示

分级信息的显示用来向用户显示各个普通用户使用系统期间，苹果的分级情况，显示的信息包括用户名、日期、开始时间、结束时间、单个苹果分级平均耗时、总检测苹果

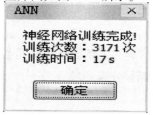

图 6-30 训练完成窗口

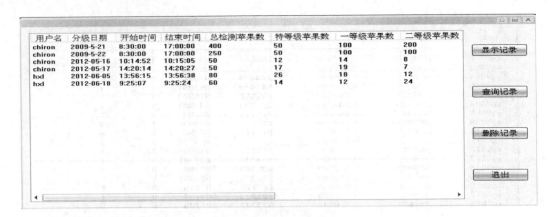

图6-31 管理员用户界面

数、特级苹果数、一级苹果数、二级苹果数、等外苹果数、特级百分比、一级百分比、二级百分比、等外百分比。

（2）显示记录按钮

显示全部的分级记录。

（3）查询记录按钮

查询分级数据库中的记录，可以按照用户名或日期来查询分级记录，用户可以自由选择查询的关键词：用户名或日期。

（4）删除记录按钮

用以删除用户选定的数据库内容。

（5）退出按钮

用以关闭管理员用户界面，退出系统。

为了验证本章设计的苹果综合分级系统的可行性，作者研制了苹果智能分级台架试验系统，如图6-32所示。该系统由计算机控制系统、变频调速电机、摄像头、照明系统及定向输送机构组成。苹果经定向输送机构定向并输送到摄像头下方，传感器接收到苹果到达信号后，发送触发信号给摄像头，摄像头采集苹果图像，经 Protel 1000 千兆网卡将信号传给计算机，由基于神经网络的苹果综合分级系统进行分级，得到分级结果并在界面上显示，同时将已分级苹果信息保存到数据库。在台架系统试验中，苹果分级的输送速度由变频调速电机来调节（本章台架试验系统尚未包括比较容易实现的苹果进出料输送部分）。

试验中用30个不同等级的苹果进行自动分级，并与人工分级所得结果进行对比，对比结果如表6-7所示，除一个二级果（序号26）误判为等外果外，其他苹果自动分级与人工分级结果一致。观察误判的苹果，主要是因为该苹果果梗处形状不规则，苹果未转正，从而将花萼误判为缺陷。分级结果表明，苹果分级系统正确率达到96.7%，满足分级要求。

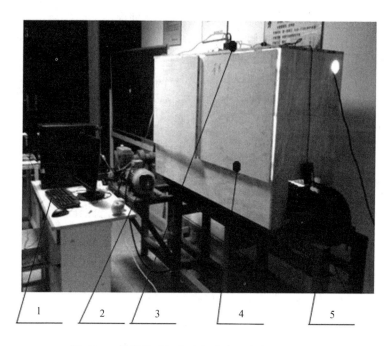

图 6-32 苹果品质智能分级生产线台架试验系统

1. 计算机控制系统 2. 变频调速电机 3. 摄像头 4. 照明系统 5. 定向输送机构

表 6-7 自动分级与人工分级结果对比

序号	苹果分级系统自动分级	人工分级	序号	苹果分级系统自动分级	人工分级
1	一级	一级	16	特级	特级
2	特级	特级	17	二级	二级
3	特级	特级	18	等外	等外
4	二级	二级	19	一级	一级
5	等外	等外	20	特级	特级
6	一级	一级	21	二级	二级
7	特级	特级	22	等外	等外
8	等外	等外	23	一级	一级
9	二级	二级	24	特级	特级
10	等外	等外	25	特级	特级
11	一级	一级	26	二级	等外
12	等外	等外	27	等外	等外
13	一级	一级	28	二级	二级
14	二级	二级	29	特级	特级
15	一级	一级	30	一级	一级

6.7 结果与讨论

①研制的基于自动旋转定向的苹果分级机械装置，可以使苹果能自动进出料、自动转正。定向成功率达 98%，且苹果直径与定向时间的相关性不明显，苹果自动转正

后，其果梗和花萼轴线位于竖直位置，为后续图像处理提高实时性奠定基础。

②首次研究设计了单摄像头拍摄同时获取苹果3幅图像的系统，并用补偿镜补光照明方法获取优质图像。利用两个对称布置的平面镜，在一次拍摄过程中，得到苹果的3个不同侧面的图像，与其他分级系统相比，节省了至少2个摄像头，节约了成本。利用补偿镜补光照明方法，使获得的苹果图像清晰，有利于后续图像处理并提高分级实时性。

③对图像拍摄误差进行分析并建立数学模型。首次建立了单摄像头、双平面镜条件下采集苹果图像所造成的误差数学模型，结果表明，图像盲区拍摄误差为5%，且这部分盲区位于方案设计中不进行检测的果梗和花萼区。

④研究了苹果颜色分级的新方法。研究用苹果 H 分量在 0 ~ 60 以及 210 ~ 255 进行分割，并将分割得到的苹果红色区域面积与苹果总表面积之比作为苹果颜色分级指标，该方法具有计算速度快的优点。

⑤提出了基于 Kirsch 算子提取苹果果面缺陷的新方法。对于获取的苹果图像，分别用 Kirsch 算子、LOG 算子及 Sobel 算子对苹果果面缺陷进行提取，Kirsch 算子提取出的果面缺陷效果最好，Sobel 算子次之，LOG 算子最差。

⑥对苹果综合分级方法进行研究，研发了基于 Halcon 和 VC++ 平台的神经网络苹果综合分级系统。通过对 30 个苹果进行分级，并与人工分级进行对比，结果表明，分级系统分级正确率达到96.7%，满足苹果分级要求。

通过台架试验系统，已基本验证了本章苹果综合分级系统的可行性和优势，同时对本系统稍加改动，也可完成其他水果的综合分级。相信随着苹果综合分级系统的不断完善，一定可以满足人们对水果分级的需要，提高我国水果的自动分级水平，使我国水果在国际市场上竞争力大幅提高。

本章小结

本章介绍了一种集机器视觉、神经网络、自动旋转定向输送等技术为一体的苹果品质实时检测方法，提出了基于 Halcon 和 VC++ 平台的神经网络综合分级技术，以及使用单摄像头双平面镜同时拍摄物体3幅不同侧面图像的方法，研发了一种苹果分级机械装置及基于神经网络的自动分级软件系统，并对苹果自动分级系统进行试验验证。

参考文献

［1］三农在线网. 我国水果种植加工业亟待结构调整. http：//www. farmer. com. cn/hy/hydt/200901/t20090120_ 421375. html.

［2］饶秀勤. 2007. 基于机器视觉的水果品质实时检测与分级生产线的关键技术研究[D]. 浙江：浙江大学博士学位论文.

［3］李庆中，汪懋华. 2002. 基于分形特征的水果缺陷快速识别方法[J]. 中国图像图形学报，5(2)：144 – 148.

［4］D P WHITELOCK, G H BRUSEWITZ, M L STONE. 2006. Apple shape and rolling orientation[J]. Applied Engineering in Agriculturem, 22(1)：87 – 94.

［5］J A THROOP, D J ANESHANSLEY. 2003. Conveyor Design for Apple Orientation[J]. An ASAE Meeting Presentation, Paper Number：036123.

［6］应义斌，韩东海．2005．农产品无损检测技术［M］．北京：化学工业出版社．

［7］黄秀玲，郑加强，赵茂程．2008．基于自动定向的苹果品质智能分级生产线设计［J］．安徽农业科学，36(7)：3037－3038，3041．

［8］黄秀玲，郑加强，赵茂程．2007．水果分级支撑技术的研究进展［J］．南京林业大学学报(自然科学版)，31(2)：123－126．

［9］侯文军．2006．基于机器视觉的苹果自动分级方法研究［D］．南京：南京林业大学硕士研究生学位论文．

［10］闫之烨．2003．基于计算机视觉的苹果颜色分级系统的研究［D］．南京：南京农业大学硕士研究生学位论文．

［11］何东健，杨青，等．1998．果实表面颜色计算机视觉分级技术研究［J］．农业工程学报，14(3)：202－205．

［12］刘耦耕，李圣清，肖强晖．2004．多层前馈人工神经网络结构研究［J］．湖南师范大学自然科学学报，27(1)：26－30．

［13］张海藩．2012．软件工程导论［M］．5版．北京：清华大学出版社．

［14］孙鑫．2012．VC^{++}深入详解(修订版)［M］．北京：电子工业出版社．

［15］闪四清，邵明珠．2010．SQL Server 2008 数据库应用实用教程［M］．北京：清华大学出版社．

［16］Scott Cameron．2010．SQL Server 2008 分析服务从入门到精通［M］．北京：清华大学出版社．

［17］刘奎，付青，张权．2009．SQL Server 2008 从入门到精通［M］．北京：化学工业出版社．

［18］王向云，王嵘，张琨．2009．SQL 从入门到精通［M］．北京：电子工业出版社．

［19］KEVIN E KLINE，DANIEL KLINE，BRAND HUNT．2009．SQL 技术手册［M］．北京：电子工业出版社．

思考题

1. 简述苹果自动分级系统的组成。
2. 苹果果梗和花萼区为什么是其分级的难点？
3. 简述神经网络技术在苹果自动分级系统中的应用。
4. 如何保证单摄像头、双平面镜条件下一次采集苹果 3 幅图像达到要求？

推荐阅读书目

1. VC^{++}深入详解(修订版)．孙鑫．电子工业出版社，2012.
2. 农产品无损检测技术．应义斌，韩东海．化学工业出版社，2005.
3. 软件工程导论(第5版)．张海藩．清华大学出版社，2012.
4. 人工神经网络原理及仿真实例．高隽．机械工业出版社，2012.

第**7**章

农田杂草识别

[**本章提要**] 行内杂草识别是农田杂草识别的研究难点之一。针对苗期玉米，给出了行间杂草(inter-row weed)识别算法，并重点给出了基于双目立体视觉和空间分布特征的行内杂草(也称为"株间杂草"，intra-row weed)识别算法。行内杂草识别主要包括图像预处理、边缘特征提取、立体匹配、视差图分割、横向像素直方图、滤波等步骤。试验验证了相关算法的有效性。

粗放式的农业生产方式早已不能适应时代的需求，国外自20世纪80年代就开始杂草识别研究，以减少除草剂的用量，并减少人工劳动。杂草识别的研究方法有多种，基本还是归结为机器视觉方法。杂草种类繁多、农田非结构化自然环境等因素都增加了杂草识别的复杂性，目前杂草识别与除草机器人尚处于研究阶段。国内外杂草识别研究在特定的环境、特定的条件下取得了一定的效果，但是距离实际应用尚有许多技术难点需要克服。

7.1 背景

农田化学除草对突发性的草害效果明显，在国内外被广泛应用。但是如果除草剂使用不当，不仅会带来药害，而且会造成农产品农药残留量超标、环境污染以及人员中毒。

在中国，通常采用手动喷雾器或者机动喷雾机施药。在美国，施药设备有喷杆喷雾机、粒状农药施药器具等。这些方法的缺点是对地面杂草目标没有识别能力，即不论杂草多少甚至有无杂草，都向地面均匀地喷洒除草剂，而且喷雾设备往往都有雾滴飘移现象，所以不可避免地导致农药污染。

为了减少除草剂用量和保护环境，美国、欧洲、日本、中国等相继开展了农药精确施用方法的研究。精确施药已经成为国内外研究热点和发展趋势。

目前研究的精确除草设备主要有智能喷雾机和除草机器人。在美国，伊利诺依大学研究了利用多关节机械臂进行玉米苗期行间涂抹施药的机器人[1]；加利福尼亚大学研究了棉花苗期行间喷雾施药除草机器人以及基于光谱识别和热油喷雾的自动除草装置[2]。荷兰 Wageningen 大学研究了甜菜地里机械除草的机器人平台[3]。丹麦、瑞典和日本也开展了相关研究[4,5]。

在国内，中国农业大学以静态图像为对象研究了麦田杂草识别自动喷药装置；北京农业信息技术研究中心通过改装拖拉机，研制了杂草自动识别喷药整机；江苏大学发明了一种除草机器人的六爪执行机构。南京林业大学开展了玉米苗期行间直接施药（先切割杂草再涂抹除草剂）自主移动机器人研究[6]，研究内容包括：行间杂草识别、机器视觉导航、除草机器人本体结构等。

事实上，精确除草（无论是智能喷雾机还是除草机器人）都是针对按行种植的条播作物，如玉米、棉花、大豆等。在这样的农田里，根据空间分布特征，杂草可以分为"行间杂草"（inter-row weed）和"行内杂草"（也称为"株间杂草"，intra-row weed）。所谓"行间杂草"就是指生长在两个作物行之间的杂草；而"行内杂草"则是指生长在一个作物行内的杂草，也就是与作物同在一行的杂草。

精确除草（无论是化学除草还是机械除草）的前提是识别杂草，也就是将杂草从背景中检测出来。一般采用机器视觉和数字图像处理方法识别（检测）杂草。

在作物行间，只有杂草是绿色的，所以可以利用色彩特征将杂草从土壤背景中分割出来。也就是说，可以利用色彩特征识别行间杂草。

在作物行的行内，则难以仅仅依靠色彩特征区别杂草和作物，因为它们往往都是绿色的。识别行内杂草还要借助空间分布特征、多光谱特征、形状、纹理特征等。如何利用这些特征？还有哪些新的特征有待挖掘？等等问题直接影响行内杂草识别率。显然，识别行内杂草要比识别行间杂草复杂得多，识别行内杂草是精确除草的难点。近年来，欧洲、美国等已经开始了这方面的研究工作。

美国爱荷华州立大学利用立体摄像头提取景物深度信息，通过图像分割、骨架化等8个基本步骤，在实验室环境识别出玉米植株中心[7]。瑞典Halmstad大学利用甜菜植株空间分布特征识别田间杂草，识别率约50%。印度和丹麦合作研究了基于主动形状匹配技术的杂草识别方法[8]。西班牙与美国合作研究了基于GPS的条播作物行内自动除草系统[9]。美国还研究了基于激光束检测玉米植株的行内机械除草机[10]。

在国内，中国农业大学研究了玉米苗期杂草光谱识别方法；华中农业大学、西北农林科技大学研究了玉米和杂草图像识别方法[11,12]；浙江大学应用多光谱数字图像识别豆苗与杂草；江苏大学基于颜色特征研究了棉田杂草识别方法，利用苗期棉花茎秆呈暗红色的特点获得棉苗识别率达74%；中国农业机械化科学研究院研究了基于多特征的田间杂草识别方法，并提出利用纹理特征识别作物行内杂草。这些研究拉开了中国农田杂草识别和精确施药的序幕。另外，中国农业大学、吉林大学、江苏大学、华南农业大学研究了行内机械除草或者锄草装置[13-15]。相对来说，国内对行内杂草识别研究还很少。而识别行内杂草是实现精确除草的前提，识别行内杂草是一个难度大，却不可回避的问题。

就国内外研究现状来看，到目前为止，没有一个独立或者综合的方法能彻底解决杂草识别问题，距离商业化应用要求尚有较大差距。实际应用中会有许多新的问题需要解决。例如，农田自然光线的变化会降低色彩特征方法的识别率。田间高低不平，以及种植机械自身的性能局限，使得作物行的行间距以及行内植株的株间距或多或少地存在差异。这样，降低了基于植株空间分布特征的杂草识别率。杂草和作物的光谱特征随着其生长时期和含水率的变化而变化。而且，许多杂草和作物的光谱特征相似。

所以，仅仅依赖光谱特征也不能十分有效地区别杂草和作物。对杂草形态、纹理特征的分析需要清晰度较高的图像。随风飘动的杂草，以及相互重叠的杂草都给形态、纹理分析增加了难度。而且，杂草种类数不胜数，即使是常见的杂草也有数百种。建立杂草形态特征库的工作量很大，也降低了动态识别杂草的实时性。

国内外研究都注意到自然光线强度变化会导致色彩分量的变化，进而降低基于色彩特征的农田杂草识别率。美国和瑞典等利用罩子遮挡自然光线，在人造光源下拍摄图像识别杂草。这种方法会增加除草设备的复杂性，增加能量消耗。国内外都有人采取这样那样的措施减少光线强度变化对图像分割的影响，但是，相关措施或研究都不够系统、不够全面、不够深入，缺乏针对性，尚没有实质性地解决农田自然光线变化对杂草识别影响的问题。

这诸多不确定性使得将杂草和作物加以区别成为实施精确除草的瓶颈。这种瓶颈表现在：①杂草识别率低；②识别算法复杂，实时性差；③受自然环境因素影响大。

另外，无论是识别行间杂草还是行内杂草，都是采用摄像机拍摄地面图像（图像中包含杂草和背景）。由于农田地面的高低不平，架设在喷雾机或机器人上的摄像机必然在抖动。如果停车拍摄，摄像头静止，图像质量提高了，但是，喷雾机或机器人前进的平均速度明显降低了，除草的工作效率也下降了。也就是说，杂草识别的可靠性与除草效率是一对矛盾。

在前面众多的精确除草概念中，如果是定点化学除草，就是先识别杂草，然后将喷头对准杂草目标施药。如果是机械除草，就是先识别杂草，然后将除草的机械工具伸过去铲除杂草。但是从前面的分析中可以看出，识别杂草（尤其是行内杂草）是不容易的。

鉴于杂草种类繁多，而特定作物数量有限（如玉米、大豆、棉花等），南京林业大学探索了与众不同的方案。对于行内杂草，不是直接去识别杂草，而是改作识别作物。在杂草和作物同时存在的作物行内，作物之外的绿色目标就是杂草。所以，在作物的行内，识别出作物就等价于识别出杂草。识别出作物就可以为后续的精确除草提供依据。对于行间杂草，该方案不做图像处理、不识别杂草而又能实现精确除草。采用直接施药方法就可以实现对所有的行间杂草施药，没有杂草的地方则不施药。由于不需要图像处理，所以成本将大为降低、除草速度将大为提高。

7.2　行间杂草识别

作物/杂草与土壤的背景颜色存在明显差异，作物/杂草呈现为绿色，而土壤通常为黄褐色，因此可以通过分析图像中颜色特征参数对图像背景进行分割。在行间杂草识别研究中，通常利用某些颜色因子增强图像中的绿色植物区域（前景部分），抑制需要去除的土壤等背景信息（背景部分），继而对图像进行绿色植物和土壤背景的分割。

7.2.1　特征提取

在 RGB 空间中，最常用的颜色特征分量为超绿特征（excessive green，$E \cdot G = 2G - R - B$）和标准差特征 $[NDI = (G - R) / (G + R)]$ 等。而在 HSI 空间，色度分量（Hue）应

用较多。Woebbecke 等比较分析了 $(r-g)$、$(g-b)$、$(g-b)/|r-g|$ 和 $2G-R-B$ 等颜色特征分量，发现超绿特征 $(2G-R-B)$ 用于绿色植物背景图像分割最为有效[16]。相阿荣等研究发现，将图像从 RGB 空间转换到 HSI 空间，并利用色调分量 (H) 可有效地从土壤背景中识别出杂草[17]。

（1）超绿特征分量（$2G-R-B$）

由于作物/杂草颜色为绿色，所以在作物/杂草图像中对于植物区域每个像素点，其在 RGB 三维颜色空间中 3 个分量的像素值，G 分量的像素值总是大于 R 分量和 B 分量的像素值。超绿特征分量就是利用此特征，增加 G 分量的比例，从而在图像中突出植物区域。具体公式如式（7-1）。

$$ExG(x, y) = 2G(x, y) - R(x, y) - B(x, y) \tag{7-1}$$

式中：$R(x, y)$、$G(x, y)$、$B(x, y)$ 分别为坐标点 (x, y) 处 R、G、B 3 个分量的灰度值。

（2）标准差特征分量（NDI）

Pérez 等人[18]采用标准差特征分量（NDI）对植物图像进行灰度化操作，通过对图像中每个像素点的 G 分量值减去 R 分量值，从而得到红绿色差，然后将红绿色差值除以 G 值和 R 值之和。经过此操作后，图像中每个像素点值为 $-1 \sim 1$；为显示图片，像素值应在 $0 \sim 255$ 区间内，因此需要将灰度化之后的像素值转换到 $0 \sim 255$ 内。具体公式如式（7-2）所示。

$$NDI(x, y) = \left(\frac{G(x, y) - R(x, y)}{G(x, y) + R(x, y)} + 1 \right) \times 128 \tag{7-2}$$

式中：$R(x, y)$、$G(x, y)$ 分别为坐标点 (x, y) 处 R、G 两个分量的灰度值。

（3）HSI 色调分量（H）

HSI 色彩空间是从人的视觉系统出发，用色调（hue）、色饱和度（saturation 或 chroma）和亮度（intensity 或 brightness）来描述色彩。其中色调代表颜色的基本属性，由于植物与土壤属于不同颜色范畴，因而可以根据色调这一颜色特征进行图像的背景分割。

7.2.2 特征参数分析

彩图 13 所示为 $2 \sim 3$ 叶苗期玉米彩色图像分别利用超绿特征分量、标准差特征分量和 HSI 空间色度分量进行灰度化的处理结果。从上述 3 个颜色特征分量图中可以看出，作物/杂草的灰度值明显高于土壤背景，较好地突出了作物/杂草区域。

比较这 3 个颜色特征分量可以发现，超绿特征分量识别植物的效果最为突出，土壤背景几乎被完全分割出来，且像素值都接近零。标准差特征分量和 HSI 空间色调分量虽然也能分离出植物区域和土壤背景，但噪声比较多，图像中覆盖着与植物区域灰度值相当的噪声像素点，影响后续的阈值分割。因此，采用超绿特征分量结合二值化分割最易于实现植物与土壤的分离。

另外，在自然环境下，采集的田间图像很容易受到光照变化、叶片遮挡阴影以及天气情况的影响，对于 RGB 颜色空间，这些因素的变化会对颜色分量值产生较大的影响。为提高图像处理算法的鲁棒性，可对 RGB 颜色空间进行归一化处理[19]。为进一步提高超绿特征因子图像背景分割的效果，减少灰度化图像噪声点数目。将超绿特征做下述修正：当 $g < r$ 或 $g < b$ 时，$E \cdot G = 0$，否则 $E \cdot G = 2g - r - b$，具体如式 (7-3) 和式 (7-4) 所示。

$$ExG = \begin{cases} 0 & if(g < r \parallel g < b) \\ 2g - r - b & Otherwise \end{cases} \tag{7-3}$$

$$r = \frac{R}{R + G + B} \qquad g = \frac{G}{R + G + B} \qquad b = \frac{B}{R + G + B} \tag{7-4}$$

式中：r，g，b 为归一化之后的 R，G，B 颜色分量值，其取值范围为 0 ～ 1。

彩图 14 所示为 $2g - r - b$ 与修正的 $2g - r - b$ 灰度化效果对比。从图中可以看出，修正后的 $2g - r - b$ 灰度图中背景的超绿特征分布更集中[20]，分割后噪点少，且作物/杂草与土壤背景的对比度较高，有利于后续的自动阈值分割。

7.2.3 图像分割与目标识别

图像分割就是把图像分成若干个特定的、具有独特性质的区域并提出感兴趣目标的技术和过程。阈值分割算法在区域分割算法中具有代表性。由于阈值处理的直观性和易于实现的特点，阈值分割总能用封闭且连通的边界定义互不重叠的区域，所以，阈值分割算法成为图像分割中应用最为广泛的一种方法[21]。

最常用的阈值分割方法是对图像进行区域直接检测，通过一个或者多个阈值将灰度图像的整个灰度范围分成两段或者多段，灰度值属于同一级别的像素将被归类为性质相同的区域，最终实现目标的识别。

阈值分割的基本原理为：首先在图像灰度取值范围内按照一定准则选择一个灰度值 T 作为阈值，由这个阈值将图像分成两个部分，将高于这一阈值的像素归为一类；低于这一阈值的像素归为另一类。分别记输入和输出图像为 $f(i, j)$ 和 $F(i, j)$，则使用一个阈值的分割算法，即单阈值分割算法如式 (7-5) 所示：

$$F(i, j) = \begin{cases} 1, & f(x, y) \geq T \\ 0, & f(x, y) < T \end{cases} \tag{7-5}$$

标记为 1 的像素对应于目标(前景)区域，标记为 0 的区域为背景区域。由此产生的图像称为二值图像。

根据阈值产生方式的不同，阈值分割法可分为定阈值法和动态阈值法。定阈值法最为简单快速，即指定某一灰度值为阈值，对所要处理的图像进行逐像素扫描并与该定阈值进行比较，将像素标记为前景或背景。动态阈值分割法，也称为自适应阈值法，是根据各种阈值计算算法针对不同图像通过算法搜索适合图像的最佳分割阈值。常用的计算动态阈值算法有迭代阈值分割算法和 Otsu 动态阈值分割算法。

(1) 迭代法动态阈值分割

迭代法是基于灰度值的统计分布，通过逐次迭代来寻求最佳分割阈值。迭代算法等同于数学上的逐步逼近，是一种不断用变量的旧值递推新值的过程。每一幅待分割的图像都存在一个最佳阈值，也就是选取阈值的理想值，设为 T。首先根据某种规则得到图像的一个阈值 T_0，然后不断地修正 T_0 直到它无限趋近于 T。

图 7-1 所示为作物/杂草灰度图像迭代法阈值分割图(二值图)。

图7-1　迭代法阈值分割

(a) $2g-r-b$ 灰度图　　(b)二值图像

（2）Otsu 动态阈值分割

Otsu 动态阈值分割法又称最大类间方差法，通过求分割后两区域的最大方差来获取最佳分割阈值。Otsu 动态阈值法的设计思想是，假设图像中目标和背景的灰度分布具有一定的可分性，将图像中的所有像素分为目标和背景两类。从统计意义上讲，方差是表征数据分布不平衡性的统计量，类间方差小，表明属于同一类别的目标具有一致性；类间方差大，表明属于不同类别的目标具有不相似性。因此，选取使两类的类间达到最大方差比时的像素灰度值作为阈值，这个阈值确定的方法即为 Otsu 法[22]。

图7-2 所示为作物/杂草灰度图像 Otsu 动态阈值分割图(二值图)。

图7-2　Otsu 阈值分割

(a) $2g-r-b$ 灰度图　　(b) 二值图像

从图7-1 和图7-2 可以看出，Otsu 动态阈值分割方法与迭代法阈值分割效果相当，但通过大量图片实验发现，Otsu 动态阈值法进行二值化的图像基本保持了植物区域的面积形状和轮廓，相比较迭代法阈值分割，其稳定性及鲁棒性更好，成功率高且速度快。因此，对于杂草识别选用 Otsu 动态阈值法为自动阈值分割算法。

7.2.4　图像后处理与去噪

彩色图像在拍摄过程中，由于曝光的不均匀、图像采集设备本身固有的噪声以及阈值分割的不完全等因素的影响，二值化后的图像会产生噪点，这些噪点随机的分布在图像的背景区域，这些噪点会影响后续的图像处理，因此需要通过滤波的方式进行去除。常用的噪声滤波方法有中值滤波法和面积滤波算法等。

（1）中值滤波处理

中值滤波是一种局部平滑技术，属于非线性滤波。由于其在实际运算过程中并不需要图像的统计特性，所以使用比较方便。中值滤波方法是将每一个像素点的灰度值设置为该点某邻域窗口内的所有像素点灰度值的中值。其滤除噪声是基于下述思想：噪声信号通常是以孤立的形式出现的，噪声较少的情况下，这些点对应的像素也就较少，而图像则是由像素点较多，由面积较大的面积块构成的。中值滤波既能有效地衰减噪声，又能使得边缘少受影响。因此中值滤波法对消除椒盐噪音非常有效，在图像处理技术中，常用来保护边缘信息，是经典的平滑噪声的方法。

利用中值滤波进行作物/杂草二值图像去噪处理的效果如图7-3所示。

(a)　　　　　　　　　　　　　　　　(b)

图7-3　中值滤波去噪处理

（a）二值图像　（b）中值滤波图像

（2）面积滤波算法

由于图像背景中存在与超绿特征相似的干扰物，其在二值图像中形成离散小区域。根据试验发现该小区域面积一般小于20像素。所以，只要去除面积小于20像素的对象，就可以消除非植物区域的干扰点块，从而起到二值图像去噪滤波效果。

采用面积滤波算法滤除噪声区，具体步骤为：采用八邻域标记算法进行连通区域标记。计算各个连通区域的面积值，若面积值小于预设阈值（面积阈值由试验得到），那么从标记的区域中滤除该区域。保存滤波后的标记植物区域及其二值化图像。图7-4所示为面积滤波算法去除噪声处理效果。

(a)　　　　　　　　　　　　　　　　(b)

图7-4　面积滤波去噪处理

（a）二值图像　（b）面积滤波图像

对比图 7-3(b)和图 7-4(b)可以看出，面积滤波算法成功滤除了所有噪声点，滤波之后的二值图像叶片形状完整，细节特征清晰。而中值滤波图像未能滤除全部噪声点，对于面积相对较大的噪声点，中值滤波后，该噪声点仍然存在。且经过中值滤波处理后图像的细节特征和叶片轮廓略有变化，不利于后续的处理。因此，研究中选用面积滤波算法去除二值图像中的噪声信息。图 7-5 为行间杂草识别流程图，包括图像采集、图像灰度化、阈值分割和图像去噪等处理步骤。

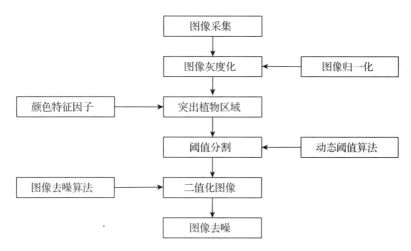

图 7-5　作物/杂草图像背景分割流程图

7.3　行内杂草识别

在作物行间，只有杂草是绿色的，所以可以利用颜色特征将杂草从土壤背景中分离出来。也就是说，可以利用颜色特征识别行间杂草。在作物行的行内，则难以仅仅依靠颜色特征区别杂草和作物，因为它们往往都是绿色的。南京林业大学构建了行内杂草识别系统，利用双目立体视觉系统获取作物与杂草的高度信息。并建立横向像素直方图，分析植株空间分布特征。综合高度与空间分布特征识别出作物进而识别出行内杂草。

7.3.1　识别系统组成

行内杂草识别系统主要由双目摄像机、IEEE 1394 采集卡、计算机和图像处理软件组成。如图 7-6 所示，双目摄像机距离地面 600mm，镜头与地面保持平行。拍摄对象为机械种植，按行排列的 2~3 叶期苗期玉米作物和杂草。为提高图像处理速度，作物/杂草图像保存为 24 位 BMP 格式，像素大小为 320×240。

双目摄像机采用的是加拿大 PointGrey 公司（Point Grey Research, Inc, Vancouver, British Columbia, Canada）生产的 Bumblebee 2 立体视觉系统（BB2-08S2C-38）。Bumblebee 2 双目摄像机为 IEEE 1394 接口，输出为彩色图像，分辨率最高为 1024×768 像素，最低为 160×120 像素。CCD 尺寸为 1/3 英寸，像元大小为 4.65um×4.65um。基线长度为 12mm。镜头焦距为 3.8mm，视场角为 66 度。

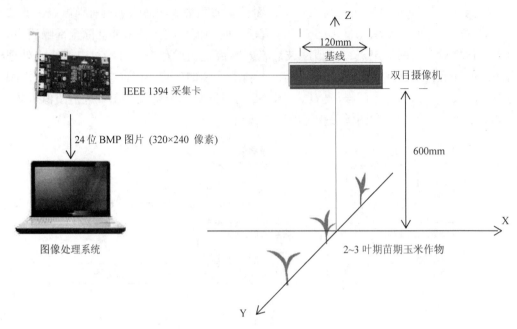

图 7-6 双目立体视觉系统示意图[23]

Bumblebee 2 双目摄像机对镜头畸变和偏移进行了预标定，且该摄像机的精度保持系统降低了设备由于机械碰撞以及振动导致失去精度的概率。因此，在后续使用中无需再对摄像机进行标定处理。

试验系统中用于立体视觉图像采集和图像处理算法运行的计算机处理器为 Intel (R) Core(TM)2 Duo T6600@2.20GHz，内存为 2G。计算机和双目摄像机之间通过 IEEE 1394 采集卡传输图像数据。IEEE 1394 高速数字通信系统去除了在模拟摄像头中的传输噪声，提高了整个系统的性能。

7.3.2 行内杂草识别算法

鉴于杂草种类繁多，而特定作物数量有限（如玉米、大豆、棉花等），本系统对于行内杂草，不是直接去识别杂草，而是改作识别作物。在杂草和作物同时存在的作物行内，作物之外的绿色目标就是杂草。所以，在作物的行内，识别出作物就等价于识别出杂草。识别出作物就可以为后续的精确除草提供依据。

本系统基于双目视觉获取植株的高度信息、基于色彩特征分割绿色目标与土壤背景以减小立体匹配运算量、基于横向像素直方图并参考理论株距，从而最终识别出作物植株。首先利用双目立体视觉技术获取作物和杂草的高度信息，通过高度特征将高度较低的杂草与作物目标进行分割，分割后图像中只包含作物和少量高度较高的行内杂草，对于此较高的杂草则继而利用横向像素直方图分析其空间分布特征进一步识别，以提高行内杂草识别率[24]。具体流程如图 7-7 所示。

①建立双目视觉系统，左右摄像机垂直地面分别采集农田彩色图像，图像中包含一行农作物（玉米），以及杂草和土壤背景。

②将绿色目标（作物与杂草）与土壤进行分割。利用超绿色分割算法，彩色图像转

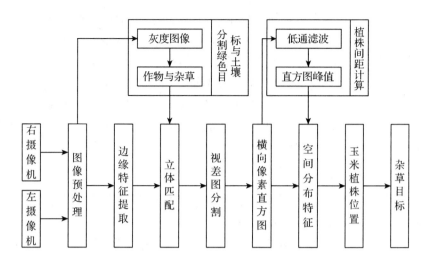

图 7-7　行内作物植株/杂草识别流程

化为灰度图像，再转化为二值图像。

　　③植株高度信息获取。采用下列主要步骤：摄像机预标定；边缘特征提取；立体匹配；获取视差图等。

　　为了减少匹配计算工作量，提高实时性，立体匹配时将利用第②步骤的结果，在立体匹配中就可以简化匹配运算。这将大大减少立体匹配运算量，实时性将得到显著改善。

　　④通过植株高度信息分析，可以获得一幅灰度图像，各像素灰度值表示其高度（深度）信息。植株以及杂草为黑色，背景为白色。

　　⑤沿着图像宽度方向（作物行的方向）计算横向像素直方图，并形成拟合曲线。由于作物空间位置分布的规律性，使得对应作物的峰值呈现出周期性。但是，这一周期性又被噪声信号（杂草）所干扰，甚至淹没。

　　⑥作物植株目标的匹配。滤波后的信号曲线中，杂草的峰值与作物植株的峰值同时存在，需要进一步进行信号处理。根据作物的空间位置分布特征，将理论株距和信号曲线中的峰值进行匹配，判断出作物植株对应的峰值位置。该峰值位置就是作物植株的位置，这样就从图像中识别出植株。

7.3.3　试验结果与讨论

（1）图像预处理与边缘特征提取

　　图像预处理包括作物/杂草的背景分割与二值化处理。根据前文所述，基于绿色颜色特征，对左、右彩色图像分别二值化处理。最后通过 Canny 算子提取绿色目标的边缘特征，作为下一步立体匹配的匹配基元。图像预处理与边缘特征提取效果如彩图 15 所示。

（2）行内杂草区域设定

　　由于本系统的研究对象是行内杂草，因此对图像中的行内杂草区域进行设定，立体视觉和空间分布特征分析则只应用于行内杂草区域。

如彩图 16 所示，行内杂草是指生长在一个作物行内的杂草，也就是与作物同在一行的杂草。根据观察，2～3 叶苗期玉米行的宽度一般小于 50mm，因此将作物行上下 50mm 与图像左右边界形成的矩形框称为行内杂草区域，处于此矩形框之内的杂草称为行内杂草，处于矩形框之外的则定义为行间杂草。由于除草机器人在导航系统下沿着作物行线行驶，因此拍摄的作物行通常处于图像的中心，故而将图像横向中心线近似为作物的行线，将图像横向中心线上下 ±50mm 设为行内杂草区域，行内杂草区域的宽度即为 100mm，长度则为一帧图像的长度。

（3）区域立体匹配及视差图分割

确定行内杂草区域之后，将非行内杂草区域的绿色目标去除，只保留行内杂草区域内的作物和杂草。对处于行内杂草区域的作物和杂草进行区分和识别，如图 7-8(a)、(b)所示为行内杂草区域设定示意图，红色矩形框代表行内杂草区域，其宽度为 100mm，高度为 240mm。

之后对边缘立体图像中的行内杂草区域进行立体匹配。将边缘特征作为匹配基元，以左右图像边缘点为特征点来完成立体图像对的匹配，由匹配得到的视差来实现边缘深度的恢复。在立体匹配过程中，同样按照 7.3.2 节提出的杂草识别匹配策略，即视差计算只针对边缘像素点，而忽略掉与摄像机距离已知的土壤部分，继而通过线性像素插值运算，获取绿色植物区域的视差图像。另外，立体匹配搜索从 dmin（49 像素，600mm）开始，在视差范围内沿着极线（水平行线）顺序搜索，直至到最大视差点 dmax（65 像素，450mm）停止。

图 7-8(c)所示为经过插值运算之后的行内杂草区域立体匹配视差图。视差图像中各像素灰度值表示其高度（深度）信息。从图中可以看出，视差图去除了非行内杂草区域，只包含行内杂草区域的植物目标视差信息。

将视差灰度图像的各像素灰度值与预定高度的灰度阈值相比较后进行二值化处理，得到小于灰度阈值像素为黑色、大于灰度阈值像素为白色的截留二值图像。由于除草时期玉米植株高度大于 50mm，所以可通过高度阈值将灰度图像变化成二值图像。高度在 50mm 以上植株以及杂草为白色，其余为黑色。图 7-8(d)为高度阈值分割后的二值图像，图中只剩下玉米作物和高度值大于 50mm 行内杂草。高度较低的行内杂草，通过立体视觉高度特征成功地进行了识别和分割，对于高度较高的行内杂草，可根据植株的空间分布特征进行分析和区分，以进一步提高行内杂草识别的识别率。

（4）植株空间分布特征分析

本系统的研究对象为机械播种按行种植的条播作物，作物与作物之间的间距（株距）相对固定，因此可以利用植物的株距信息实现行内杂草的识别。在图像中，计算植物之间距离，处于理论株距位置处的植物为玉米作物，而处于理论株距位置之外的则认为是杂草。具体为建立横向像素直方图，则直方图的峰值位置即为绿色植物的位置，继而计算绿色植物之间的距离并与理论株距进行匹配，最终实现作物和杂草的区分。

在上述截留二值图像中，沿着图像宽度方向（作物行的方向）扫描，计算横向像素直方图，并形成相应的拟合曲线。在二值图像中，白色像素对应于原来的绿色像素。在拟合曲线上，峰值对应着原来绿色像素多的部位（作物或杂草）。由于作物空间位置

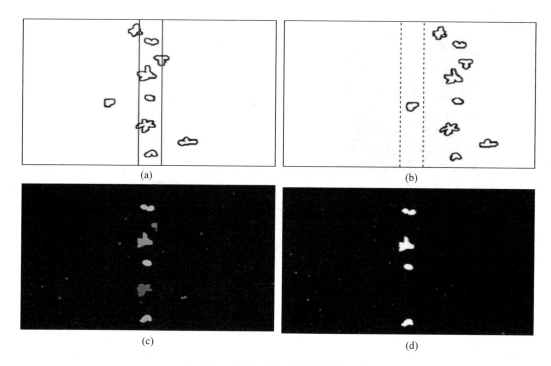

图7-8 区域立体匹配及视差图分割

(a)行内杂草区域-左视图 (b)行内杂草区域-右视图 (c)区域视差图 (d)视差分割图

分布的规律性，使得对应作物的峰值呈现出周期性。

彩图17所示为横向直方图示意图，按照从左到右的顺序纵向统计白色像素点的总数，得到每一列植物像素总数，从而得到绿色植物像素分布的直方图。对于行内杂草区域，作物和杂草的位置在直方图上表现为峰值的位置。并且直方图拟合曲线中每个波形左右的边界距离即为植物的宽度值。由峰值位置和此宽度值即可确定植物在图像中所占的区域。

如彩图18所示，机械播种的玉米植株的株距一般为250mm。假设图像中第一个植物为玉米作物（可以通过调节除草机器人的起始位置实现），则通过建立横向像素直方图，根据峰值位置获取图像中所有绿色植物（作物/杂草）的中心位置。得到植物中心位置之后，即可计算后续植物与第一个玉米植株间的距离（将第一个玉米植株标记为参考作物），并将此距离（图中 D_1 , D_2 ）与理论株距（ $D = 250\text{mm}$ ）进行对比，若距离等于250mm，则判定此植物为玉米作物；反之，则认为杂草。由于机械播种的误差，田间作物的实际株距与理论株距会存在一定的偏差，因此本研究设置了植株间距误差阈值为 $\pm 25\text{mm}$ ，即在进行植株间距匹配时，判断植物与参考作物的距离是否等于理论株距 $D \pm 25\text{mm}$ 。若相等，则认为此植物为玉米作物，随即将识别出来的此玉米作物标记为新的参考作物，继续计算此玉米作物与后续绿色植物的间距（图中 D_3 , D_4 ）并与理论株距 $D \pm 25\text{mm}$ 进行比较。

（5）空间分布特征识别作物

图7-9所示为利用空间特征识别行内杂草。图7-9（a）为视差分割图，即通过对边缘立体图像行内杂草区域进行立体匹配获取视差图，并基于高度特征对视差图进行分

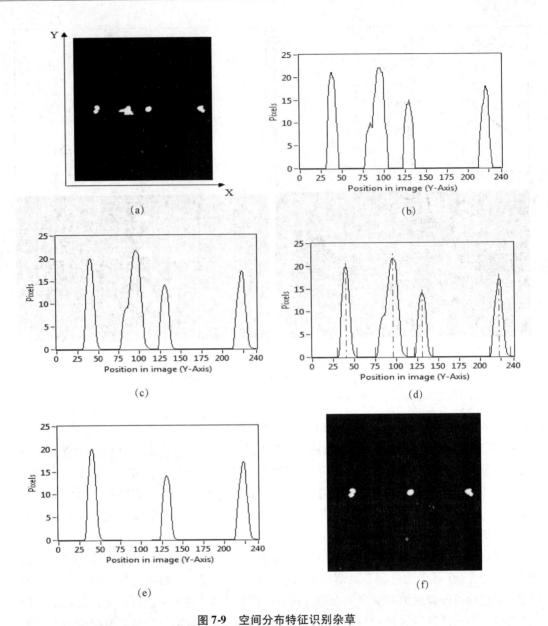

图7-9 空间分布特征识别杂草

(a)行内杂草区域视差分割图 (b)横向像素直方图 (c)低通滤波 (d)峰值提取及植物区域确定

(e)株距匹配确定作物区域 (f)玉米作物识别图

割。图像中白色像素点为高度大于50mm的绿色植物目标，从图中可以看出，高度大于50mm的绿色植物既有玉米作物，也包含高度较高的行内杂草，无法通过高度特征进行区分，因此对其空间分布特征进行分析，根据其株距并结合理论株距对杂草进行识别。

图7-9(b)所示为横向像素直方图，沿着图7-9(a)所示的 X 轴方向(作物行的方向)扫描，计算横向像素直方图，并形成相应的拟合曲线。拟合曲线中的峰值位置对应着绿色植物区域的中心位置，而拟合曲线的宽度值(即拟合曲线的左右边界之间的距离)则代表相对应植物区域的宽度。由于作物空间位置分布的规律性，使得对应作物的峰值呈现出周期性。从图中可以看到，3 个玉米植株之间的距离大致相等。杂草则处于前

两个玉米植株之间，对作物分布的周期性产生干扰。

图 7-9(c)所示为经过低通滤波后的横向像素直方图(拟合曲线)。从图中可以看出，经过低通滤波之后的拟合曲线更为光整平滑。非常有利于后续的植株间距计算。

图 7-9(d)所示为峰值提取及植物区域的确定。图中的红色点划线代表提取出的植物峰值位置，此位置也代表绿色植物的中心位置，单个拟合曲线左右标注的蓝色线则代表植物区域的宽度。由峰值位置和拟合曲线边界即可确定单个植物在图像中所占的区域范围。

图 7-9(e)所示为经过株距匹配之后识别出的玉米作物对应的像素直方图(拟合曲线)，通过将计算的植物株间距离与理论株距进行对比，确定作物峰值位置。从图中可以看出，经过株距匹配之后，像素直方图中只剩下作物区域的拟合曲线，株距与理论株距不等的植物区域被认为是杂草并去除。在实际情况中，可能会遇到缺株的情况，若在进行株距匹配的过程中，发现在理论株距位置处没有绿色植物，则判定为缺株情况，此时将理论株距处设定为参考作物，后续的株距计算则为植物中心位置与参考作物的距离。

图 7-9(f)所示为根据空间分布特征分割之后的图像，图中的白色像素点区域为图像中的玉米作物，行内杂草则被去除。通过植株空间分布特征识别出了高度较高的行内杂草。

7.4 讨论

农田除草机器人研究在国内外受到广泛关注，其中欧洲(丹麦、荷兰、德国、瑞士等)和美国的研究较为领先，并且在一定的场合获得了应用。除草机器人研究的难点在于行内杂草识别。目前通常采用光电技术、机器视觉技术等识别杂草。

本章小结

杂草识别是智能除草的前提，目前研究主要针对条播作物或者行距、株距有规律的作物。如何区别杂草与作物是识别的难点，也是制约相关研究推广应用的技术瓶颈。本章给出了基于双目立体视觉进行杂草识别的研究，将特征信息由二维扩展到三维。当然也可以采用其他方法获取三维信息，或者基于光谱、形态等特征研究杂草识别。智能除草对减少甚至消除药害起关键作用，随着算法实时性的提高和硬件成本的降低，随着农机与农艺的结合，除草机器人有望在近年走向农业生产。

参考文献

[1] HONG Y J, TIAN L, TONY G. Plant Specific Direct Chemical Application Field Robot [C]. 2009 ASABE Annual International Meeting.

[2] ZHANG Y, STAAB E S, SLAUGHTER D C. Precision Automated Weed Control Using Hyperspectral Vision Identification and Heated Oil[C]. 2009 ASABE Annual International Meeting.

[3] BAKKER T. 2010. Systematic Design of an Autonomous Platform for Robotic Weeding[J]. Journal of Terramechanics, 47(2): 63 – 73.

[4] VAN D W, BLEEKER P, ACHTEN V. 2008. Innovation in mechanical weed control in crop rows[J]. Weed Research, 48(3), 215-224.

[5] TERUAKI M, TAKAHIRO K, TOSHIKI K. 2008. Verification of a Weeding Robot "AIG-AMO-ROBOT" for Paddy Fields[J]. Robotics and Mechatronics, 20(2): 228-229.

[6] 郭伟斌, 陈勇, 侯学贵. 2009. 除草机器人机械臂的逆向求解与控制[J]. 农业工程学报, 25(4): 108-112.

[7] JIN J, TANG L. 2009. Corn Plant Sensing Using Real-Time Stereo Vision[J]. Journal of Field Robotics, 26(6): 591-608.

[8] KISHORE C S, MICHAEI N. 2011. Weed identification using an automated active shape matching (AASM) technique[J]. Biosystems engineering, 110(4): 450-457.

[9] PEREZ-RUIZ M, SLAUGHTER D C, GLIEVER C J. 2012. Automatic GPS-based intra-row weed knife control system for transplanted row crops[J]. Computers and Electronics in Agriculture, 80: 41-49.

[10] CORDILL D, TONY G. 2011. Design and testing of an intra-row mechanical weeding machine for corn[J]. Biosystems engineering, 110(3): 247-252.

[11] 吴兰兰, 刘剑英, 文友先. 2009. 基于分形维数的玉米和杂草图像识别[J]. 农业机械学报, 40(3): 176-179.

[12] 唐晶磊, 何东健. 2011. 基于SVM的可见/近红外光的玉米和杂草的多类识别[J]. 红外与毫米波学报, 30(2): 97-103.

[13] 韩豹. 2011. 东北垄作株间机械除草关键部件研究与整机设计[D]. 吉林: 吉林大学.

[14] 张春龙, 黄小龙, 耿长兴. 2011. 智能锄草机器人系统设计与仿真[J]. 农业机械学报, 42(7): 196-199.

[15] 张朋举, 张纹, 陈树人. 2010. 八爪式株间机械除草装置虚拟设计与运动仿真[J]. 农业机械学报, 41(4): 56-59.

[16] WOEBBECKE D M, MEYER G E, BARGEN K V. 1995. Color indices for weed identification under various soil, residue, and lighting conditions[J]. Transactions of the ASABE, 38(1): 259-269.

[17] 相阿荣, 王一鸣. 2000. 利用色度法识别杂草和土壤背景物[J]. 中国农业大学学报, 5(4): 98-100.

[18] PéREZ A J, F LóPEZ J V BENLLOCH. 2000. Colour and shape analysis techniques for weed detection in cereal fields[J]. Computers and Electronics in Agriculture, 25(3): 197-212.

[19] GEE C, J BOSSU G J. 2008. Crop/weed discrimination in perspective agronomic images[J]. Computers and Electronics in Agriculture, 60(1): 49-59.

[20] 龙满生, 何东健. 2007. 玉米苗期杂草的计算机识别技术研究[J]. 农业工程学报, 23(7): 139-144.

[21] 孙燮华. 2010. 数字图像处理——原理与算法[M]. 北京: 机械工业出版社.

[22] 朱虹. 2011. 数字图像技术与应用[M]. 北京: 机械工业出版社.

[23] CHEN Y, JIN X J, TANG L. 2013. Intra-row weed recognition using plant spacing information in stereo images[C]. ASABE Annual International Meeting.

[24] 金小俊.2012.基于双目立体视觉的除草机器人行内杂草识别方法研究[D].南京：南京林业大学.

思考题

1. 行间杂草识别可以采用什么方法？其主要算法思路是什么？
2. 行内杂草识别可以采用什么方法？其主要算法思路是什么？
3. 国内外在农田杂草识别方面的研究有哪些最近的进展？

推荐阅读书目

1. 数字图像处理(第三版).(美)冈萨雷斯,(美)伍兹著,阮秋琦译.电子工业出版社,2011.

2. 数字图像处理(第三版).何东健.西安电子科技大学出版社,2015.

第**8**章

茶叶智能采摘与分选

[本章提要]　首先介绍了基于机器视觉与模式识别方法的名优绿茶新梢嫩芽识别算法，给出了分割新梢与背景的色彩因子，以及完整的算法流程。重点介绍了基于光栅投影三维测量方法进行茶蓬三维重建和新梢高度参数测量的算法。试验显示，相关算法能够初步实现新梢智能化识别。提出了有利于提高工作效率的高度自适应仿形采茶机研究思路。

其次，介绍了基于彩色线阵 CCD 的大宗茶茶叶色选识别系统设计与实现，该系统通过彩色线阵 CCD 相机采集图像，利用中值滤波算法去除图像中的噪声，采用改进的阈值分割算法二值化处理图像，运用形态学处理算法腐蚀和膨胀图像，最后通过连通域分析并提取识别图像几何特征参数识别确定结果，有效增强了色选系统对复杂颜色茶叶的识别能力。同时采用 FPGA 作为分选算法的处理元件，实现了基于彩色线阵 CCD 技术的茶叶色选算法，提高了色选精度与效率。

茶叶生产各环节中，采摘的劳动力成本最高。茶叶分春茶、夏茶与秋茶，其中春茶最具经济价值。目前大宗茶已经实现机械化采摘，而名优绿茶因其对鲜叶的独特要求只能进行人工采摘。名优绿茶采摘难成为茶产业急需解决的问题。茶树新梢智能识别研究近年刚刚开始，尚处于探索阶段。另外，在大宗茶采摘后的加工过程中，茶叶分选已经实现了机械化、智能化。通常基于颜色、形态、尺寸等特征识别出茶梗、枯叶等，并利用高压气流剔除。

8.1　名优绿茶采摘研究背景

制作名优绿茶对鲜叶有较高要求，通常为单芽、一芽一叶，或一芽二叶，而且要求叶片完整。现有的采茶机都是基于切割式原理工作，具有很高的采摘效率，但是对茶树新梢没有选择性，而且芽叶破碎率高，只能用于制作大宗茶。为了制作名优绿茶，国内外都依赖人工采摘。随着农村劳动力日趋短缺，采茶"人工荒"现象经常出现。

以龙井茶为例，通常制作 1kg 特级龙井茶，需要采摘 7 万~8 万个细嫩芽叶，其采摘标准是完整的一芽一叶，芽长于叶、芽叶全长约 1.5cm[1]。而一个熟练的采茶工，一天采摘的嫩梢(嫩芽)只有 1kg 左右。可以看出，手工采茶是一项劳动密集型的工作，劳动强度大(弯腰曲背)、效率低、成本高。

与咖啡种植业类似，茶叶种植中，人工费用占据较大成本比例。采摘茶叶的劳动力成本占据了茶叶生产总劳动力成本的 70% 左右。近年来，随着劳动力成本的提高，名优茶采摘难问题日渐突出，而且日趋严重，已成为制约名优茶可持续发展的现实问题。

为了解决名优茶采摘难问题，国内外均开展了机械化采摘相关研究。杨福增等人以室内白色背景下的单株茶叶枝条为研究对象，开展了嫩芽形状、边缘检测与目标识别研究[2,3]。汪建在 HSI 空间研究了结合颜色和区域生长的茶叶图像分割算法[4,5]。该研究中，数码相机拍摄图像的角度需要精心选取，尚不能直接用于茶园现场实时识别与采摘。浙江大学骆耀平、张兰兰等人研究了名优茶机采分级技术[6]，并研究了茶树新梢节间与展叶角度生长变化及对名优茶机采的影响[7]。贵州大学古千里、李长虹等人研究了便携式水平旋转式采茶机和滚切式采茶机用于采摘优质茶青。所研究的采茶机需要人工手持，人为选择新梢，并做后期分选[8]。中国农业科学院茶叶研究所主持完成的浙江省重点科技专项重点项目"名优绿茶机械化采摘加工技术及设备研制"课题研究出一种名优茶机采方法：由熟练的机采工人使用双人采茶机或单人采茶机，在符合名优茶机采要求的茶园中采下鲜叶。该方法对新梢的选择性主要依靠茶树栽培、修剪、采茶机操作技巧，以及后期的分选等环节，而不是在茶园现场直接有选择性地采摘一芽一叶或者一芽二叶。

国外对成品茶叶外形、嫩度、观赏性等要求不高，所以对有选择性地新梢采摘机械研究较少。斯里兰卡 R. P. P. Krishantha 研究了有选择性采摘新梢的便携式机械[9]，但是，这种机械主要作用是减少采茶工的劳动强度，对新梢的选择还是依赖人的识别判断。这种机械仍然属于手工工具，缺少智能性，不能代替人工劳动。日本虽然是机械化采茶实现程度较高的国家，但是，他们研制的采茶机主要是针对大宗茶。他们曾经提出一种塑料薄膜网采法尝试选择性采茶，但是该方法最大的问题是覆盖网的孔径大小难以确定，要么容易出现漏采，要么难以实现净采，因此也未能获得推广。

8.2 名优绿茶新梢识别系统组成与图像获取

为了解决名优绿茶机采问题，茶园正在尝试先采摘后分选的方法：精心修剪、培育茶蓬，由熟练的采茶工利用单人或双人采茶机采集茶蓬顶部新梢，再利用机械振动筛进行后期分选。该方法效率高，但是叶片破损率高。南京林业大学机械电子工程学院探索了一种分选和采摘同时进行的智能化采摘方法，并研发了对茶树新梢能够实现有选择性采摘的并联采茶机器人[10,11]。该方法的核心技术之一就是复杂自然环境中茶树新梢的实时识别。

如图 8-1 所示，并联采茶机器人系统包括主动机器视觉(由摄像机、投影机、主控计算机等构成)、并联采摘机器人(由驱动臂、执行臂、采摘末端执行器、控制器等构成)，以及鲜叶收集装置等。基于 VC++ 和 OpenCV 自行开发了图像采集与处理软件。

整个采茶机器人系统首先停止在茶垄上方，当主控计算机、摄像机和投影机构成的视觉系统识别出新梢，并将新梢位置参数发送给并联机器人控制器。机器人控制器再驱动机械臂及末端执行器采摘新梢。采摘下来的新梢，再通过负压软管收集到容器

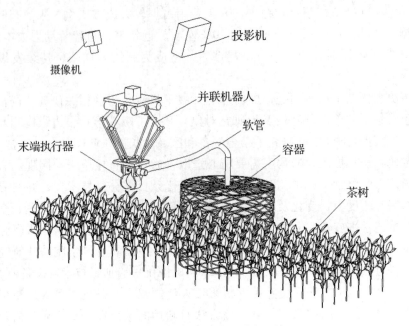

投影机

摄像机

并联机器人

软管

容器

末端执行器

茶树

茶树

图 8-1　并联采茶机器人系统

中。一个区域内的新梢被采摘后，整个机器人系统沿着茶垄移动到下一个位置，再完成新梢识别与采摘动作。如此循环，间隙行驶。

8.3　名优绿茶新梢在茶蓬平面中位置识别

机采茶园，茶蓬通常修剪为平面或者弧面。为了方便，现以平面茶蓬为研究对象进行介绍。为了实现有选择性地采茶，需要为采摘执行器提供新梢嫩芽的空间位置，包括在茶蓬水平面的 x、y 坐标，以及距离茶蓬平面的高度位置，即 z 坐标。本研究中，利用茶蓬正上方 CCD 彩色摄像机采集茶蓬表面图像，基于新梢与背景的颜色差异，通过数字图像处理识别出新梢嫩芽。研究中发现，可以在多种颜色空间提取色彩分量或色彩因子识别新梢嫩芽。相关色彩分量或色彩因子包括：CMY 空间的 $y-c$，$y-m$，$(y-c)/(y+c)$，以及 $(y-m)/(y+m)$；YUV 空间的 U 分量；HSI 空间的 S 分量[12]。CMY 空间的 c、m 分量；LAB 空间的 B 分量；YIQ 空间的 Q 分量；$i1i2i3$ 空间的 $i3$ 分量；ARgYb 空间的 Yb 分量[13]。RGB 空间的 R-B、YIQ 空间的 I、Lab 空间的 b、HSI 空间的 S 以及 YCrCb 空间的 Cb[14]

图 8-2（另见彩图 19）显示了其中一种算法流程。

通过本方法，就可以获取新梢嫩芽在茶蓬平面中的 x、y 坐标位置。

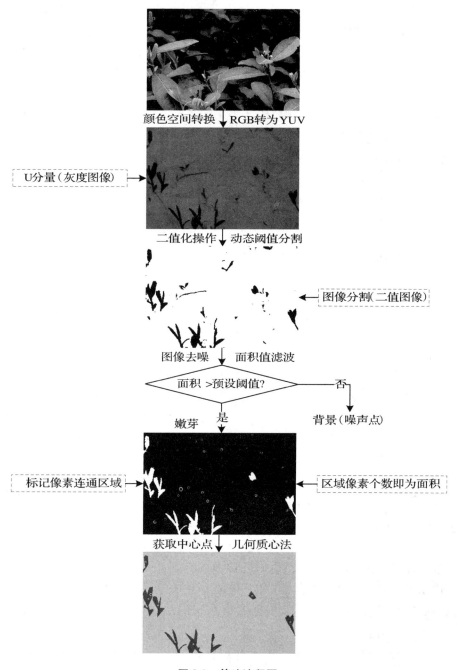

图8-2　算法流程图

8.4　名优绿茶新梢高度参数测量

茶蓬表面由茶树枝叶构成，形状不规则的枝叶构成表面不连续的茶蓬。茶蓬表面各点的高度测量是一个复杂的问题，超声波、红外测距等方法都不适用。为了能够一次性获取茶蓬表面各点的高度参数，南京林业大学机械电子工程学院采用了光栅投影三维测量方法。光栅投影法[15,16]是近年来迅速发展起来的一种主动式光学测量技术，以其测量精度高、速度快、对环境要求低等优点成为主动式视觉的主要技术。该技术以交叉光轴投影系统为基础，将周期调制的光栅场投射在被测物体的表面，由 CCD 获取变形的光栅条纹图像，再由条纹图像解调出相位信息。根据测量系统的光路结构找出相位偏移量与表面高度的关系，即可解出物点的三维坐标。

与其他结构光方法不同，光栅投影法投影的是一个在空间中呈现周期分布的光栅场，在测量中以相位来描述光栅场的空间分布，并在条纹图像中求出相位来得到点的三维坐标。由于相位在空间中是连续分布的，所以光栅投影法可以通过一次投影直接测量整个幅面，这是相位方法的一个突出优点。

研究中，利用光栅投影法获取茶蓬表面各点的高度参数，其中包含了新梢在茶蓬中的高度参数，即 z 坐标。

8.4.1　测量原理

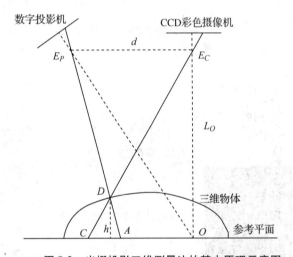

图 8-3　光栅投影三维测量法的基本原理示意图

光栅投影三维测量法的基本原理是将周期性光栅（通常是正弦光栅）投射到物体上，用摄像机采集物体上的变形栅线图。然后对该变形栅线图应用相位恢复算法恢复出相位，并通过与参考面上的相位比较求取差值，得到的相位差分布承载着物体表面的三维信息，从而实现三维测量的目的。

图 8-3 是光栅投影三维测量的基本光路原理图，CCD 摄像机的成像光轴垂直于参考平面，并与数字投影机的光轴相交于参考平面的 O 点。数字投影机投射光栅条纹到物体上，然后通过 CCD 摄像机采集经过物体调制后的光栅条纹信息。由图可见参考平面的 A 点与三维物体的 D 点成像于 CCD 摄像机感光平面上同一点，其前后的相位差值为 ϕ_{AC}。又根据测量系统的结构可以计算出物点的高度分布满足：

$$h = \frac{AC(L_0/d)}{1 + AC/d} \tag{8-1}$$

式中：L_0、d 分别为 CCD 摄像机与参考面以及 CCD 摄像机与数字投影机间的距离。

根据系统结构参数，可以计算参考平面上光场的相位分布和平面坐标之间的关系，即可得到 ϕ_{AC} 与 AC 之间的映射。这样便可得到被测物体的高度分布 h 与调制相位 ϕ_{AC} 的关系，进而得到物体的三维信息。

8.4.2　高度测量和新梢三维重建

8.4.2.1　相位获取

光栅投影轮廓术中通常采用相移法提取相位场的分布。其实现过程可以概括为两步：第一步是通过相移法公式获得条纹图的相位场主值；第二步是将主值相位场恢复为全场完整的绝对相位，称为解相位。具体过程如图 8-4 所示[17]。

通过移动投影光栅，使光栅条纹图像的相位场移动，得到 4 幅条纹图像，每幅图像可表示为

$$I_i(x, y) = I_b(x, y) + I_m(x, y)\cos[\varphi(x, y) + \delta_i] \tag{8-2}$$

式中：$I_i(x, y)$ 为第 i 幅相移灰度图；$I_b(x, y)$ 为条纹图背景值；$I_m(x, y)$ 为调制强度函数；$\varphi(x, y)$ 为待求相位场；$\delta_i = 2\pi i/4$ 为第 i 幅图的相移值。

利用式(8-3)处理条纹图像，并对式(8-3)求反正切，可得相位场主值 $\varphi(x, y)$。必须指出的是，此时得到是锯齿形的相位场主值，值域位于 $[-\pi, \pi]$ 区间，还要利用式(8-4)解相位，才能得到完整的绝对相位 θ_d。

$$\tan\varphi(x, y) = \frac{I_3(x, y) - I_1(x, y)}{I_0(x, y) - I_2(x, y)} \tag{8-3}$$

$$\theta_d(x, y) = \varphi(x, y) + 2k(x, y)\pi \tag{8-4}$$

式中：$k(x, y)$ 为整数，在物理意义上，$k(x, y)$ 标志 (x, y) 点所处的光栅条纹的周期次数，或者说是第几条条纹。

采用上述相同相移法，将光栅投影到参考面上，求出参考面的绝对相位 $\theta_r(x, y)$，则点 (x, y) 在参考面和物点的相位差为

$$\Delta\varphi(x, y) = \theta_d(x, y) - \theta_r(x, y) \tag{8-5}$$

物点的高度信息就包含在对应的相位差值中。

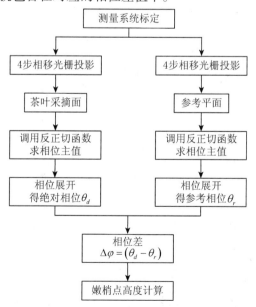

图 8-4　光栅投影轮廓术流程图

8.4.2.2 嫩梢高度的获取

传统的光栅投影高度计算方法是根据图 8-3 中的相似三角形关系和相位 – 坐标关系，由物点相位场导出物点高度，如式(8-6)。

$$h(x, y) = \frac{L_0 \Delta\varphi(x, y)}{\Delta\varphi(x, y) + \frac{2\pi d}{\lambda_0}} \tag{8-6}$$

式中：$h(x, y)$ 为物点高度；λ_0 为光栅节距；L_0 为 CCD 光心到参考面距离；d 为投影光心与 CCD 光心的距离。

但在实际的轮廓术系统中，被测物体表面高度越高，测量点和参考面之间的距离越大，离焦现象越明显。此外，测量系统中使用的投影系统和成像系统不可避免地存在像差和畸变，所以使用式(8-6)计算所得高度必然有较大误差。本系统采用式(8-7)来处理相位和高度之间的非线性关系：

$$\frac{1}{h(x, y)} = a + b\frac{1}{\Delta\varphi(x, y)} + c\left[\frac{1}{\Delta\varphi(x, y)}\right]^2 \tag{8-7}$$

式中：a、b 和 c 是系统参数，由系统标定得到。需要说明的是，对于不同的像素点，相应的系统参数是不同的，但在本系统中，a、b 和 c 取的是平均值，而大量的试验结果表明式(8-6)的计算结果完全能够满足采茶机需要。

8.4.2.3 噪声抑制

基于光栅投影的相位法对于物体表面的反射率的变化不敏感，具有较高的测量精度，容易实现自动测量。然而，自然环境下的茶叶植株，茶蓬表面并不连续。对于这种高度突变且复杂的物体，在物体高度突变、不连续的部分，存在解相错误点，从而出现较大噪声，影响高度的计算。可以采取以下 3 种方式去除：

① 采用调制度 M 作为可靠点判断机制，如式(8-8)。一般可取 $M = 2$，小于 2 的像素点即为无效点。

$$M = \frac{1}{2}\sqrt{\left(\sum_{i=0}^{3} I_i \sin\frac{2\pi i}{4}\right)^2 + \left(\sum_{i=0}^{3} I_i \cos\frac{2\pi i}{4}\right)^2} \tag{8-8}$$

② 利用相邻点的相位关系去除部分误差点。沿相位值增长方向的像素点必须满足以下要求：

$$-\frac{\pi}{2} < \theta(x, y) - \theta(x-1, y) < 2\pi \tag{8-9}$$

③ 还可以采用面积滤波算法对高度场进行处理，平滑噪声点。

8.5 名优绿茶采茶应用实例

首先使用人造草皮作为测量对象，如彩图 20 所示。将光栅条纹漫射其上，并用 CCD 彩色摄像机获取图像。由式(8-7)计算其高度，得到彩图 21 所示的三维形貌图像。由彩图 21 可以看出其三维形貌十分完整，完全能够再现人造草皮的实物形状。由此说明，该视觉定位系统能够用于对茶蓬表面三维形貌的描绘。

为了验证此系统高度测量的精度，在人造草皮上定点植入了一些已知高度点，如彩图22所示，其投影后的三维形貌如彩图23所示。最终，10个目标点的实际高度与测量高度结果最大误差为1mm，测量结果完全能够满足茶叶采摘的精度要求。

本视觉系统已经在国家"十二五"科技支撑计划项目"农田作业机器人关键技术与装备研发（2011BAD20B07）"以及江苏省科技支撑计划项目"智能化采茶技术及关键设备研究开发（BE2011345）"两个项目中应用，并在茶园进行了采摘试验，效果良好，基本能够实现新梢嫩芽自动采摘。图8-5和图8-6分别是第一代样机在茶园的现场试验照片，以及其三维测量系统室内照片。

名优绿茶的机采是目前茶产业最为关注的课题之一。本研究探索基于机器视觉方法，有选择性采摘茶树新梢，并在原理上获得基本成功。后续研究中，将提高识别与采摘的速度，以及对茶园现场复杂自然环境和不同茶叶品种的适应性。茶树新梢智能化识别与采摘的难度远远大于水果识别与采摘。新梢与老叶同属叶片，只是同一枝条的不同部分，有些甚至只是在萌发时间上相差几天而已，属性极其相近。

图8-5 茶园现场试验

图8-6 三维测量实验系统

目前，在中国农业科学院科技创新工程项目资助下，南京林业大学和南京农业机械化研究所正在合作研制一种茶蓬高度自适应的采茶机，适用于新梢嫩芽密布的茶蓬，效率会更高。

8.6 大宗茶茶叶分选需求

用采茶机采摘的茶叶中会带有很多的茶梗，破碎茶叶以及杂物。在茶叶生产加工的过程中，拣梗去杂成了一项很费时费力的工序，以前主要依赖于人工手动筛选茶叶与茶梗，这种方法劳动强度大、效率低，不仅耗费巨大的人力和财力，而且难以适应大规模工厂化的生产需要，严重制约了茶产业的发展。虽然现在也有很多茶厂采用了一些机械设备来去梗,但是对于一些高档的茶叶来说,茶叶鲜嫩易碎,茶梗和茶叶的外形相近,对拣梗机的性能要求非常苛刻。像阶梯式拣梗机、静电拣梗机等老旧的设备,对这样的茶叶使用效果都不理想。为了改变这种现象,提高生产效率,提升茶叶产品质量,就需要在茶叶生产的过程中引入色选技术。

色选技术[18,19]是指利用光电信号传感器获取待选物料表面的光学特性,通过处理器分析物料表面的颜色信息判断物料的优劣,再利用执行机构将劣质的物料和杂质从好的物料中剔除的技术,它是集光学、电子、机械于一体的高科技综合技术。以农产品中的茶叶为例,通过色选机的色选,可以去除茶梗、枯叶,带有病斑瑕疵茶叶以及其他杂物,提高茶叶质量。色选技术代替以前的手工和老旧机械对茶叶进行分级,降低了人为因素对茶叶质量的影响,提高了茶叶生产的效率和质量,在人工费用越来越昂贵的今天,采用自动化设备也可以大大降低茶厂的生产费用。

在技术上,第一代色选机选用硅光电池作为光感元件。穿过原料射入硅光电池的管线发生变化时,硅光电池会产生微弱的电信号脉冲,信号经过调理电路放大调理后,进入高速 A/D 转换器,由微控制器采集数据并根据信号强度分辨原料质量的优劣,控制电磁喷射阀将劣质原料吹出,实现原料的优劣区分。随着色选机的进一步广泛应用,硅光电池已无法满足各种原料光信号的采集的需求,色选机研究工作者[20-26]选用高速彩色线阵 CCD 相机完成对原料颜色、纹理、形状等特征信息的采集,其产生的电信号再经处理后由 FPGA 或微控制器根据相关识别算法判别,将优劣物料区分开来。

8.7 茶叶分选识别系统组成

茶叶分选识别系统主要由喂料系统、光学检测系统、分选系统、人机界面系统和电控系统五部分构成[25,26],是集光学、机械技术、电子学、气动技术为一体的综合技术产物。

8.7.1 喂料系统

喂料系统由进料斗、电磁振动喂料器和滑槽等组成。喂料系统的作用是为后续光电检测和分选系统提供流量稳定的物料保障。待分选的茶物料由进料斗进入电磁振动喂料器后,该系统通过振动和导向机构使物料自动排列成一列列连续的线状细束,再通过滑槽加速后以基本恒定的速度坠落至色选机的光电检测区域,以保证每个物料颗粒都能精确地呈现在光学检测系统内。

此外,喂料系统还必须具有控制和调节物料流量的功能,因为如果喂料系统的给料流量过大,滑槽内物料层过厚,会影响 CCD 相机对每个物料颗粒信号的正常捕捉,从而降低色选的精度;如果流量太小,又会影响色选机的产量,即影响经济效益。物料流量的控制则可以通过调节电磁振动喂料器的振幅而改变。

8.7.2 光学检测系统

光学检测系统是茶叶色选机的核心部分,主要由光源、背景板、线阵 CCD 相机和有关辅助装置组成。光源为被测物料和背景板提供均匀稳定的照明;线阵 CCD 相机将检测区内被测物料的反射光转化为电信号；背景板则为电控系统提供基准信号，其反光特性应与合格品的反光特性基本等效，而与剔除物差异较大。

8.7.3 分选系统

分选系统由优质品槽、一次品槽、二次品槽、高速喷气阀、空气压缩机、空气过滤净化器及相关附件组成。其中，每个高速喷气阀对应连接一个喷嘴构成一路色选通道，并成阵列状排列。一台色选机一般标配有200多个喷嘴，口径仅为3~5mm。喷嘴由高速电磁阀控制，高速电磁阀的工作频率越高，分选的效率就越高。喷嘴越接近物料，喷射就越精确，带出比(带出比：物料经分选后，其剔除物中的非正常物料数量与带出的正品物料数量之比)就越小。

分选系统的主要作用是将光学检测系统发现的次品从物料中气动剔除，它由电控系统控制。控制的关键点在于物料颗粒从检测点到分选剔除点的下落时间要与光学检测系统的信号发出到分选系统启动高速喷气阀的延迟时间相匹配。

8.7.4 人机界面系统

人机界面系统是用户与茶叶分选系统之间建立联系、交换信息的媒介和对话窗口，是茶叶分选系统的重要组成部分。人机界面系统不仅需要负责显示整机的各项实时数据和当前运行状态，同时还需要将用户对整机参数、状态的更改操做迅速反应给后续模块，让对应模块立即对用户操作进行执行工作。

此部分一般选用彩色触摸屏。因为采用触摸屏不仅可以直观地显示出机器的工作状态并完成参数设置，而且图形文字界面的形式能降低用户的操作难度，方便用户对色选机进行操作。选用串口触摸屏还可以降低系统的开发难度，缩短开发周期，便于开发出优美的交互界面，同时还能保证系统的稳定性。

8.7.5 电控系统

电控系统是茶叶色选机实现智能控制的关键，主要由信号处理模块和主控制模块组成。电控系统除控制整机上述各个系统的协调动作外，其最重要的工作就是把来自光学检测系统的信号接收、处理、判断，再去启动分选系统的喷气阀，完成分选操作。现代的光电色选机都采用功能强大的微处理器替代传统的模拟电路，微处理器可储存不同产品的操作参数，并能在运行过程中随时自动地进行调整，使色选机保持最佳工作状态。

茶叶分选识别系统如彩图24所示，其利用高速线阵CCD相机获取茶物料的外观色泽信息，从而实现优质茶叶、枯叶和茶梗的区分，能解决使用常规方法，如筛分、风选等，所无法达到的物料分离效果。由于茶物料烘干后极易破碎，为在保证茶物料品相前提下，茶叶色选机选择双层阶梯式机械结构来提高色选精度。色选机内部有若干瀑布式滑槽(即若干色选通道)，滑槽出口处装有高亮、稳定的LED光源。正常工作前，要根据不良茶物料的比例和种类，设置色选模式和机器产量，当茶物料经由振动喂料系统摊铺松散后，均匀地通过滑槽以基本一致的下落速度进入光电检测区域，在背景板的映衬和荧光灯的照射下，优质茶叶、异色茶叶和茶梗便呈现出不同的色彩与形状信息。高速线阵 CCD 相机对这些光学信号进行捕捉并将该信号稍作处理后传输给信号处理系统，信号处理系统进行分析判断后，最终驱动电磁喷气阀喷出高压空气流将次品吹出，完成一次分选。通过上层分选的剩余茶物料落入下层滑槽再经过上述步骤，完成二次分选。

其中，一次分选过程主要剔除茶物料中包含的茶梗，二次则主要剔除一次分选漏选的茶梗和枯叶。最终，茶物料经色选，分离成优质茶叶、枯叶和茶梗，从不同的出料槽送出，由工人完成包装、再加工等后续工作。

8.8 基于几何特征分析的彩色茶叶色选识别算法

早期的茶叶色选机采用红色光源配合单色线阵 CCD 相机，对于颜色比较单一的普通绿茶够能取得比较理想的分选效果，然而对于铁观音、大红袍以及名优茶等颜色信息丰富、梗叶颜色区相近茶叶却无能为力。为了解决此类茶叶的分选问题，运用彩色线阵 CCD 相机结合几何特征提出了一种基于几何特征分析的彩色茶叶色选识别算法，如图 8-7 所示。

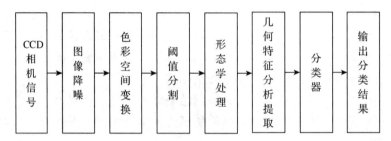

图 8-7　算法流程

8.8.1　图像降噪

彩色线阵 CCD 相机采集到的茶叶图像，因光照强度、传感器的温度等采集环境因素使得原始图像包含大量噪声，不利于茶叶识别，需要对原始图像进行降噪处理来获取高质量的数字图像，降噪处理在尽量保证完整的原始图像信息的同时，可以消除图像中噪声信息，便于后期图像几何特征的提取。算法采用中值滤波器作为图像的预处理滤波器。彩色图像包含 R 分量、G 分量、B 分量，首先对这 3 个分量分别进行滤波，然后再将 3 个分量合成为一张图片。

系统在排序窗口内的数据中确定中值，将中值和中心点做差，然后将差值与事先设定的阈值 T 进行比较，如果两值之差的大于等于阈值 T，则认为中心点数据是噪声，用中值代替原数据值；如果两值之差的绝对值小于阈值 T，则认为中心点数据是有效数据，保持不变。即：

$$g(x, y) = \begin{cases} g(x, y), & |g(x, y) - f(x, y)| < T \\ f(x, y), & |g(x, y) - f(x, y)| \geq T \end{cases} \tag{8-10}$$

式中：阈值 T 的值不同图像有不同的选择，根据试验选取相应阈值。阈值 T 的选取很关键，若阈值取值过大，噪声有可能不能有效去除；若阈值取值过小，仍会使得原始图像变模糊。由于噪声和周围像素相差较大，也和中值相差较大，因此阈值一般选取在几十左右。经过滤波处理之后的图像在除去噪声的同时会在更大程度上保留图像细节，增强图像清晰度，使之更接近于原图像。

8.8.2 色彩空间变换

原始数据的 RGB 空间并不适用于茶叶识别的需要，系统采用更适合于人眼识别的 HSI 色彩空间作为算法的基础。HSI 空间中的 I 分量，即亮度分量与图像的彩色信息无关，所以只需要考虑色调（hue）与色饱和度（saturation）两个分量进行图像信息的处理，在一些亮度变化的场合，采用 HSI 色彩空间能够有效降低光源光照对色选精度的影响。另外空间中的 H 分量和 S 分量表达颜色的方式与感知颜色的方式相似。转换后的各分量图像如彩图 25 所示。

8.8.3 图像分割

茶叶图像目标的比例很小，表面颜色信息很复杂，而且相机拍摄的过程中会带来很多的干扰和噪声，因此对茶叶图像的分割是十分复杂和困难的。

图像阈值分割是一种最常用，同时也是最简单实用的图像分割方法，经常用于实时系统中。它不仅可以极大地压缩数据量，而且也大大简化了分析和处理步骤，因此在很多情况下，是进行图像分析、特征提取与模式识别之前的必要的图像预处理过程。图像阈值化的目的是要按照灰度级，对像素集合进行一个划分，得到的每个子集形成一个与现实景物相对应的区域，各个区域内部具有一致的属性，而相邻区域布局有这种一致属性。这样的划分可以通过从灰度级出发选取一个或多个阈值来实现。

HSI 3 个分量采用直方图法阈值分割的效果图见彩图 26。

如彩图 26 所示，H 分量的阈值分割能识别红梗，但部分属于茶叶的像素也被误判，同时一些亮黄的茶梗没有被识别。S 分量的阈值分割将大部分的茶叶都识别出来，带有很少的属于亮黄梗的像素点。I 分量的阈值分割则能将亮黄梗识别，同时带有很少的茶叶像素点。单独地分量进行阈值分割并不能很理想地达到目的，因此，将 3 个分量的分割条件结合在一起进行阈值分割。茶梗的主要特征是发红、发黄或者是亮度很高，因此满足 H 分量茶梗条件或者 I 分量亮梗条件，并且不满足 S 分量茶叶条件的像素点将其认定为茶梗像素点。判断流程如图 8-8 所示。

如彩图 27 所示茶梗已经完全被分割出来，但仍有部分茶叶误识别为茶梗，须进一步后续处理。

8.8.4 形态学处理

为了更好地对茶叶图像进行分析识别，通过对图像的形态学处理，可以消除茶叶图像中的一些不符合条件的小区域，保留符合要求的图像区域。

开运算实际上是 A 先被 B 腐蚀，然后再被 B 膨胀的结果。开运算用来消除小对象、在纤细点处分离对象、平滑较大物体边界的同时，并不明显改变其面积。闭运算是开运算的对偶运算，A 先被 B 膨胀，再被 B 腐蚀。闭运算用来填充目标内细小的空洞、连接断开的临近目标、平滑其边界的同时并不明显改变其面积。

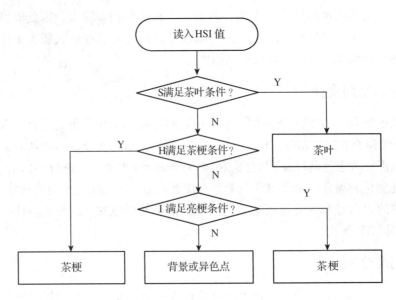

图8-8 阈值分割判断流程

算法采用开运算来对图像进行形态学处理。如图8-9所示为不同的结构元素下开运算的效果。

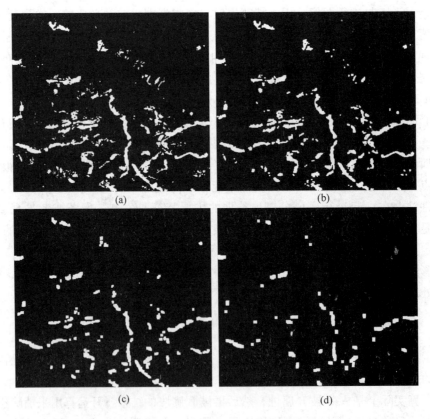

图8-9 不同结构元素开运算效果

(a)阈值分割后的图像 (b)结构元素大小为3×3 (c)结构元素大小为5×5
(d)结构元素大小为7×7

通过比较，本设计采用大小为 5×5 的结构元素对图像进行开运算操作，效果如图 8-9（c）所示。

8.8.5 几何特征提取

茶叶的几何特征参数是茶叶能够正确识别的重要保证。茶叶的面积、直径和周长描述了茶叶的大小；圆形度和紧凑度描述了茶叶的形状参数，这些参数为判别茶叶提供了依据。

（1）面积

面积 A 定义为图像的像素之和，即茶叶图像边界线内包含的所有像素个数是判别图像进行边界跟踪与提取后就可以计算面积参数。

（2）中心点

中心点 O 定义为茶叶的形心点，它的坐标根据所有属于茶叶边界内的点计算得出。计算公式为：

$$\bar{x} = \frac{1}{A} \sum_{(x,y) \in R} x \tag{8-11}$$

$$\bar{y} = \frac{1}{A} \sum_{(x,y) \in R} y \tag{8-12}$$

式中：R 为茶叶边界内的所有像素点，求得的点 $(\bar{x}, \bar{y})$ 就是茶叶的中心点。

（3）周长

周长 P 是指茶叶边界线的长度。周长是指茶叶边界像素点的距离，对于直线方向来说，是指沿着上、下、左、右 4 个方向以 1 个像素点递增，距离为 1。对于斜线方向来说，是沿着左上、右上、左下、右下 4 个方向，距离为 $\sqrt{2}$。

（4）圆形度

圆形度 R 是指茶叶边界形状接近圆的程度，由面积和周长计算得到，计算公式为

$$R = \frac{4\pi \times A}{P^2} \tag{8-13}$$

式中：A 为茶叶的面积；P 为茶叶的周长。

（5）长轴和短轴

长轴 L 定义为通过茶叶的形心点，且边缘两点之间的最长距离。

短轴 S 定义为通过茶叶的形心点，且与长轴垂直的两点之间的距离。

（6）直径

直径 D 是指与茶叶面积相等的圆的直径。计算公式为：

$$D = 2\sqrt{\frac{A}{\pi}} \tag{8-14}$$

式中：A 为茶叶的面积。

（7）紧凑度

紧凑度 C 是指茶叶直径与长轴之比，计算公式为：

$$C = \frac{D}{L} \tag{8-15}$$

式中：D 为茶叶的直径；L 为茶叶的长轴。

考虑到系统采用 FPGA 进行图像处理，系统对实时性有很高的要求，因此并不是所有的几何特征都可以作为本系统所需求的判断条件。通过大量观察可以发现，茶叶和茶梗之间的形状差异很大，茶叶大都是近似圆形、饱满的，而茶梗则大多是细长型的。因此可以通过判断茶叶与圆形的近似程度来判断是茶叶或者茶梗。而相机采集的茶叶图像大致可以分为两大类。如图 8-10 所示。

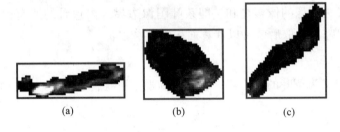

(a)　　　　　　　(b)　　　　　　　(c)

图 8-10　茶叶形状

(a)细茶梗　(b)茶叶　(c)粗茶梗

一类是如图 8-10(a)的"狭长型"，就是茶叶图像所占的横向与纵向比例差距很大，这类茶叶图像所代表的基本上都是茶梗。还有一类是如图 8-10(b)(c)的"矮胖型"，就是茶叶图像所占的横向与纵向比例差距很小，这类图像又要分两种情况来看，如果图像近似圆形，则为茶叶，如图 8-10(b)；如果图像与圆形差异较大，则为茶梗，如图 8-10(c)。这个可以通过茶叶的大小和茶叶所占横向与纵向的长度所围成的矩形面积的比例来计算。通过大量的试验对茶叶图像进行统计，结果如表 8-1 所示。

表 8-1　茶叶图像形状特征统计结果

横纵比（长/短）	面积比（茶叶/矩形）	茶叶种类
>1.8	/	茶梗
1~1.8	1~0.4	茶叶

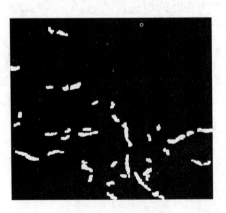

图 8-11　最终识别结果

如图 8-11 所示，经过几何特征提取与识别最终识别结果去除了与茶梗颜色相似的茶叶区域，降低了算法的误识别率。

8.9　大宗茶茶叶分选结果与讨论

系统采用加拿大 DALSA 公司的 Spyder3 系列的彩色线阵 CCD 相机，主控制器采用美国 Altera 公司的 Cyclone ® III 系列 FPGA 芯片 EP3C25E144I7N，取 0.5t 铁观音茶叶物料作为测试样本，前期通过手工分选统计含杂量约为 20%，经过反复测试，色选以后，茶叶中茶梗已经基本剔除干净，对于颜色信息相近的青梗和绿叶，通过对几何特征的判断得到有效的分选，在废料中，带出的茶叶也非常的少。对 0.5t 的样本进行分选耗时约 30min，产量可以达到 1t/h，选别率为 99%，带出比为 4∶1。目前所设计的彩色茶叶分选识别系统，已成功运用于四川、福建、贵州与湖北等茶叶主产区。

本章总结

解决名优绿茶鲜叶采摘难问题，目前有两种思路：其一是先利用大宗茶采摘机械采收名优绿茶，再进行后期机械化分选；其二是采用机器视觉与模式识别方法在采摘过程中识别新梢嫩芽。前者生产效率高，但鲜叶质量尚不能保证；后者先识别再采摘，有利于保证质量，但尚处于探索与试验阶段。基于光电技术的大宗茶分选技术已经趋于成熟，相关的产品已获得广泛地应用，具有较高的生产效率，逐步向名优茶分选发展。

参考文献

［1］陈宗懋，杨亚军. 2011. 中国茶经（2011 年修订版）［M］. 上海：上海文化出版社.

［2］杨福增，杨亮亮，田艳娜，等. 2009. 基于颜色和形状特征的茶叶嫩芽识别方法［J］. 农业机械学报，40（增刊）：119 – 123.

［3］刘志杰，田艳娜，杨亮亮，等. 2009. 重叠条件下茶叶嫩芽的自动检测方法［J］. 中国体视学与图像分析，14（2）：129 – 132.

［4］汪建. 2011. 结合颜色和区域生长的茶叶图像分割算法研究［J］. 茶叶科学，31（1）：72 – 77.

［5］WANG J, ZENG X Y, LIU J B. 2011. Three-Dimensional Modeling of Tea-Shoots Using Images and Models［J］. Sensors（11）：3803 – 3815.

［6］张兰兰，董迹芬，唐萌，等. 2012. 名优茶机采鲜叶分级技术研究［J］. 浙江大学学报（农业与生命科学版），38（5）：593 – 598.

［7］骆耀平，宋婷婷，文东华，等. 2009. 茶树新梢节间与展叶角度生长变化及对名优茶机采的影响［J］. 浙江大学学报（农业与生命科学版），35（4）：420 – 424.

［8］古千里. 2010. 便携式优质茶青采茶机械研究［D］. 贵阳：贵州大学.

［9］KRISHANTHA R P P. 2006. Design of Selective Tea Plucking Machine［D］. University of Moratuwa.

［10］韦佳佳. 2012. 名优茶机械化采摘中嫩芽识别方法的研究［D］. 南京：南京林业大学.

［11］高凤. 2012. 名优茶并联采摘机器人结构设计与仿真［D］. 南京：南京林业大学.

［12］JIN X J, CHEN Y. 2013. Tea Flushes Identification Based on Machine Vision for High-quality Tea at Harvest[J]. Applied Mechanics and Materials, 288: 214 –218.

[13] JIN X J, CHEN Y, ZHANG H. 2012. High-quality Tea Flushes Detection under Natural Conditions Using Computer Vision[J]. JDCTA: International Journal of Digital Content Technology and its Applications, 6(8): 600 – 606.

[14] 韦佳佳, 陈勇, 金小俊. 2012. 自然环境下茶树嫩梢识别方法研究[J]. 茶叶科学, 32(5): 377 –381.

[15] S MA, C QUAN, R ZHU. 2012. Investigation of phase error correction for digital sinusoidal phase-shifting fringe projection profilometry[J]. Optics and Lasers in Engineering, 50(8): 1107 – 1118.

[16] Da F P Hao H. 2012. A novel color fringe projection based Fourier transform 3D shape measurement method [J]. International Journal for Light and Electron Optics, 123 (24): 2233 – 2237.

[17] 车军. 2014. 基于光栅投影的三维测量技术研究与应用[D]. 南京: 南京林业大学.

[18] 权启爱. 2009. 茶叶色选机的工作原理及选用[J]. 中国茶叶(1): 28 –29.

[19] 丁勇, 廖万有. 2009. 茶叶色选机的技术特性与应用[J]. 茶叶, 35(1): 33 –36.

[20] 赵吉文, 高尚, 魏正翠, 等. 2011. 基于FPGA的西瓜子机器视觉检测系统设计与试验[J]. 农业机械学报, 42(8): 173 –177.

[21] 余淑华, 刘艳丽, 王世璞, 等. 2015. 基于FPGA的脱绒棉种色选机实现[J]. 农业机械学报, 46(8): 20 –26.

[22] ABBASGOLIPOUR, MAHDI, et al. 2010. Sorting Raisins by Machine Vision System [J]. Modern Applied Science, 4(2): 49 –60.

[23] HASSANKHANI, ROYA, POTATO. 2012. Sorting Based on Size and Color in Machine Vision Syste m[J]. Journal of Agricultural Science, 4(5): 235 –244.

[24] M ABBASGHOLIPOUR. 2011. Color image segmentation with genetic algorithm in a raisin sorting system based on machine vision in variable conditions [J]. Expert Systems with Applications, 38(4): 3671 –3678.

[25] 刘希. 2014. 基于彩色线阵CCD的茶叶分选控制系统设计[D]. 南京: 南京林业大学.

[26] 李明珠, 倪超, 张晓, 等. 2015. 基于彩色线阵CCD的茶叶分选识别算法研究 [J]. 中国农机化学报, 36(4): 124 –129.

思考题

1. 分析名优茶智能采摘的关键技术难点。
2. 探讨茶树新梢实时识别的方法。
3. 茶叶分选中采用 HSI 色彩空间的优缺点是什么?
4. 分选算法采用 FPGA 实现的难点与优势?

推荐阅读书目

1. 中国茶经(2011 年修订版). 2011. 陈宗懋, 杨亚军. 上海文化出版社.
2. 茶园作业机械化技术及装备研究. 2012. 肖宏儒, 权启爱. 中国农业科学技术出版社.
3. 基于 FPGA 的嵌入式图像处理系统设计. 2013. Donald G. Bailey. 电子工业出版社.

第9章

树形识别系统

[**本章提要**]　在林业精确对靶施药中，农药的施用量同树木的冠型有直接关系。本章基于机器视觉和人工智能设计了树形识别系统。在获取自然图像基础上，利用颜色、分形、小波等理论从复杂背景中分割出目标，分别提取表示树木冠型的树木分维特征和形状特征，建立基于 BP 神经网络的树形识别系统，实现树形的自动识别。

研究表明，在精确林业对靶施药中，农药的使用量同树木的冠型有直接关系。本章利用机器视觉、图像处理等技术，研究树木图像的分割方法，建立基于 BP 神经网络的树形自动识别系统，从而为农药的精确施用奠定基础。

9.1　背景与设计思路

9.1.1　背景

农药的使用代表了投入的费用，也造成环境污染问题。常规的施药方法，大部分农药没有能够发挥效用，流失非常严重，喷洒出去的农药只有极少部分能达到要防治的靶标上[1]。Metcalf 做过估算，从施药器械喷洒出去的农药只有 25% ~ 50% 能沉积在作物叶片上，不足 1% 的药剂能沉积在靶标害虫上，只有不足 0.03% 的药剂能起到杀虫作用。正因为存在农药使用技术等问题，加之人们在使用农药的过程中只重视其有利的一面，忽视有害的一面，滥用农药，这些有毒化学物质的大量使用不可避免地导致 "3R"（即残留 residue，害物再猖獗 resurgence 和害物的抗药性 resistance），甚至影响整个农林生态系统。另据 1987 年世界卫生组织和联合国环境规划署不完全统计，全世界每年发生 300 万起农药中毒事故。根据国际劳动组织 1994 年 "世界劳动报告" 中估计，每年农药中毒人数达 500 万，死亡人数 4 万，其中绝大多数（99%）发生在发展中国家[2]。

随着人们生活水平的提高及环保意识的增强，对农药的精确使用已经而且必将引起越来越多的关注。全国农业技术推广服务中心 2002 年 7 月 1 日发布农技植保［2002］31 号文《关于印发无公害农产品生产推荐农药品种和植保机械名单的通知》，要求各地加强技术指导和宣传培训，积极做好推广应用工作。

因此如何获得最佳施药效果和最少环境污染，研究具有国际水平的新技术来提升我国植保机械的技术水平，减少农药飘移和地面无效沉积，提高农药有效利用率，降低单位面积农药使用量，以满足人们日益提高的对生活质量的要求，是当前科研工作者面临的首要问题。

使喷洒的农药发挥最佳效能、大多数农药雾滴能喷到并且均匀牢固吸附在树木上是森林病虫害化学防治应当努力的目标。但目前在森林病虫害防治过程中，假定农药施用系统经过的区域没有个体区别，不管有无施药目标均采用均匀全面施药。而实际情况是树与树之间具有一定的株距，不同树种树冠形态也不同。冠型不同，喷药量也不同[3]。如果采用恒定速率施药，就会造成非靶标沉积而污染环境和浪费农药。

9.1.2　设计思路

通过探索研究自然光条件下的实时树木图像采集与处理，建立基于神经网络的树形识别系统，判断出是否有检测目标、目标的冠型种类，在此基础上发出信号以控制工作喷头，从而控制喷药量，达到精确施药的目的。从而为林木化学保护中精确使用农药和降低农药使用过程中的环境污染提供全新方法，为智能植保机械设计提供技术支持[4]。

9.2　树形识别系统组成与图像获取

9.2.1　树形识别系统组成

树木图像处理系统的硬件包括：主计算机、真彩色图像采集卡、彩色 CCD 摄像头和模拟树木图像采集试验台等。

按照各阶段完成任务的不同，如图 9-1 所示系统可分成三部分：实际树木或模拟树木图像采集部分（完成图像的实时采集，并将图像数据保存等待处理）、图像处理部分（对采集到的图像进行针对树木图像特点而设计的一系列处理）、结果输出和决策控制部分（输出图像识别结果，以控制植保机械喷头，实现可变量控制）。

用松下 CP450 型彩色 CCD 摄像头拍摄包含目标——树木的动态图像，用 Pinnacle 公司的 Micro Video DC30 型采集卡对图像实施采集，并将采集的树木动态图像送入计算机，经用 VC++ 编写的树木图像处理和识别软件进行处理，判断出树形的种类。输出树

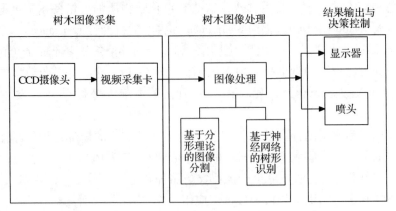

图 9-1　系统总体结构框图

形的一些分形特征和形状特征参数，通过树形识别系统，做出判断后将控制信号发出，以精确控制农药的施用。

对于静态图像的采集，本章采用数码相机直接进行拍摄，将采集到的图像直接送入计算机进行处理。其主要目的是为了测试本系统的可行性，当然也可直接输出结果。

9.2.2 图像获取及图像分析

在试验过程中，本章采集了大量的动态和静态图像，为了研究方便，从中选择两幅图像进行分析。

如彩图28(a)所示是一幅含有目标梧桐的树木图像。在该图像中含有大量的非目标物体，如不同形状、大小、颜色的建筑物，还有电线、人、天空等，它们的颜色、形状也与树木有较大不同。

图像中还含有与树木极为相似的植物，如在目标梧桐的旁边有非目标树的部分树叶，在树的下方有草坪等；它们的颜色和目标对象（即所研究的树木）相似，但形状和大小不同。

图像中有若干种颜色，如树、草坪的绿色，天空的蓝色，建筑物的灰色，照片中人穿的衣服的乳白色及橙色等。

如彩图28(b)所示，目标是前面的香樟，图像中香樟和后面的雪松全部重叠，而且非目标雪松、草坪的面积比目标香樟体积大很多，这两棵树的背景是一片树林和绿地，它们的颜色等特征与目标极为相似。

从上面分析可以看出，树木图像非常复杂，所包含的信息量非常大，其中的纹理特征种类也较多，只有将传统的颜色与其他特征相结合才能提高这类图像的分割精度，另外只有选择树木的一些典型特征，才能更有效地将目标从复杂背景中分离出来。

9.3 树木图像分割方法

自然图像包括天空、树木、房屋、山脉等，其中含有各种图像元素，如平滑表面、边缘和各种纹理特征等。为了有效识别自然图像，分割处理应尽可能减少不相关的区域，保留重要区域。

9.3.1 基于分形理论与颜色的树木图像分割

Pentland[5]通过对自然景物纹理图像的研究，证明了大多数自然物体的表面是空间各向异性的分形，这些表面所映射成的灰度图像强度分布场也具有分形特性。表面法向量的分形维数表征了物体表面的维数，这说明分形描述是恒定的，可以用分形特征进行自然景物的纹理分割[6]。

同一图像区域的灰度表面具有统计意义上的自相似性，但在图像区域的交界处不再具有这种自相似性，利用这种奇异可以进行边缘检测和图像分割。

本章尝试利用分形理论对树木图像进行分割，在边界追踪时采用基于知识的顺时针边界追踪算法（KCCFA）[7]，以获得比较理想的树形轮廓，为树木图像处理做有益的探索。

9.3.1.1 分形维数与颜色用于图像分割

(1) 分形维数

分形维数是对非光滑、非规则、破碎的等极其复杂的分形体进行定量刻画的重要参数，它表征分形体的复杂程度、粗糙程度，即分维越大，客体就越复杂、越粗糙；反之亦然。

本章用 Peleg 提出的 ε 覆盖(ε-blanket covering)[8]，即双毯方法计算树木图像灰度级表面的面积随分辨率变化而变化的趋势，来估测树木图像灰度表面的分形维数 D。分形表面面积表示为

$$A(\varepsilon) = F\varepsilon^{2-D} \tag{9-1}$$

式中：$A(\varepsilon)$ 为尺度为 ε 时树木图像灰度层表面积，用数学形态学中的腐蚀与膨胀运算可以得到 $A(\varepsilon)$[9]。用双对数坐标表示 $A(\varepsilon)$ 与 ε 的关系，再用直线拟合的方法求出树木图像的分形维数 D。

局部窗口估计的局部分形维数(local fractional dimension)随毯子的最大数目而改变，因为真正的双对数图不是线性曲线，因此决定适合于窗口的最佳毯子数就显得非常重要。

(2) 颜色

树木图像非常复杂，但绿色是其最典型特征，颜色特征的使用有利于分离非绿色植物。

通常情况下采集的自然光条件下的图像基于 RGB 色度空间，但 RGB 空间并不适合人的视觉特性，对目标物体的颜色模式描述复杂，各个分量之间冗余信息多、计算量大，而且采集图像时天气直接影响到图像的亮度，特别是树木的颜色随季节的变化而改变，这给识别增加难度。

从拍摄的树木图像中提取若干树木区点和非树木区点的 RGB 信息，然后将其转换成 HSI 格式，这样就避免了外在条件的变化对识别造成的影响。在 HSI 空间树木图像特征明显，易于进行边缘检测、分割和目标识别处理[10]。在此基础上，与树木图像的局部分维结合，以提高树木区分割的正确性、完整性[11]。

9.3.1.2 树木图像分割算法

(1) 区域增长

把树木图像的灰度局部变化强度特征、局部分维特征和边界边缘特征组合起来用于区域生长。

首先定义一个分割边界，它存在于两个实际像素之间。这就消除了一个边缘像素属于当前区域或者相邻区域的含糊性。如果在当前区域和相邻区域之间没有边界分割，则相邻的区域可以合并到当前区域。如果它们之间有边界分割，则此方向的区域生长即停止。

常规的区域边界生长算法在像素本身的位置保存边界信息。这时在边界的两侧有着不同的区域，然而判定这个边界本身的所属区域使得算法复杂化。因此本章把边界

信息存储在像素之间的边界上而不是像素的本身位置。另外，定义这个边界像素位于两个实际像素之间，它们之间的宽度很小。用这种边界像素保持边界信息，即边界边缘，就比较容易控制区域生长，而且算法比较简单。

（2）边缘检测

经过滤波和灰度直方图均衡化后的图像，要进行边缘检测才能得到图像的清晰轮廓。由于边缘是图像中灰度变化比较剧烈的地方，在灰度变化突变处进行微分，将产生高值，因此用灰度的导数来表示这种变化。考虑到各种算法的特点，结合黄信心等人[12]的经验，本章采用有一定噪声抑制能力的 Sobel 算子来检测边界边缘。

Sobel 梯度算子是先做加权平均，然后再微分。将表征码得到的输出绝对值存储在边界像素中，边界信息是先阈值处理后再通过边界 Sobel 算子得到。

（3）具体的分割算法

本章结合 S. Noviato 等人的研究成果对树木图像进行分割[13]。具体算法如下：

①树木图像的像素强度特征执行 Kernel 区域生长过程　刚开始产生的 Kernel 区域 R_0 包含一个像素，此时如果满足：

$$| g_{ave}(R_0) - g(i, j) | \leq T_{GR} \tag{9-2}$$

$$| g(p, q) - g(i, j) | \leq T_{GR} \tag{9-3}$$

邻近的 Kernel 区域的像素 $g(i, j)$ 就被合并进区域 R_0。其中 $g_{ave}(R_0)$ 是 kernel 区域 R_0 内的平均灰度值，$g(p, q)$ 是区域 R_0 内并且和 $g(i, j)$ 相邻的像素，T_{GR} 是预定的阈值。

②根据树木图像的局部分维和边界特征执行区域生长过程　此时如果满足：

$$| D_{ave}(R_0) - D(i, j) | \leq T_{FD} \tag{9-4}$$

并且在 Kernel 区域和它生长方向上的相邻像素 $g(i, j)$ 之间没有边界，一个相邻的像素被合并到一个 Kernel 区域。其中 $D_{ave}(R_0)$ 是 Kernel 区域 R_0 内的局部分维平均值，$D(i, j)$ 是相邻像素的局部分形维数，T_{FD} 是预定的阈值。

③根据树木图像的区域强度特征均值执行区域生长过程　如果满足：

$$| g_{ave}(R_k) - g_{ave}(R_m) | \leq T_{ME} \tag{9-5}$$

对于区域 R_k，在它的相邻区域中如果能找到和它的平均强度相差最小的区域 R_m，R_k 被合并到区域 R_m，从而实现区域的增长。其中 $g_{ave}(R_k)$、$g_{ave}(R_m)$ 分别是区域 R_k、R_m 的灰度平均值，T_{ME} 是阈值。

9.3.1.3　树木图像处理结果及分析

（1）试验参数

①滑窗大小的选取　如果滑窗过大，则影响运算速度和直线拟合精度；过小，则不能准确地反映图像的统计特性，本章窗的大小为：3×3。

②尺寸 ε 的取值范围　理论上分形具有尺寸不变性，在所有尺寸上均满足自相似性，但实际的自然场景仅在一小尺寸范围上呈分形特征，本章取值44。

③样本选取　本章样本均采集于江苏地区的行道树，其中有些经过修剪。在选择样本时，既考虑树形的不同种类，又考虑背景的典型性，即背景中具有不同的纹理特征，如颜色、形状、平面和边缘等。

样本中包括 6 种树形，即卵形、尖塔形、圆柱形、球形、平顶形、伞形，每种树形各取 2 ~ 3 幅图像进行图像分割{灰度级[0，255]、图像大小为 640 × 480}。

（2）试验结果与分析

分别基于颜色和基于颜色 + 分形维数对 6 种含有不同树形的 16 个样本图像进行分割，两种分割方法的分割成功率均较高，为 93. 8%，彩图 29 为基于分形的成功分割的一例，彩图 29(a)、(b)、(c)分别为树木原始图像、分形图和分割后的图像。从分割所需时间看，由于计算分形的计算量大，计算机所需分割时间要多于基于颜色的分割。通常情况下图像像素及背景都不同，分割图像需要的时间差异很大。

彩图 30 为一未完全成功分割的样本图像及基于两种方法（基于颜色、基于颜色和分形）分割后的图像，两种方法分割后树冠的轮廓都比较清晰，未出现不完整的现象。但均将树木右边的阴影部分当成了树木的一部分。仔细观察不难发现分割后阴影部分，第一种方法较第二种方法大，即误差较大。树形识别系统识别结果显示，基于颜色的分割不能识别出树形，基于颜色和分形维数的分割误差较小，能够识别出树形的种类。

彩图 31(a)样本同上述方法均未能成功分割，显然分割出的是草坪，不是目标。从原图像可以看出图中的绿色植物比较多，除了目标树木——松树外，它的旁边还有两棵香樟，更主要的是还有大面积的草坪。由于树木和草坪分形维数非常相似，分割后得到的是面积占优的草坪，而未得到所希望的树木，因此这两种方法对于植物较多、甚至彼此重叠的图像分割非常困难。

考虑到草坪、树木、人造物等彼此之间的形状上的极大差异，本章在原来分割的基础上加入了一些人类的先验知识如形状特征、矩形拟合因子、长宽比等[14]。再次对彩图 31(a)样本进行分割，得到本章要求的目标树木图像，如彩图 31(c)所示，这说明该方法是可行的。

9.3.1.4 结论

从上述分析可知，基于分形的树木图像分割方法精度较高，是一种非常有效的方法，但是由于采用了分形，计算量明显增加，因此识别的速度较慢，平均耗时比基于颜色的树木图像分割要多；另外，先验知识的加入有助于一些复杂图像的分割。

因此在实时处理时如果背景比较简单，可以用基于颜色的方法进行处理。如果背景比较复杂，选择基于分形的方法尽管影响实时处理速度，但能提高分割精度，有效提高分割成功率。

9.3.2 基于小波理论的树木图像分割

对于如彩图 30(a)、彩图 31(a)等背景复杂的图像样本，即使基于分形理论，分割也难以完成，或分割精度较低。本章基于小波理论对其分割方法进行探索[15]，以进一步提高树木图像分割精度，从而为精确对靶施药、智能化植保机械的设计乃至精确林业的发展提供技术支持。

9.3.2.1 树木图像小波变换系数特征提取

本章采用的特征提取方法是寻找最优小波包基[16]:

①从小波包基集合中选择最优小波包基;

②保留一些重要的特征,舍弃一些不重要的特征;

③用保留的特征来作为分割的特征。

选择最优小波包基的标准和重要特征的定义对于不同的问题有所不同。对于树木图像的分割,即将树木目标跟其他物体相区别,类似于分类,因此应该选择能够获得类间距离最大的基。

为了将原始图像在经过小波包变换后标识为最大间距的图像类,本章在图像类间定义一个判别测度。假设存在 L 类图像,p_1,p_2,$\cdots$,p_L,这里 p_i 表示第 i 类样本图像,定义判别测度 Z,它是 L 类中两类之间差值的平方和:

$$Z(p_1,p_2,\cdots,p_L) = \sum_{i=1}^{L-1} \sum_{j=i+1}^{L} (p_i - p_j)^2 \tag{9-6}$$

本章采用图像的小波包分解系数能量与图像能量之比作为判别测度 Z 的输入参数,小波包分解系数能量与图像能量之比描述如下:

假定样本图像被分为 L 类 p_1,p_2,$\cdots$,p_L,每幅图像 x_i 的大小为 $n \times n$。设 x_1^l,x_2^l,$\cdots$,x_N^l 为属于 p_1 类的 N 个训练图像,小波包分解系数能量与图像能量之比为:

$$\Gamma_l(j,k) = \frac{\sum_{i=1}^{N} \sum_{c}^{S} \sum_{d}^{S} [a_{j,k}(c,d)]^2}{\sum_{i=1}^{N} \sum_{a}^{n} \sum_{b}^{n} [x_i^l(a,b)]^2} \tag{9-7}$$

这里,$j = 0$,1,2,$\cdots$,$\log_2 \dfrac{n}{2}$,k 表示 j 级上节点从左到右以 0 开始的编号,也就是 j,k 唯一确定了一个节点,$S \times S$ 为节点 j,k 的小波包分解系数矩阵的大小。因此,$\Gamma_l(j,k)$ 的分子是指在节点 j,k 第 l 类所有 N 幅图像的小波包分解系数平方和的总和,分母是属于第 l 类的所有 N 幅图像的能量总和。

为了使关于上述比例参数的判别测度最大,确定的具体算法如下:

①将图像归一化为固定大小;

②二值化图像;

③用小波包将图像进行三级分解;

④对三级的各个节点(4、16、64)计算比例参数 $\Gamma_l(j,k)$,$l = 1$,$\cdots$,L;

⑤计算 L 类样本在各节点上的 $Z(\Gamma_1(j,k)$,$\Gamma_2(j,k)$,$\cdots$,$\Gamma_L(j,k))$;

⑥按分解顺序从上到下,比较各个节点的 Z 值和这个节点下一级分解后的 4 个 Z 值之和,若前者大,则这个节点就不再分解;后者大,则将此节点分解为下一级的 4 个。对所有节点比较完毕,就得到最优小波包基,使得判别测度最大;

⑦将第⑥步选择的小波分解系数平方根作为要提取的特征。

9.3.2.2 小波能量比参数

结合上述提取得到的树木图像小波变换特征系数,定义如下的小波能量比函数:

$$r = \frac{\sum E_{Di}}{\sum E_{Ai}} \tag{9-8}$$

该参数反映的是原图像中高频成分与低频成分的一种比值关系,尽管复杂的背景图像灰度变化频繁,但其变化幅值较小,高频分量不会太大,树木目标内部像素由于同质性好,小波能量比参数较小,而过渡区像素灰度不仅变化频繁,而且变化幅度较大,包含丰富的高频分量,小波能量比参数的值必然较大,由此可以将复杂背景下的过渡区提取出来。

9.3.2.3 具体算法流程设计

(1) 算法设计

定义特定大小的窗口,将窗口在整幅图像上由左到右、由上到下逐像素移动,由此计算每个像素的小波变换参数值,得到变换后的特征图像,然后通过自适应阈值或者神经网络辅助提取过渡区,并最终得到分割图像。具体的算法步骤如下:

①设定邻域窗口尺寸;

②对窗口内的图像作小波变换;

③计算小波能量比参数;

④将小波能量比参数归一化为灰度图像;

⑤确定自适应阈值或采用神经网络提取过渡区;

⑥分割图像。

(2) 确定过渡区的方法

阈值的选取对图像分割结果优劣的影响很大,而且对于复杂背景下的树木图像,选取一定的阈值较为困难,因此,本章采用自适应阈值的方法,同时也设计了基于神经网络辅助分割的方法。

①自适应阈值方法 在一幅复杂背景的树木图像中,背景中有与树木计算出的小波能量比参数接近的像素,所以在整幅图中不宜采用统一阈值,应采取区域自适应阈值,即在不同的区域范围内选取各自的阈值,对树木和背景进行分割,这里将图像分成若干小块,在每块区域上按下式计算阈值:

$$T = \Big(\sum_{i=1}^{N} P_i \Big)/N \tag{9-9}$$

式中:P_i 为区域内各点的小波能量比参数值;N 为区域内的像素点数。

为了提取出表示树木的过渡区,需要确定树木过渡区的特征参数,对于各种不同类型的树木来说,它们之间也有差异,因此本章设计了基于神经网络的辅助提取过渡区方法。

②神经网络辅助方法 神经网络具有很强的自组织能力以及较强的容错、联想能力。当对一个网络进行充分的训练或学习后,可利用它对未学习过的模式进行快速、准确判别,且对于含有噪声的模式具有较强的抗干扰能力。

输入层采用小波能量比参数特征作为输入,输出层则对应是否为树木过渡区边缘。考虑问题不太复杂,只选一个隐含层,使用时根据实际的网络训练情况选择隐含层的节点数。

(3)消除背景黏连

基于过渡区提取出的树木可能存在黏连少量背景的情况，为此，运用数学形态学的方法消除这些背景黏连。

对于已从复杂背景中分割出来的树木，将它进行腐蚀运算，以分离和消除背景黏连，腐蚀的次数视背景黏连强度而定。

9.3.2.4 处理结果及分析[17]

基于小波变换，对前面没有成功分割的具有复杂背景的树木图像样本彩图 30(a)、彩图 31(a)进行处理。

对于彩图 30(a)样本，前面分别采用基于颜色[彩图 30(b)]与基于颜色和分形[彩图 30(c)]的方法分割出了树冠，但均将非目标草坪中阴影部分误分割成目标树木。

现采用基于小波分析提取树木过渡区的方法对其进行分割。利用树木过渡区与草地部分小波变换后的频率差异，结合神经网络辅助方法，得到分割结果如彩图 32(d)所示。可以看出，这种方法成功地将草坪从图像中分割出去，得到完整、清晰的树冠外形。

同样利用此办法，对彩图 31(a)样本进行分割，也收到了很好的效果，如彩图 33(d)所示。直接用基于颜色和分形的分割方法，只能得到面积占优的草坪，如彩图 33(b)所示；加入先验知识后可得到目标树木的基本外形，如彩图 33(c)所示，但误差较大。

采取小波包变换，先提取树木过渡区，然后再分割树木图像，其结果如彩图 33(d)所示，分割更加准确。

从几种分割方法分割后的图像可以看出，对于这种背景中植物重叠，并且具有大片草坪的复杂图像的分割，采用小波提取过渡区的分割方法具有很好的效果。

9.4 基于 BP 网络的树形识别系统

本章树形识别系统的 BP 网络框图如图 9-2 所示。

9.4.1 输入层

本章输入层选择 15 个节点，分别代表 6 个分形维数和 9 个树形特征值，其中 h_0 表示枝下高，h_1 表示树冠高，d_1、d_2、d_3、d_4、d_5、d_6、d_7、d_8 分别表示 8 等份树冠高度所对应的冠幅（d_1、d_8 分别为离枝下、树顶具有一定距离的冠幅）[18]，如图 9-3 所示。

设树形轮廓周长为 p，面积为 A，则二者满足关系[19]。

$$p \propto A^{\frac{D}{2}}$$

即
$$p = c_0 A^{\frac{D}{2}} \tag{9-10}$$

式中：D 为轮廓边界的分维。

对式（9-10）两边取对数，得到线性函数

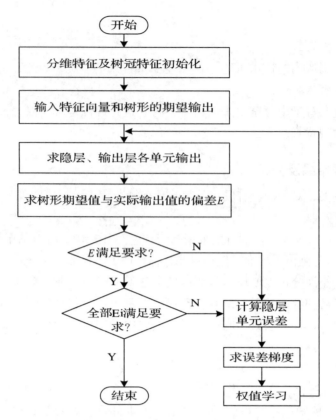

图 9-2 树形识别系统 BP 网络框图

$$\ln p = \ln c_0 + (\frac{D}{2})\ln A \qquad (9-11)$$

因此只要求出该直线的斜率，就可求出分形维数 D。

另外，由于盒维数（box-counting or Box dimension）的数学计算及经验估计相对容易，因此本章用这种方法计算树木图像的灰度曲面分形维数和 4 个有向分维[20]。

为提取有效的树木纹理分形特征参数，可采用实数域上计算盒子覆盖数的分形维数估计方法[21]。

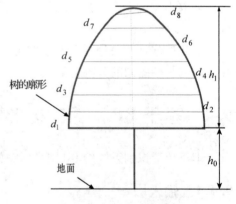

图 9-3 树形轮廓示意图

设树木图像的大小为 $M \times M$，将图像的 x - y 平面分成大小为 $\delta \times \delta$ 的格子，设在格子 (i, j) 里面像素点灰度的最大值和最小值分别为 $u_\delta(i, j)$ 和 $b_\delta(i, j)$，二者的差值为 $d_\delta(x, y) = u_\delta(i, j) - b_\delta(i, j)$。对于所有边长为 δ 的格子，非空的盒子总数 N_δ 为

$$N_\delta = \sum_{i,j} \frac{d_\delta(i,j)}{\delta} \qquad (9-12)$$

对于不同的 δ 值，可求得一组点 (δ_k, N_{δ_k})，$k = 1, 2, 3, \cdots, m$。

显然 $\lg \delta_k$ 与 $\lg N_{\delta_k}$ 呈线性关系，利用最小二乘法进行线性回归即可得到直线的斜率，再取负号就是图像曲面的估计分形维数。从而可得到树木图像的灰度维数、有向分形维数的估计。

本章采用双金字塔式的最大、最小值寻找算法[21]，以减少重复计算，提高分形维数估算的速度。

9.4.2　隐含层

隐含层的单元数太多会导致学习时间过长，误差也不一定最小。分别选择隐含层节点数分别为3、4、5、6、7、8、9进行试验，系统收敛过程如图9-4所示。当节点数为6时，网络收敛速度最快，故本系统选择隐含层节点数为6[21]。

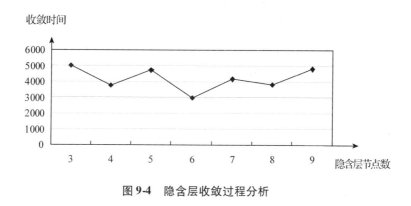

图9-4　隐含层收敛过程分析

9.4.3　输出层

为判断树冠类型，输出层的数量主要取决于树形的种类，共计6个节点，分别代表6种树形。

标准BP算法收敛速度慢的一个重要原因是学习系数选择不当。学习系数选得太小，收敛太慢；学习系数选得太大，则有可能修正过头，导致振荡甚至发散。本章采用变惯性系数的校正方法，即加入动量项。动量因子加入的动量项实质上相当于阻尼项，可减小学习过程的振荡趋势，从而改善收敛性。

$$\Delta\omega(n) = d + \eta(n) \cdot \Delta\omega(n-1) \tag{9-13}$$

$$\eta(n) = \eta(n-1) + \Delta\eta \tag{9-14}$$

式中：$\Delta\omega(n)$为本次校正量；$\Delta\omega(n-1)$为前次校正量；d为由本次误差算得的校正量；$\eta(n)$为本次的惯性系数；$\eta(n-1)$为前次的惯性系数；$\Delta\eta$为惯性系数每次的变化量。

学习系数和动量因子有一定的取值范围，学习系数 >0，动量因子在$[0，1]$之间。经过多次的试验，本树形识别系统的学习系数为0.35、动量因子为0.8时，网络收敛最快。

9.5　试验及结果分析[22]

9.5.1　样本及试验参数

本文选择36种(每种树形分别取6种)已知树形作为样本对本章设计的网络进行训练，训练完成后将另外16种(每种树形选择2~3个)未知树形的图像输入该系统进行识别。

（1）迭代次数的确定

网络训练是一个反复学习的过程，是期望输出与网络实际输出误差调整的过程。一组训练模式，一般需经过数百次以上的学习过程方能使网络收敛。在网络训练中，为避免"过训练"，采用以测试集监控训练集的方法。随着训练过程的发展，训练集的均方根偏差一直在下降，而测试集均方根偏差先下降，之后有可能变平或上升。当测试集均方根偏差达到极小时，不管训练集的均方根下降与否，则停止迭代。结合实际经验，本章选择迭代次数为 10 万次，即当到达 10 万次时，则停止迭代。在训练时相应的权重值即为该神经网络模型的权值。

（2）初始值的选取

由于是非线性系统，初始值对于学习是否达到局部最小或是否收敛的关系很大。为使初始权值在输入累加时使每个神经元的状态值接近于零，以保证一开始不落到平坦区上。取的初始权值是随机数，比较小，以保证每个神经元一开始都在它们的转换函数变化最大的区域进行。对于输入样本，同样希望能够归一，使那些比较大的输入仍然在神经元的转换函数梯度大的区域。

9.5.2 试验结果分析

彩图 34 为一典型样本及其识别结果图。左边为其中一样本香樟的图像，图像左方的人穿着色泽鲜艳的衣服，地面有草坪，背景中有个灰色的房屋，房屋墙面有方形的格子和窗户等，房屋背后还有各种树木。彩图 34 的中间是对该样本识别后的一个界面，在该界面上，中间的对话框是树形识别结果，左边是识别类型，右边是归一化后树形的 6 个分形维数及 9 个树冠的形状特征参数；右下方是分割和识别的时间，树冠的 4 个参数，即周长、面积、树冠高、树冠宽等。从图中可以看出，经过对树木图像的分割和识别，样本图像中的香樟呈现球形，显然与它本来的树形基本一致。彩图 34 右边是灰度直方图和调色板。

训练后本系统对 16 个样本进行了识别。除彩图 30（a）、彩图 31（a）样本外，均能有效识别。彩图 30（a）样本用基于颜色的方法进行分割，能够得到包含树木的分割图像，但由于其中同时包含了树木的较大阴影，误差较大而不能识别；用基于颜色与分形维数的方法分割时，尽管分割图像中也包含少量的阴影，但影响较小，因此能够识别。彩图 31（a）样本用基于颜色和基于颜色＋分形的方法分割时均未得到目标树木，得到的是图像中面积占优的草坪，因此不能识别；用加入先验知识的方法以及基于小波的方法对其进行分割，尽管精度有差异，但冠型均能呈现，因此均能完全识别。由此可以看出，树木图像分割的效果是树形识别的基础。

本章小结

在林业精确对靶施药中，农药的施用量与树木的冠型有直接关系。本章基于机器视觉和人工智能设计了树形识别系统。在获取自然图像基础上，利用颜色、分形、小波等理论从复杂背景中分割出目标，分别提取表示树木冠型的树木分维特征和形状特征，建立基于

BP 神经网络的树形识别系统，实现树形的自动识别。

参考文献

［1］袁会珠，齐淑华，杨代斌．1998.21 世纪的农药使用技术［A］．植物保护 21 世纪展望暨第三届全国青年植物保护科技工作者学术研讨会［C］．9：84 - 88.

［2］龙惠珍，陆贻通．1997. 世界农药急性中毒概况［J］．农药译丛，19(3)：54 - 56.

［3］赵茂程，郑加强．2003. 树形识别与精确对靶施药的模拟研究［J］．农业工程学报，19(6)：150 - 153.

［4］赵茂程．2003. 基于分形理论和机器视觉的树形识别系统研究［D］．南京：南京林业大学博士学位论文．

［5］PENTLAND A P. 1984. Fractal-based description of natural scenes［J］. IEEE Trans on Pattern Analysis and Machine Intelligence, 6(6)：661 - 673.

［6］杨波，徐光，朱志刚．1999. 基于分形特征的自然景物图像分割方法［J］．中国图像图形学报，4(A，1)：7 - 12.

［7］苏统华．2002. 图像的边缘追踪及在 VC 环境中的实现［J］．电脑编程技巧与维护(6)：66 - 69.

［8］PELEG S. 1984. Multiple resolution textureanalysis and classification［J］. IEEE Trans. on PAMI, 6(4)：51 8 - 523.

［9］张勇，柏子游，张强，等．1999. 白细胞显微图像的区域分形特征分析［J］．西安交通大学学报，33(10)：60 - 63.

［10］张全海，施鹏飞．2000. 基于 HSV 空间彩色图像的边缘提取方法［J］．计算机仿真，17(6)：25 - 32.

［11］赵茂程，郑加强，凌小静．2004. 基于分形理论的树木图像分割方法研究［J］．农业机械学报，35(2)：72 - 75.

［12］黄信心，齐德昱，王秀媛，等．2001. 实时图像轮廓抽取算法研究［J］．计算机应用，21(3)：46 - 47，50.

［13］NOVIANTO S, L GUIMARAES, Y SUZUKI, etc. 1999. Multi-windowed Approach to the Optimum Estimation of the Local Fractal Dimension for Natural Image Segmentation ［J］. Proceedings of IEEE International Conference on Image Processing, Kobe, Vol. III：222 - 226.

［14］夏良正．1999. 数字图像处理［M］．南京：东南大学出版社．

［15］闫成新，桑农，张天序．2004. 基于小波变换的图像过渡区提取与分割［J］．计算机工程与应用，40(18)：29 - 31.

［16］章毓晋．1996. 过渡区和图像分割［J］．电子学报，24(1)：12 - 17.

［17］赵茂程，郑加强，凌小静．2005. 一种基于小波变换的图像过渡区提取及分割方法［J］．农业工程学报，21(11)：103 - 107.

［18］陈有民．2000. 园林树木学［M］.2 版．北京：中国林业出版社．

［19］［英］肯尼思·法尔科内．2001. 分形几何：数学基础及其应用［M］．曾文曲，刘世耀，戴连贵，等译．沈阳：东北大学出版社．

［20］应宇铮，石青云．1997. 实数域上的盒数计算与分形维数估计［J］．模式识别与人工智能，10 (4)：357 - 361.

［21］李庆中，汪懋华. 2000. 基于分形特征的水果缺陷快速识别方法［J］. 中国图像图形学报，5：144－148.

［22］赵茂程，郑加强，凌小静，等. 2004. 基于 BP 神经网络的树形识别系统研究［J］. 林业科学，41(1)：154－157.

思考题

1. 什么是分形理论？如何应用？
2. 如何从自然背景中分割出树木图像？
3. 如何使用 BP 网对树形自动识别？

推荐阅读书目

1. 分形理论及其应用. 2011. 朱华，姬翠翠. 科学出版社.
2. 机器视觉技术及应用实例详解. 2014. 陈兵旗. 化学工业出版社.
3. 机器视觉检测理论与算法. 2015. 孙国栋，赵大兴. 科学出版社.

第**10**章

林火视频识别

[**本章提要**]　林火视频监控系统在森林火灾预警领域起着非常重要的作用。本章介绍基于火焰和烟雾视频识别的森林火灾监控系统。将系统采集的监控视频利用火焰、烟雾的颜色和运动特性分割候选火焰、烟雾区域，提取候选火焰区域的纹理、形状和闪烁特征，候选烟雾区域的能量、形状和飘动性特征，分别运用 Adoost-BP 和 BP 分类器实现火焰、烟雾视频识别。

　　森林火灾视频监控是我国森林火灾监测的重要手段之一，因此，研究快速准确地检测林火视频图像具有重要的意义。本章首先阐述了林火视频监控系统的组成，然后重点介绍了林火视频图像的火焰、烟雾静态特征、动态特征的提取方法，并分别运用 Adoost － BP 和 BP 分类器实现火焰、烟雾视频识别。

10.1　背景与设计思路

10.1.1　背景

　　森林是人类社会极其重要的自然资源，更是地球生态平衡的保护者。森林火灾是破坏森林的三大自然灾害(火灾、病害、虫害)之一。由于森林环境树木多，地形复杂，因此，一旦发生火灾，不仅火灾的蔓延面广、破坏性大，而且救助困难，所以，森林火灾的早期监测历来是林区工作的重中之重，力求做到防患于未"燃"[1-3]。

　　我国森林覆盖率远低于全球平均水平，且是世界发生森林火灾最严重的国家之一。据统计，1988—2008 年，我国年均发生森林火灾 7936 次、受害森林面积 $9.2 \times 10^4 hm^2$、因灾伤亡 194 人。1987 年大兴安岭"5.6"特大森林火灾燃烧了 27 个昼夜，过火面积 $133 \times 10^4 hm^2$，造成 213 人死亡，226 人受伤，5.6 万多灾民无家可归[4]。近些年，由于全球气候变暖、人为活动等因素的影响，森林火灾事故越来越频发。2010 年 3 月广西百色市发生森林火灾 263 起，受灾森林面积约 $633 hm^2$。2010 年 3 月 12 日云南大理市发生特大森林火灾，造成经济损失 446 万余元。2000 年以来发生森林火灾 12 万多起，受害面积达逾 $150 \times 10^4 hm^2$，800 多人死亡。

　　由此可见，森林火灾具有多发性和破坏性的特点，而我国仍然是一个缺林少绿，生态脆弱的国家。因此，森林火灾自动监测具有重要的现实意义[3,5]。

10.1.1.1　森林火灾监测方式

目前，森林火灾监测主要有以下几种方式：

(1)地面巡护

早期的林火检测手段是地面巡护，但具有巡护面积小、死角多等缺陷，而且在地形崎岖的偏远山区，几乎无法进行地面巡护。

(2)瞭望台监测

瞭望台监测是当前监测森林火情的重要手段之一，护林员站在瞭望台上，观察火灾的发生和地点，优点是覆盖面较大，在天气晴朗的情况下，准确性高；缺点是在浓雾天气或雷电天气环境下，无法观察火情。

(3)航空巡护

航空巡护也是当前监测森林火情的重要手段，监测范围宽，能够对整个火灾发生发展做全面观察，但其观测的范围和频次有限，而且航空飞机在人迹罕至的原始林区所需费用非常高昂。

(4)卫星遥感检测技术

卫星遥感检测技术具有监测范围广、定位火灾位置和定期监测的优势，得到了广泛的应用，但是卫星对于林区同一点每天扫描时间和次数有限，接收图像的清晰度易受云的遮挡影响等。

(5)森林火灾视频监控系统

随着机器视觉和数字图像处理技术的发展，森林火灾视频监控系统逐渐被推广。视频监控不仅能实现对林区的 24h 监控，在早期火灾预警方面具有独特的优势，同时结合后端平台软件，可实现全天候烟火识别、火源定位(GIS 系统精准定位)、综合指挥调度等功能。此外，当发生火情后，可以通过历史监测画面搜索肇事嫌疑人，明晰火灾责任[6]。因此，森林火灾视频监控平台能够给森林消防工作带来极大的便利，基于视频图像的火灾识别系统已逐渐成为火灾预警领域的研究热点之一。然而，林火视频监控系统研究还处于初始阶段，如何保证在光线较暗的环境下图像传输的清晰度，在浓雾、雨雪环境下降低火灾识别的误报率等问题仍然有待于进一步深入研究。

10.1.1.2　国内外森林火灾监控技术研究现状

各国森林火灾监控系统通常根据本国气候条件和林木种类的特点而设计，因此不尽相同。比较著名的如德国 FIRE-WATCH 森林火灾自动预警系统，正常监测半径 10km，安装该系统每套需 7.5 万欧元；美国采用航空巡护与人工护林相结合，使用无人驾驶林火预警飞机，进行 24h 监测；加拿大建立卫星巡回监测系统，并建立覆盖全国林区的网络化气象台站。可见，国外森林火灾监控技术虽然获得了成功，但是耗资巨大，我国森林覆盖面积广且分散，这些技术难以满足我国森林资源监测的实际需要。

近年来，国内一些公司和企业致力于开发林火视频监控产品，例如：重庆市海普软件产业有限公司的"森林卫士365"系列产品，北京高普乐光电科技有限公司的 GTN

系列双光谱监控系统等。全国各省（自治区、直辖市）的许多林区相继建立了森林火灾视频监控系统，如 2009 年山西省建成多个"省—市—县"三级防控的森林火灾视频联网监控试点；重庆市缙云山、南山地区分别建立两套森林火灾视频监控系统；此外，还有四川省九寨沟、浙江金华、内蒙古通辽、黑龙江穆林、南京雨花区、江西萍乡等很多地区都建立了森林火灾远程视频监控系统，对森林火灾进行 24h 监测。火灾视频监控系统基础设施建成以后，火灾视频识别算法的性能直接影响火灾预警的准确性。火焰和烟雾是火灾发生的两个重要的视觉特征，因此，火灾识别算法主要用来检测视频中是否存在火焰和烟雾。火灾视频识别主要包括疑似火灾区域检测、火灾特征提取和火灾视频识别。

火焰检测的算法主要分为两大类：一类是基于火焰动态像素的颜色变化，如 Zhu Teng[7] 等将火焰颜色像素聚类，检测火焰区域；Horng 等[8] 利用相邻帧的火焰颜色区域的掩模差来描述火焰的非序运动；另一类是根据火焰区域形状特征的动态变化，如 Liu 等人[9] 提取火焰边缘的傅里叶系数，进而描述火焰的轮廓特征；张进华等[10] 通过计算火焰区域的高度变化，作为火焰的动态特征；韩斌等[11] 提取了相邻帧火焰区域的边界矩不变量的动态变化，描述火焰的动态特征。

烟雾识别的方法大致可分为 3 类：第一类是基于静态特征的烟雾识别方法，如 Piccinini 等[16] 都利用小波变换提取烟雾区域的轮廓特征。第二类是基于烟雾的动态特征的烟雾识别方法，如 Toreyin 等[17] 基于小波变换与马尔可夫模型提取烟雾轮廓变化的频率特征；李庆奇等[18] 提取小波变换的能量来描述烟雾区域的轮廓抖动性。第三类是融合静态特征和动态特征的方法，静态特征有轮廓特征、烟雾的色度信息等[19,20]；动态特征主要是描述烟雾的扩散性[21,22]，如周长面积比、面积变化率等。

火灾分类的算法有：基于神经网络[12,13]、基于支持向量机[11]、基于隐马尔科夫模型[7,14,15]的方法等。

由于森林火灾监控现场是在一个大的野外空间，光照，浓雾，风向的变化，树枝叶的摆动等都会对检测的准确度产生影响。但森林环境又有着相对固定的对象，如树木和草，通常不会有人、车等运动物体的干扰，因此，上述的火灾识别算法并不适合直接应用于林火视频。

10.1.2 设计思路

由于一个应用于大空间现场的森林火灾视频监测系统结构非常复杂和庞大，涉及视频监控技术、通讯技术和图像处理技术等诸多领域。本章只介绍一个简单实用的试验用林火视频监测系统。设计思路如图 10-1 所示，首先摄像机采集森林监控视频，并通过无线微波传输方式把视频数据传输到远程 PC；然后，远程 PC 进行火焰视频和烟雾视频识别，并综合两者的识别结果进行火灾判别。

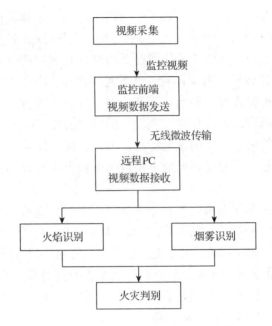

图 10-1 森林火灾视频监测系统设计思路

10.2 林火视频监控系统组成与视频获取

10.2.1 林火视频监控系统组成

本章介绍的林火视频监控系统由三部分组成：前端视频采集、视频传输和远程监控。林火视频监控系统组成图如图 10-2 所示。

10.2.1.1 前端视频采集

主要部分是摄像机和镜头。

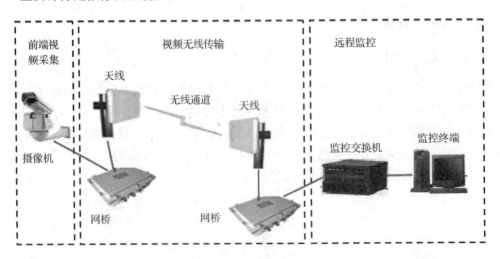

图 10-2 林火视频监控系统组成示意图

(1)摄像机的选择

目前用于林火视频采集的摄像机主要有 CCD 摄像机、红外热像仪和透雾摄像机 3 类。CCD 摄像机具有工作寿命长，图像效果好且直观的特点，因此，以高清晰度、低照度的彩色 CCD 摄像机最为常见，而且要求 CCD 摄像机对远红外光谱线敏感，以便对火光和由火光引起的燃烧温度有较高的检知能力。

红外热像仪可以很方便地根据图像的颜色来得知图像场景中监控点的温度，以便对环境的温湿度进行分析，但是红外热像仪的图像清晰度差，监控距离非常近，约 1km，不适合 24h 实时监控，而且成本较高。

高性能的透雾摄像机能够在任何照明条件下提供清晰的画面，适合远程监控，尤其在经常有浓雾的森林环境下使用，优势明显，但是成本很高。而且一些性能一般的透雾摄像机虽然在白天能达到好的图像效果，但是在照度较低的情况，尤其是晚上，几乎看不见图像。

在森林视频监控系统建设中，红外热像仪的使用较少，透雾摄像机技术尚未成熟，本章介绍的系统采用最为常用的彩色 CCD 摄像机。

(2)镜头的选择

森林监控环境范围很大，为了降低成本，一台摄像机要兼顾到几千米范围的区域，因此应该选择高倍数的长焦距望远镜头。

10.2.1.2　视频传输

视频传输主要有有线传输和无线传输两种，在森林环境中，铺设有线光缆施工难度很大，造价相当高。同时，考虑到视频传输速度要求以及很多林区没有移动通讯中继的实际情况，通常采用无线微波方式来传输森林监控视频。

视频无线微波传输由发送端和接收端两部分组成，视频发送端由发射机、天线、网桥和连接电缆组成，接收端主要由天线、接收机、网桥等组成。

10.2.1.3　远程监控

远程监控的主要设备是交换机和监控终端。监控终端负责对森林监控视频进行火灾识别，火灾视频的显示、查询等功能。

10.2.2　视频获取

前端摄像机通过自适应网口与前端无线 AP(access point)连接，无线微波发射机和天线发送视频数据，并通过前端天线与远程监控端天线之间建立连接，远程监控终端接收到视频数据后，通过交换机把森林火灾监控视频传输到监控终端。

10.3　林火视频火焰识别

火焰是森林火灾的一个重要视觉特征，因此，可以通过检测火焰图像来判断火灾。现有的火焰特征提取方法大多是基于单幅图像和相邻帧的。采用单幅图像，如文献[1]

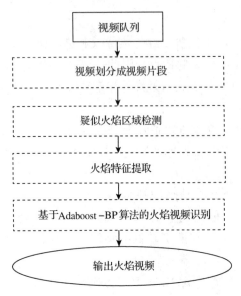

图 10-3 森林火灾火焰视频识别算法的框架

利用 HSV 空间提取火焰的静态特征，如罗媛媛[23]基于 L＊a＊b 空间的 K 均值聚类与 YCbCi 空间结合的方法提取火焰区域，融合颜色和形状特征来判断火焰像素；采用相邻帧图像的特征差异，如 T. Chan 等人[24]结合 RGB 和 HSI 颜色模型检测火焰区域，特征提取是在相邻两帧中进行的。Hong W 等人[25]利用相邻两帧间火焰颜色区域的掩模差来定义火焰的非序运动。王亚军等[26]首先在 HSI 空间分割火焰区域，然后利用相邻帧检测疑似火焰，提取火焰动态特征。

火灾的发生是一个蔓延的过程，既有空间域上的静态特征，又有时间域上的动态特征。仅仅通过一幅图像只能提取火焰的静态特征，无法描述其动态特性。尽管理论上利用相帧间的特征差异可以描述火焰的动态特征，但事实上相邻两帧图像的视觉差异性通常很小。此外，森林火灾监控视频是海量的，上述两种处理方法的火焰识别速度是很慢的。本节的森林火灾火焰视频识别算法的框架如图 10-3 所示。

10.3.1 疑似火焰视频特征向量提取

本章在视频片段大粒度下提取火焰的时空特征。首先运用滑动时间窗将林火视频划分为若干个视频片段，然后基于火焰的颜色特征和运动特性检测疑似火焰区域，最后提取滑动时间窗内视频片段的火焰时空特征，生成火焰特征向量。

10.3.1.1 基于滑动时间窗的视频片段划分

滑动时间窗长度直接影响着火焰识别算法的速度和准确率。由于早期火焰具有明显的蔓延特性，因此，相距较远的图像帧的火焰区域视觉特征不一致性很大，时间窗的长度不宜太大，否则会降低火焰识别的准确率；而时间窗的长度太小又会增加计算量。通过试验选择时间窗的长度为一个帧率 F_{rate}，火焰视频块划分示意图如图 10-4 所示。

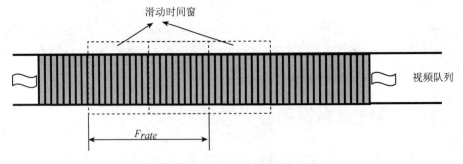

图 10-4 火焰视频块划分示意图

10.3.1.2 疑似火焰区域检测

由于森林火灾视频图像的背景是绿色的树木，而火焰颜色是黄红色的，所以首先利用火焰的颜色特征来检测火焰像素。对于类火焰颜色的相对静止对象，比如阳光、无风或微风天气的红叶、红花，以及林区的灯光等，则适合用运动特征来排除。

(1)颜色像素检测

早期火焰颜色分布在红到黄的范围内，所以利用 RGB 颜色空间 R、G、B 3 个分量，以及 HSV 颜色空间的饱和度检测火焰像素，火焰的颜色像素应满足如下 3 条规则[24]：

规则 1：$R > G \geqslant B$

规则 2：$R > T_R$

规则 3：$S > T_S$

式中：T_R 为 R 通道的阈值；S 为像素的饱和度；T_S 为 S 通道的阈值。规则 1 和规则 2 描述了火焰的颜色以红色分量为主。规则 3 中表明火焰颜色的饱和度较大。

然而也有一些静态的红色对象也满足上述 3 个规则，因此，进一步通过检测动态像素的方法滤除静态的类似火焰颜色的对象。

(2)运动像素检测

相对于帧间差法，三帧差分算法更适合于提取运动目标的边缘，而且三帧差分算法可以抑制复杂背景(光照、天气等)变化带来的影响。因此，本节选用三帧差分法进行运动像素的检测。三帧差分法首先把彩色图像进行灰度变换，然后对第 t 帧与相邻前一帧作差分得到差分图像 1，对第 t 帧与相邻后一帧作差分得到差分图像 2。最后求差分图像 1 和图像 2 的交集，并对交集后的图像进行高斯平滑滤波[27]。差分图像 $\Delta F(i, j, t)$ 的计算公式如下：

$$\Delta F(i, j, t) = \begin{cases} 1 & \text{如果} |I(i, j, t) - I(i, j, t-1)| > T_h \text{ 且 } |I(i, j, t+1) - I(i, j, t)| > T_h \\ 0 & \text{其他} \end{cases}$$

$$(10-1)$$

式中：$I(i, j, t)$ 为第 t 帧的像素 (i, j) 的灰度值；T_h 为阈值。

10.3.1.3 火焰特征向量提取

本节共提取 5 个火焰时空特征，纹理特征和圆形度特征作为静态特征，火焰面积变化、形状相似性和闪烁频率特征作为火焰的动态特征。在试验中，选择滑动时间窗长度为一个帧率，即 F_{rate}，每隔 5 帧取一个火焰图像，计算动态特征。

(1)纹理特征

大多数类火焰颜色的干扰对象的纹理特征与火焰不同[28]，本节采用灰度共生矩阵提取火焰的纹理特征。通过试验比较，发现森林火焰的能量和惯性矩与干扰物体存在较大的差别，所以本节计算火焰视频片段的能量平均值和惯性矩平均值，作为火焰的两个纹理特征。

(2)圆形度特征

圆形度是指物体边缘与圆相似的程度，用来表示物体边缘轮廓的复杂程度[11]。早期火焰形状虽不规则，但与森林中红花、红叶、枯草等干扰物相比，火焰轮廓的复杂度又比较低，因此圆形度也是火焰区别于其他干扰对象的一个特征，定义圆形度 C_k 为[29]：

$$C_k = \frac{P_k^2}{4\pi A_k}, \quad k = 1, 2, \cdots, n \qquad (10\text{-}2)$$

式中：n 表示图元个数；A_k 和 P_k 分别表示第 k 个图元的面积和周长。

由式(10-2)可得，圆的圆形度为 1，疑似火焰区域形状越复杂，C_k 越大。计算平均圆形度，作为火焰视频片段的一个特征。

(3)火焰面积变化特征

由于早期火灾火焰具有蔓延性，因此火焰区域的面积在时序上呈现增长趋势，因此选择火焰区域的面积变化率作为火焰识别的一个特征。本节利用像素点数量的变化来计算火焰面积的变化率[29]，面积变化率 ΔA_t 公式如下：

$$\Delta A_t = \frac{S_t - S_{t-5}}{\max(S_t, S_{t-5})} \qquad (10\text{-}3)$$

式中：S_t 和 S_{t-5} 分别为视频序列中第 t 帧和第 $t-5$ 帧疑似火焰区域内的像素点个数。计算平均面积变化率，作为火焰视频片段的一个特征。

(4)形状相似性特征

火焰具有形状变化的无规律性，但这种无规律性在时序上和空间上又具有一定的相似性[30]。形状相似度 ξ_i 计算公式如下：

$$\xi_i = \frac{\sum_{(x,y) \in \Omega} b_i(x,y) \cap b_{i+5}(x,y)}{\sum_{(x,y) \in \Omega} b_i(x,y) \cup b_{i+5}(x,y)} \qquad (10\text{-}4)$$

式中：$\{b_i(x, y)\}$ 为第 i 帧图像序列；Ω 为疑似火焰区域。

计算形状相似度平均值，作为火焰视频片段的一个特征。

(5)闪烁频率特征

火焰具有闪烁性，从肉眼来看，闪烁是杂乱无章、无规律可循的。但是火焰闪烁也有相对固定的频率范围，通常在 3 ~ 25Hz 之间，主要频率在 7 ~ 12Hz 范围内。本节利用边缘像素变化的频率来间接反映火焰闪烁的频率[31]，边缘像素变化计算公式如下：

$$\Delta P_t = |P_t - P_{t-5}| \qquad (10\text{-}5)$$

式中：P_t 和 P_{t-5} 分别为第 t 帧和第 $t-5$ 帧疑似火焰区域边缘像素点。计算边缘像素变化平均值，作为闪烁频率特征。

10.3.2 火焰视频识别

BP 神经网络在火灾视频识别中有广泛的应用，但 BP 神经网络收敛速度慢，在解决样本较少的分类问题时效果并不太理想。1996 年 Yoav Freund 和 Robert E. Schapire 提出 Adaboost(Adaptive Boosting)算法，近年来该算法在人脸识别、车牌识别以及解决分类问题得到了成功的应用。Adaboost 算法是一种迭代算法，其核心思想是将若干弱分类器组合提升为一个强分类器[32]。由于森林火灾火焰视频样本较少，因此本节以 BP 神经网络为弱分类器,采用 Adaboost-BP 神经网络进行火焰视频识别。

Adaboost 算法是通过调整样本权重和弱分类器权重实现的。样本权重的调整原则是提高被错分类样本的权重,训练时突出错分样本;弱分类器的权重调整原则是弱分类器识别率越高,被赋予越高的权重,体现各弱分类器的贡献[33]。

Adaboost-BP 神经网络火焰视频识别方法的步骤如下:

输入:设 χ 表示训练样本集,训练集 $\{(x_i, y_i)\}_{i=1}^{n}$, $x_i \in \chi$,分类结果期望输出 $y \in [0, 1]$

(1)网络初始化

设 m_+、m_- 分别表示正样本和负样本的数目,则正、负训练样本的初始权值为:

$$W_1(i) = \begin{cases} \dfrac{1}{m_+} & x_i \text{为正样本} \\ \dfrac{1}{m_-} & x_i \text{为负样本} \end{cases} \tag{10-6}$$

(2)弱分类器的预测

训练第 t 个 BP 神经网络弱分类器,得到输出预测序列 $g_t(i)$,$i = 1, 2, \cdots n$,用式(10-7)计算预测误差和 e_t

$$e_t = \sum_{i=1}^{n} W_t(i) 1_{[g_t(i) \neq y_i]} \tag{10-7}$$

(3)计算弱分类器的权重 a_t

$$a_t = \frac{1}{2} \ln\left(\frac{1-e_t}{e_t}\right) \tag{10-8}$$

(4)更新样本权重

根据弱分类器权重 a_t 调整下一轮训练样本的权重,算式为:

$$D_{t+1}(i) = \frac{D_t(i)}{Z_t} \times \begin{cases} e^{-a_t} & g_t(x_i) = y_i \\ e^{a_t} & g_t(x_i) \neq y_i \end{cases} \tag{10-9}$$

式中:Z_t 为样本权重归一化因子。

(5)弱分类器权重归一化

用式(10-10)将得到的 T 个弱预测器的权重 a_t 归一化:

$$a_t = \frac{a_t}{\sum_{t=1}^{T} a_t} \tag{10-10}$$

(6)强分类器的预测结果

设 $h(x)$ 为 T 个弱分类器得到的预测值,则强分类器的预测结果 $y(x)$ 为:

$$y(x) = a_t h(x) \tag{10-11}$$

10.4 林火视频烟雾识别

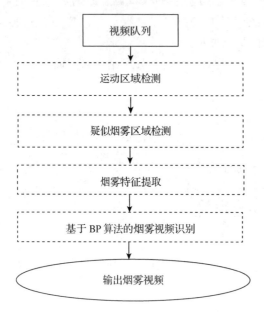

图 10-5 森林火灾烟雾视频识别算法的框架

烟雾是火灾视频的另一个明显的视觉现象，尤其在森林环境中，早期火灾多为树木和花草等可燃物的不完全燃烧，会产生大量的烟，而且在火势较小时，火焰很小，很容易被茂密的树林所遮挡，因此，相对于火焰来说，烟雾检测对于早期森林火灾的预警更有意义。目前烟雾特征的提取方法主要有基于光流法的烟雾视频检测[34]，基于小波变换的烟雾检测[35]和基于飘动性分析的烟雾检测[36]等。浓雾是森林中常见的气候现象，而浓雾的颜色和某些运动特征与烟雾很类似，会导致烟雾检测的误报。此外，与通常的火灾监控场景不同，森林监控视频的背景包含大量的运动对象。因此，本节考虑森林场景的实际情况，介绍一种基于特征融合的森林烟雾视频识别方法。首先，运用卡尔曼

滤波建立背景模型，并结合烟雾的颜色特征提取出疑似烟雾区域；然后根据烟雾的飘动性和扩散性提取烟雾特征向量；最后用神经网络进行烟雾视频识别。试验结果表明该方法可较好地排除烟雾视频中浓雾的干扰，提高烟雾识别的准确率。本节的森林火灾烟雾视频识别算法的框架如图 10-5 所示。

10.4.1 疑似烟雾视频特征向量提取

10.4.1.1 背景模型的建立

本节利用卡尔曼滤波建立背景模型[37]，设 $B(i, j, k)$ 和 $B(i, j, k+1)$ 分别表示第 k 个和第 $k+1$ 个背景图像的像素值，$I(i, j, k)$ 表示第 k 帧的像素值，则递归公式为：

$$B(i, j, k+1) = \begin{cases} B(i, j, k) & k=0 \\ B(i, j, k) + g(i, j, k)\left[I(i, j, k) - B(i, j, k)\right] & k \neq 0 \end{cases}$$

(10-12)

式中：$g(i, j, k)$ 为增益因子，计算公式如下：

$$\begin{cases} g(i, j, k) = \beta(1 - M(i, j, k)) + \alpha M(i, j, k) \\ M(i, j, k) = \begin{cases} 1 & if \quad |I(i, j, k) - B(i, j, k)| > Th_1 \\ 0 & otherwise \end{cases} \end{cases}$$

(10-13)

式中：α 和 β 分别为运动因子和背景因子。α 和 β 的经验取值范围分别为 $0.001 < \alpha < 0.01$，$0.01 < \beta < 0.1$[37]，本节中取 $\alpha = 0.055$，$\beta = 0.1$。

10.4.1.2　疑似烟雾区域的检测

疑似烟雾区域的检测过程示意图如图 10-6 所示。首先，将当前帧与背景图像作差分运算，避免静态干扰物的影响，然后基于 HSV 与 RGB 颜色空间，利用烟雾的颜色特征，进行疑似烟雾区域粗分割，并进行形态学处理[40]。

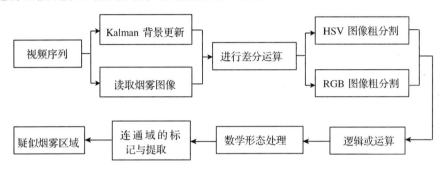

图 10-6　疑似烟雾区域的检测

10.4.1.3　烟雾特征向量提取

（1）飘动方向

烟雾在热量的驱动下，扩散具有从下到上的方向性。通过检测一个时间段内烟雾区域的总体移动趋势，来表示烟雾的飘动方向。由于质心的运动可以反映区域的整体运动，因此，可用质心的运动代表图像的整体运动。本节计算一个时间段内视频帧中疑似烟雾区域质心坐标的变化，进而将其映射为方向编码。以帧率 F_{rate} 的长度为时间窗口，计算时间窗中视频帧的疑似烟雾区域质心的坐标，质心坐标的计算公式参见王涛等[36]。

为了降低因气流引起的抖动造成的干扰，计算时间窗内质心横坐标平均值 $\overline{C_x(t)}$ 和纵坐标平均值 $\overline{C_y(t)}$：

$$\overline{C_x(t)} = \frac{1}{N}\sum_{k=1}^{N} C_x(t,k) \tag{10-14}$$

$$\overline{C_y(t)} = \frac{1}{N}\sum_{k=1}^{N} C_y(t,k) \tag{10-15}$$

式中：$N = F_{rate}$；$C_x(t,k)$ 和 $C_y(t,k)$ 分别为第 t 个时间窗中第 k 帧的疑似烟雾区域质心的横坐标和纵坐标。

计算质心偏移角度 θ'，

$$\theta' = \arccos \frac{\overline{C_x(t+1)} - \overline{C_x(t)}}{\sqrt{[\overline{C_x(t+1)} - \overline{C_x(t)}]^2 + [\overline{C_y(t+1)} - \overline{C_y(t)}]^2}} \tag{10-16}$$

考虑到纵坐标方向为负数的时候，θ' 做如下调整，得到飘动方向角 θ：

$$\theta = \begin{cases} 2\pi - \theta' & if\ C_y(t+1) > C_y(t) \\ \theta' & otherwise \end{cases} \tag{10-17}$$

（2）面积变化率

随着燃烧的进行，烟雾的量在增加，而且烟雾具有扩散性，因此，烟雾区域的面积在不断扩大。统计长度为 F_{rate}（F_{rate} 表示一个帧率）的一个时间窗内疑似烟雾区域面积增长率作为烟雾扩散性的一个特征，面积可以用区域像素个数来表示，计算公式如下：

$$\Delta S = \frac{P_k - P_{k-5}}{\max(P_k, \ P_{k-5})} \tag{10-18}$$

式中：P_k 和 P_{k-5} 分别为第 k 帧和第 $k-5$ 帧疑似烟雾区域内像素的个数。计算一个时间窗内面积变化率 ΔS 的平均值 $\overline{\Delta S}$ 作为烟雾面积变化的度量。

（3）能量分析

由于林火视频的烟雾区域的边缘是模糊的，因此，高频信息会缓慢减少。本节在灰度空间使用二维离散小波变换进行能量分析，提取高频能量，第 k 帧疑似烟雾区域的高频能量计算公式如下[41]：

$$E_k = \sum_{i,j \in ROI} V_k^2(i,j) + H_k^2(i,j) + D_k^2(i,j) \tag{10-19}$$

式中：$V_k^2(i, j)$、$H_k^2(i, j)$、$D_k^2(i, j)$ 分别为小波的水平、垂直和对角分解的系数能量，同样，可以求出第 k 帧背景区域的高频能量 E_b。则高频能量相对下降率 α 为，

$$\alpha = \frac{E_k - E_b}{E_b} \tag{10-20}$$

在一个时间窗内，每隔 5 帧计算 α，并求高频能量相对下降率平均值 $\overline{\alpha}$ 作为烟雾半透明性的度量。

（4）形状不规则特征

烟雾在运动过程中，由于扩散的原因，在空气中呈现出不规则的形状，与一般的刚性物体相比，烟雾区域的边缘轮廓更加不规则，因此，形状的复杂度可以作为识别烟雾的一个依据，用圆形度来表示烟雾形状不规则性，计算公式同式（10-2）。

10.4.2　烟雾视频识别

上述 4 个烟雾特征中，飘动方向角、面积变化率和形状不规则特征直接可由公式计算，高频能量相对下降率 α 运用 Matlab 工具箱中的函数可以很方便地求得。下面简要介绍 α 的求法：

①运用 Matlab 工具箱中的 Sym3 小波函数分别对烟雾图像和背景图像进行一层小波分解，得到烟雾区域的各分量系数 V_1^a、H_1^a 和 D_1^a，背景区域被分解为 V_1^b、H_1^b 和 D_1^b。一层小波分解示意图如图 10-7 所示，其中，$LL1$ 是低频部分，称为信息子图；$HL1$、$LH1$ 和 $HH1$ 是高频部分，分别对应分量系数 V_1^a、H_1^a 和 D_1^a，称为边缘子图。

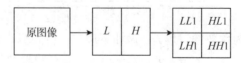

图 10-7　一层小波分解示意图

②利用式(10-19)计算烟雾疑似区域和背景区域的高频能量值；

③利用式(10-20)计算高频能量相对下降率 α。

运用 BP 神经网络进行烟雾视频识别，BP 神经网络采用三层结构，网络输入为烟雾特征向量 $V_t = \{\theta, \overline{\Delta S}, \overline{\alpha}, \overline{C_k}\}$，识别结果输出 $y \in \{\pm 1\}$，输出为 1 时，表示烟雾；输出为 -1 时，表示非烟雾。对输入样本进行归一化处理，运用 Matlab 软件进行仿真验证。

①隐层节点数和训练函数的选择　选取隐节点范围为 $[3, 12]$，改变隐节点数，训练网络以确定最佳隐节点数和训练函数。通过不同隐节点数和训练函数的比较与分析，最终选定 BP 网络隐层为 10 个节点，选用 trainlm 训练函数。

②网络训练　林火烟雾视频的训练样本的训练误差曲线和迭代收敛曲线分别如图 10-8 和图 10-9 所示。

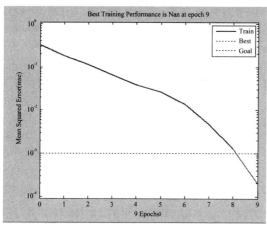

图 10-8　烟雾神经网络分类器训练的迭代收敛曲线

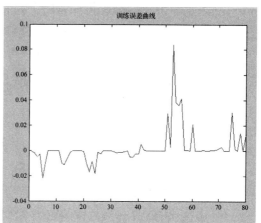

图 10-9　烟雾分类器训练样本的误差曲线

10.5　结果与讨论

10.5.1　森林火焰视频识别结果与讨论

(1) 疑似火焰区域检测结果

疑似火焰区域提取结果如彩图 35 所示，第一行为火焰图像的处理结果，第二行为风吹枯草的处理结果，第三行为相对静止的红花的处理结果。彩图 35(a)为原始图像，彩图 35(b)为满足颜色和运动特征的像素图像，彩图 35(c)为经过数学形态学处理后的结果图。

从彩图 35 可以看出，通过颜色和运动特征的像素检测，可以滤除相对静止的疑似火焰对象的影响，但是对于运动的干扰对象如风吹枯草，仍然会提取出疑似火焰区域，因此，需要进一步提取区域的特征向量，用分类器进行识别。

(2) 火焰视频识别结果与讨论

试验共 10 个不同场景的视频，随机选择训练视频 12 个，剩余 8 个视频用来测试和验证。共选取了 200 组数据做训练样本，其中火焰 100 组，非火焰 100 组；100 组数据做测试样本，其中火焰 50 组，非火焰 50 组。100 组数据做验证样本，其中火焰 50 组，非火焰 50 组。

在提取相同特征向量的情况下，试验中所用的视频帧率是 20fps，采用相邻帧法提取动态特征和本章的基于视频片段的火焰识别性能和速度进行比较，如表 10-1 所示。

表 10-1 相邻帧与视频片段分类性能比较

时间窗长度	测试样本总数	误报组数	漏报组数	识别准确率（%）	一帧率平均耗时（s）
相邻帧	100	11	5	84	81.588
一个帧率(20fps)	100	3	3	94	7.589

由表 10-1 的试验数据可以看出，若采用相邻帧提取特征，识别准确率为 84%，漏报率为 5%，检测一帧率所需的时间为 81.588s；若采用本章所述的方法，则识别准确率为 94%，漏报率为 3%，检测一帧率所需的时间只需 7.589s。

10.5.2 森林烟雾视频识别结果与讨论

(1) 疑似烟雾区域检测结果

疑似烟雾区域提取结果如彩图 36 所示，从图中可以看出，与单纯的 RGB 颜色模型或 HSV 颜色模型相比，基于 RGB 与 HSV 相结合的烟雾区域检测效果更好。

(2) 烟雾特征提取结果

一个视频的 5 个连续时间窗的首帧烟雾区域和质心标记结果如图 10-10 所示，从图 10-10 可以看出，从右向左，烟雾区域的质心上移，烟雾区域的面积逐渐增加，而且从图中能看出由于风向的原因，烟雾的运动方向从右向左。

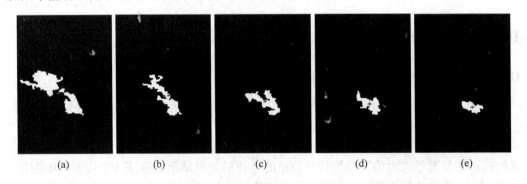

(a) (b) (c) (d) (e)

图 10-10 疑似烟雾区域提取结果图

运用 Matlab 工具箱中的 Sym3 小波函数对烟雾图像和背景图像进行一层小波分解，得到边缘子图如图 10-11 所示，其中，第一行为原始图像的灰度图，第二行为边缘子图。各分量系数 V_1^a、H_1^a 和 D_1^a 的分布直方图如图 10-12 所示，其中，第一行为背景图像的系数分布直方图，第二行为烟雾图像的系数分布直方图。对于图 10-12，直观上并不能看到背景图像和烟雾图像的高频信息有明显的区别。实际上，通过式(10-20)高频能量相对下降率 α，结果如图 10-13 所示。从图 10-13 可以看出，与背景图像相比，烟雾图像的高频能量有较明显的衰减。

图 10-11　一层小波分解边缘子图

（a）背景图像　（b）烟雾图像

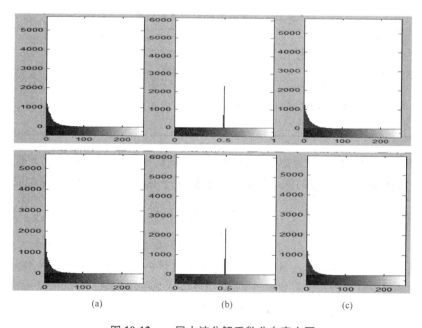

（a）　　　　　　　　　　（b）　　　　　　　　　　（c）

图 10-12　一层小波分解系数分布直方图

（a）V_1^a 直方图　（b）H_1^a 直方图　（c）D_1^a 直方图

显示当前背景的小波分量：
4190298884.25
28228423.25
38009278.25
19746077.25
显示背景小波的能量：
85983778.75
显示当前帧的小波分量：
4440606190
21634312
31295974
16135196
显示当前帧小波的能量：
69065482
根据烟雾的模糊特性，这里求能量相对于背景的变化率
(energy1-energy2)/energy1：
0.19676

图 10-13 高频能量相对下降率 α 试验结果

(3) 烟雾识别结果

试验共选取了 120 组数据做训练样本，其中烟雾 80 组用做训练样本，剩余 40 组数据用做测试样本，其中，20 组正例样本，20 组反例样本。

现有文献运用能量、圆形度和面积变化率这 3 个特征识别烟雾较为常见，而本节增加了飘动特征。包含飘动特征和不包含飘动特征的烟雾视频识别性能的试验结果如表 10-2 所示。

表 10-2 林火烟雾识别实验结果

烟雾识别提取的特征	测试样本	误报组数	漏报组数	识别准确率（%）
4 个特征（包含飘动特征）	40 组（20 组正例，20 组反例）	3	2	87.5
3 个特征（不包含飘动特征）	40 组（20 组正例，20 组反例）	7	4	72.5

从表 10-2 可以看出，包含飘动特征的烟雾识别的准确率明显提高，尤其误报组数减少明显。由此可见，烟雾的飘动特征是烟雾区别于其他干扰物的一个重要特征。

本章小结

本章介绍了一种基于机器视觉和智能识别技术的森林火灾视频监控系统，根据火焰、烟雾的颜色特征和动态特征，从系统采集的监控视频中分割候选的火焰和烟雾区域，提取火焰、烟雾的时空特征向量，分别运用 Adoost-BP 分类器和 BP 分类器实现火焰、烟雾视频识别，并通过试验对提出的方法进行了验证。

参考文献

[1] 张健.2009. 林火视频检测新技术研究[D]. 北京：北京林业大学博士论文.

[2] 张军国.2009. 面向森林火灾监测的无线传感器网络技术的研究[D]. 北京：北京林业大学博士论文.

[3] 姚志芳.2008. 加强森林防火教育的重要性及措施[J]. 现代农业科技(14)：351－353.

[4] http：//www. snly. gov. cn/info/1054/5477. htm.

[5] 张军国，李文彬，阐江明，等.2007. 基于zigBee无线传感器网络构建的森林火灾监控系统[J]. 北京林业大学学报，29(4)：41－45.

[6] 肖刚.2006. 国内外森林防火技术现状及趋势探讨[D]. 天津：天津大学硕士学位论文.

[7] ZHU TENG, JEONG-HYUN KIM, DONG-JOONG KANG. 2010. Fire detection based on hidden markov models[J]. International Journal of Control, Automation, and Systems, 8(4)：822－830.

[8] HORNG W B, PENG J W, CHEN C Y. 2005. A new image-based real-time flame detection method using color analysis[A]. Proc. OfIEEE International Conference on Networking, Sensing and Control Tucson[C]. Arizona：IEEE Press, 100－105.

[9] LIU Che-bin, AHUJAN. 2004. Vision based fire detection[A]. Proc. Ofthe 17th IEEE International Conference on Pattern Recognition[C]. IEEE Press.

[10] 张进华，庄健，杜海峰，等.2006. 一种基于视频多特征融合的火焰识别算法[J]. 西安交通大学学报，40(7)：811－814.

[11] 韩斌，黄刚，王士同.2009. 基于边界矩和支持向量机的火焰识别算法[J]. 计算机应用研究，26(7)：2765－2766.

[12] CLAUSID A, ZHAO Y P. 2003. Grey level co-occurrence integrated algorithm (GLCIA)：a superior computational method to determine co-occurrence probability texture features[J]. Computers & Geo-sciences, 29(7)：837－850.

[13] YAMAGISHI H, YANMAGUCHI J. 1999. Fire flame detection algorithm using a color camera[A]. // International Symposium on Micro-mechatronics and Human Science[C]. Nagoya, Japan, 255－260.

[14] CLAUSID A, ZHAO Y P. 2002. Rapid co-occurrence texture feature extraction using a hybrid data structure[J]. Computers&Geosci-ences, 28 (6)：763－774.

[15] OSMAN GUNAY, KASM TASEMIR, B UGURTOREYIN. 2010. Fire Detection in Video Using LMS Based Active Learning[J]. Fire Technology, 46：551－577.

[16] PIEEININI P, CALDERARA S, CUEEHIARA R. 2008. Reliable smoke detection in the domains of image energy and color[A]. 15th IEEE International Conference on Image Processing[C]. 1376－1379.

[17] TOREYIN B U, DEDEOGLU Y, CETIN A E. 2005. Wavelet-based real-time smoke detection in video[A]. Proc of 13th European Signal Processing Conference[C]. 4－8.

[18] 李庆奇，马莉.2011. 基于小波能量的轮廓抖动性烟雾检测算法[J]. 杭州电子科

技大学学报, 31(5): 185 - 186.

[19] SIMONE CALDERARA, PAOLO PICCININI, RITA CUCCHIARA. 2011. Vision based smoke detection system using image energy and color information[J]. Machine Vision and Applications(22): 705 -719.

[20] KIM DONG-KEUN, WANG YUAN-FANG. 2009. Smoke detection in video[A]. World Congress on Computer Science and Information Engineering [C]. Los Angeles, USA (5): 759 - 763.

[21] YANG JING, CHEN FENG, ZHANG WEI-DONG. 2008. Visual-based smoke detection using support vector machine[A]. FourthInternational Conference on Natural Computation[C]. Jinan China(4): 301 - 305.

[22] WEI ZHENG, WANG XING-GANG, AN WEN-CHUAN. 2009. Target-tracking based early fire smoke detection in video[A]. International Conference on Image and Graphics[C]. Xian, China, 172 - 176.

[23] 罗媛媛. 2013. 基于YCbCr颜色空间的森林火灾探测技术的研究[D]. 长沙:中南林业科技大学研究生论文, 69.

[24] T CHEN, P WU, Y CHIOU. 2004. An early fire detection method based on image processing[J]. Proc. of IEEE International on Image Processing: 1707 - 1710.

[25] HONG W, PENG J, CHEN C A. 2005. new image-based real-time flame detection method using color analysis[J]. In: IEEE International Conference on Networking, Sensing and Control, 100 - 105.

[26] 王亚军, 徐大芳, 陈向. 2007. 基于火焰图像动态特征的火灾识别算法[J]. 测控技术, 26(5): 7-9.

[27] 张宾. 2012. 基于视频的火灾火焰检测[D]. 沈阳:辽宁科技大学研究生论文.

[28] 葛勇. 2009. 基于视频的火灾检测方法研究及实现[D]. 长沙:湖南大学, 75.

[29] 庄坤森, 马森晨. 2012. 基于视频特征的火焰识别算法研究[J]. 信息系统工程(12): 146 - 149.

[30] 贾洁, 王慧琴, 胡燕, 等. 2012. 基于最小二乘支持向量机的火灾烟雾识别算法[J]. 计算机工程(2): 272 - 275.

[31] 熊国良, 苏兆熙, 刘举平, 等. 2013. 火焰特性识别的Matlab实现方法[J]. 计算机工程与科学(07): 131 - 136.

[32] ZHAOFENG HE, TIENIU TAN, ZHENAN SUN. 2010. Topology modeling for Adaboost-cascade based object detection[J]. Pattern Recognition, 31(24): 912 - 919.

[33] 张禹, 马驷良, 张忠波. 2006. 基于AdaBoost算法与神经网络的快速虹膜检测与定位算法[J]. 吉林大学学报, 44(2): 233 - 236.

[34] I KOPILOVIC, B VAGVOLGYI, T SZIRANYI. 2000. Application of panoramic annular lens for motion analysis tasks: surveillance and smoke detection[A]. Proceedings of 15th International Conference on Pattern Recognition[C]: 714 - 717.

[35] C SIMONE, P CALDERARA, P PICCININI. 2011. Vision based smoke detection system using image energy and color information[J]. Machine Vision and Applications(22): 705 - 719.

[36] 王涛, 刘渊, 谢振平. 2011. 一种基于飘动性分析的视频烟雾检测新方法[J]. 电

子与信息学报，33(5)：1024 – 1029.

[37] XIA W C，ZENG Z Y. 2007. Background update algorithm based on kalman filtering [J]. Computer Technology and Development(10)：134 – 136.

[38] ZHAO XIAO-CHUAN，et al. 2013. MATLAB Actual Combat of Digital Image Processing [M]. Beijing：China Machine Press，112 – 161.

[39] 秦文政，马莉. 2011. 基于视觉显著性和小波分析的烟雾检测方法[J]. 杭州电子科技大学学报，31(4)：114 – 117.

思考题

1. 简述国内外森林火灾监测的主要方式。
2. 简述森林火灾视频监控系统的主要组成部分及各部分的功能。
3. 视频图像静态特征和动态特征提取的方法有哪些异同？
4. 理解本章内容，并查阅相关资料，探讨森林火灾监测未来的发展方向和趋势。

推荐阅读书目

1. 智能视频监控中目标检测与识别. 万卫兵. 上海交通大学出版社，2010.
2. 视频目标检测和跟踪及其应用. 杨杰，张翔. 上海交通大学出版社，2012.

第**11**章

基于 CT 扫描的原木检测与识别

[本章提要] 木材内部的缺陷和木材含水率对木材加工质量有很大的影响,本章运用 CT 断层扫描技术获取一系列原木横断面的数字化图像,借助于计算机对图像数据进行运算和处理,在计算机内实施原木的 3D 重建,并对原木刨切薄木进行多方案的虚拟切削,从而确定优化的加工方案。采用 BP 网算法识别出原木的缺陷,根据 CT 值与木材含水的高度线性相关性,检测原木的含水率,保证了原木加工的质量,提高了出材率。

木材是一种天然材料,生长过程影响因素较多,形成了木材特有的一些特性和缺陷,比如年轮、节子、腐朽等,根据这些特点合理使用木材可以提高其使用价值和利用率。CT 扫描是一种根据物质对 X 光吸收不同而成像的工具,利用 CT 扫描检测木材是根据木材内部物质对 X 光吸收不同而检测出木材内部缺陷,并且可以获取木材内部三维信息,这些信息可以用来识别木材内部诸如裂纹、节子、腐朽等缺陷,虚拟刨切木材预测刨切纹理,检测木材含水率等。

11.1 背景与设计思路

木材是能够次级生长的植物,如乔木和灌木,所形成的木质化组织。这些植物在初生生长结束后,根茎中的维管形成层开始活动,向外发展出韧皮,向内发展出木材。木材是维管形成层向内发展出的植物组织的统称,包括木质部和薄壁射线。木材对于人类生活起着很大的支持作用。根据木材不同的性质特征,人们将它们用于不同途径,一些木材被锯解成木方,一些木材被旋切或刨切成薄板用作胶合板或贴面板,这些木制品对木材要求也不尽相同。长期以来人们由于人类木材消耗的速度远远超过木材生产速度,木材尤其是珍贵木材价格不断上涨,迫使人们采用各种方法来提高木材的利用价值。一方面减少木材的浪费;另一方面让木材能够物尽其用,发挥其最大价值。

在过去的几十年里有很多木材无损检测方法在木材工业中应用,如振动、超声波、应力波等方法。虽然这些方法取得一些效果,但是木材作为天然生物材料,材质不均一、影响因素多等使得木材无损检测研究比较困难。CT 扫描(也称 CAT 扫描)将传统的 X 光成像技术提高到了一个新的水平。与仅仅显示骨骼和器官的轮廓不同,CT 扫描可以构建完整的人体内部三维计算机模型。医生们甚至可以一小片一小片地检查患者的身体,以便精确定位特定的区域。这种原本用在医学技术,在 20 世纪 80 年代开始用于木材工业中，例如，木材内部缺陷的识别、虚拟加工、木材含水率等方面，并且取得一些成绩。

11.2 CT 成像基本原理

在 CT 成像中物体对 X 线的吸收起主要作用，在一均匀物体中，X 线的衰减服从指数规律。在 X 线穿透人体器官或组织时，由于人体器官或组织是由多种物质成分和不同密度构成的，所以各点对 X 线的吸收系数是不同的。将沿着 X 线束通过的物体分割成许多小单元体(体素)，令每个体素的厚度相等[1]。设 l 足够小，使得每个体素均匀，每个体素的吸收系数为常值，如果 X 线的入射强度 I_0、透射强度 I 和体素的厚度 l 均为已知，沿着 X 线通过路径上的吸收系数之和 $\mu = \mu_1 + \mu_2 + \cdots + \mu_n$ 就可计算出来。为了建立 CT 图像，必须先求出每个体素的吸收系数 μ_1、μ_2、$\mu_3 \cdots \mu_n$。为求出 n 个吸收系数，需要建立如式(11-1)(见下文)那样 n 个或 n 个以上的独立方程。因此，CT 成像装置要从不同方向上进行多次扫描，来获取足够的数据建立求解吸收系数的方程。吸收系数是一个物理量，是 CT 影像中每个像素所对应的物质对 X 线线性平均衰减量大小的表示。实际应用中，均以水的衰减系数为基准，故 CT 值定义为将人体被测组织的吸收系数 μ 与水的吸收系数 μ_w 的相对值，用公式表示为：$H = \dfrac{\mu(x, \ y) - \mu_w}{\mu_w} \times 1000$。再将图像面上各像素的 CT 值转换为灰度，就得到图像面上的灰度分布，就是 CT 影像。

CT 图像的本质是衰减系数 μ 成像。通过计算机对获取的投影值进行一定的算法处理，可求解出各个体素的衰减系数值，获得衰减系数值的二维分布(衰减系数矩阵)。再按 CT 值的定义，把各个体素的衰减系数值转换为对应像素的 CT 值，得到 CT 值的二维分布(CT 值矩阵)。然后，图像面上各像素的 CT 值转换为灰度，就得到图像面上的灰度分布，此灰度分布就是 CT 影像。

11.3 基于 CT 扫描的原木薄木刨切计算机模拟

11.3.1 基于 CT 扫描的原木薄木刨切

由于珍贵木材日趋稀少，人们往往在价格比较便宜的木材单板或木板表面贴上一层薄薄的珍贵木材单板，使单板或木板表面拥有珍贵木材的纹理与色泽。对珍贵木材薄单板制作，薄木制作的方法主要有两种类型，即刨切法和旋切法。刨切法中又有平面刨切法和旋转刨切法之分，如图 11-1 所示。

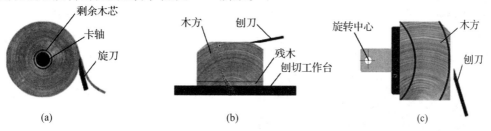

图 11-1 薄木的刨切类型
(a)旋切法 (b)平面刨切法 (c)旋转刨切法

　　原木进厂后，首先要根据所需要的长度将其截断为木段，然后锯剖成木方。木方被送到专门的装置中进行蒸煮，使木材软化，以利于刨切加工。经过蒸煮的木方再被放置到工作台上，用夹紧装置使之固定，并开始刨切，直至木方的残木高度。刨切出来的薄木随后被干燥、剪切、检验和包装，供市场销售。

　　原木刨切薄木的有效出板率在很大程度上取决于原木的合理截断和木方的合理制作。一旦原木已被购买并被运送到原木场，首先要由有经验的操作人员逐根地对每根原木进行考察，将原木在长度上切为几根木段。然后，操作人员对每根木段进行考察，制订出木方的锯剖方案，实施纵向锯剖，以形成刨切的木方。在做出原木截断的决定时，需要考虑原木的外观以及某些内部缺陷在外观上的提示，力求使节子等缺陷落在木段的端头。在做出木方的锯剖方案决定时，需要考虑木段的直径、木材的年轮、木方在刨切时的固定方法，以及木段外观直接可见的缺陷和某些可能的内部缺陷的外观表现。因此，所做出的原木截断决定和木方锯剖方案，都包含有一些对于原木内部性质和情况的猜测。这种猜测是基于长期操作经验所形成的关于木材知识的积累。然而，对于那些在原木外观上无任何征兆的缺陷，则无能为力。

　　假如操作人员在做出原木截断和木方锯剖方案之前，事先对原木内部的情况有全面的了解，掌握缺陷的位置、大小和分布，像看玻璃一般透视到原木的内部构造，这样操作人员所做出的方案会得到优化，木材的使用价值也得到提高。

　　断层扫描技术为人们实现这一目标提供了可能。运用断层扫描技术获取一系列原木横断面的数字化图像，而后借助计算机对图像数据进行运算和处理，在计算机内实施原木的 3D 重建，并模拟地对原木进行多方案的虚拟切削，从而使操作人员可根据比较的结果，挑选和确定较为优化的方案。

　　本章试验研究是以原木 CT 扫描图像为基础，通过图像处理、3D 重建、虚拟切削，以及结果的图示化显示，证明了断层扫描技术的运用对改善原木薄木刨切操作的可能性；而当将来 CT 扫描技术真正进入薄木刨切生产之时，基于 CT 扫描和虚拟切削的模拟技术，将是一种有效的辅助工具。

11.3.2　CT 扫描图像获取

　　试验所用原木的树种有：檫树、色木、枫香和欧洲白蜡，其直径为 20～30cm，木段长度 80～120cm。

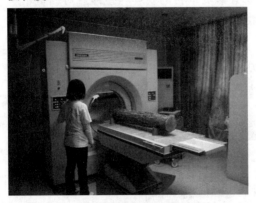

图11-2　原木 CT 扫描

　　CT 扫描在医学 CT 机上进行。木段被从原木上截断下来之后，逐根地放置到 CT 机的床台上，如同人体一般地接受扫描（图 11-2）。为便于进行图像处理，木段的两端用 V 形木块支撑起来，使木段中间的被扫描部分与床台脱离接触。

　　调整好木段的位置和状态，并用激光参照线确定初始扫描断面后，CT 机便开始对木段进行逐层的扫描。扫描的断层厚度为 2mm，每个断层之间的间距为 5mm，扫描

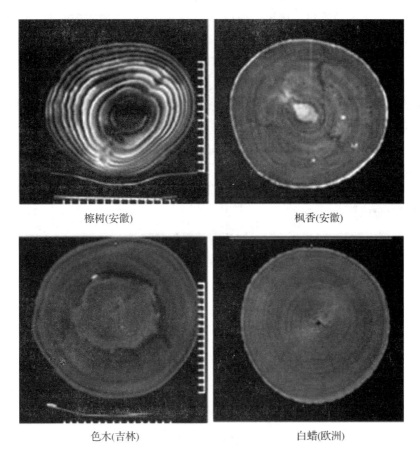

榉树(安徽)   枫香(安徽)

色木(吉林)   白蜡(欧洲)

图 11-3　四种树种原木的 CT 扫描断层图像

图像的分辨率为 512×512。由于所使用的医学 CT 机床台移动范围有限，每根木段被扫描的只是它的中间一段，长度为 $65 \sim 70 \mathrm{cm}$。每根木段所获取到的 CT 扫描图像均在 100 幅以上，如图 11-3 所示。

从 CT 机上所获取的 CT 扫描图像，是基于被扫描原木在该断层上内部特征的数字化信息[4]。以一定的方式将它们存储起来，即用某种存储的格式在计算机中来安排信息的数据，是用计算机对它们进行处理的前提。由于各 CT 扫描仪制造公司所开发的信息数据存储方式和图像数字化处理方式不同，因而图像文件的存储格式多种多样。直接采用普通研究用的计算机程序软件，一般无法对这种存储格式的图像文件进行读解。为此，将 CT 扫描所获取的断层扫描图像信息输入计算机进行运算和处理之前，必须对 CT 扫描图像文件的存储格式进行转换[5]。此外，每幅 CT 扫描图像在输入之时还必须经过适当滤波处理，以减小噪声。

11.3.3　试验结果

原木 CT 扫描所获取的断层图像数据信息，首先被输入计算机，并以适当的文件形式存储。操作者可任意调出这些扫描图像进行观察，既可以快速地对全部的图像进行浏览，也可以对感兴趣的扫描图像逐个研究分析。由于扫描图像是沿着原木的长度方向按一定的间距逐层地进行扫描而获得的，当某个图像上出现节子之类的缺陷时，它在原木长度方向上的位置也即确定。而该节子之类的缺陷在原木横断面上的坐标位置，则在CT扫描平面图像中可以直接地反映出来。因此，操作者便可基于对扫描图像的观察结果，较为合理地做出在何处对原木加以截断的决策，尽可能让缺陷置于木段的端部。

薄木的平面刨切方式和旋转刨切方式均可在计算机上模拟地实施操作和演示。操作者可虚拟地将木段进行锯剖，制作出刨切的木方，然后将刨切的相关物件放置到相应的位置上。木方的底面与装料工作台的台面相吻合；固定木方用的夹持器以某个厚度上的粗线条表示，其高度也即薄木刨切后木方的残木厚度；虚拟刨切刀具（鼠标箭头）则可以平移调整，指示出需要刨切的位置（图11-4）。对于旋转刨切，则还需要确定木方旋转的中心位置。

图11-4 虚拟木方制作和刨切相关物件的放置

在原木的扫描图像上虚拟地锯剖出刨切的木方，并将工作台和夹持器的替代几何形体放置在相应的位置后，便可在所感兴趣的位置上进行虚拟的刨切。该位置上虚拟刨切得到的刨切薄木，可以在刨切薄木窗口中显示出来。从刨切的木方表面向着木方底面的方向逐步地移动刀具的位置，也就产生一幅一幅的刨切薄木的图像（图11-5）。

对于同一根木段，按某一锯剖方案所产生的刨切木方，在其完成了虚拟刨切的操作和刨切薄木的图像显示后，可以根据另外一种锯剖方案产生新的刨切木方，重复虚拟刨切操作的过程，于是一组新的刨切薄木便虚拟地生产出来。这个新的刨切木方，

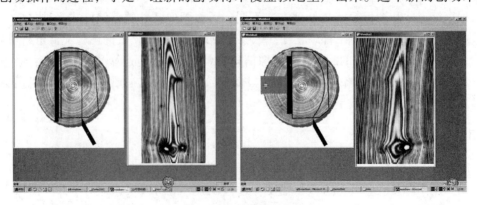

图11-5 虚拟刨切薄木的图像

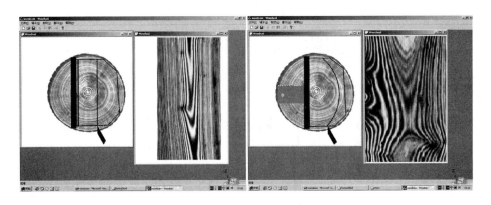

图 11-6 虚拟刨切方案的变换

既可以仅仅是木方制作锯路的平移生成的，也可以是在横断面图像内转动某个角度生成的，并且尺寸的大小也可以变化(图 11-6)。每幅刨切所产生的薄木图像，不仅可以显示它的幅面大小，以及木纹的图案，而且对节子等缺陷存在，则得以暴露。

对于原木刨切薄木制造厂来说，它的经济效益取决于多方面因素，而木材原料的高效和高附加值利用，则是至关重要的决定性因素之一。在国际市场上，原木是大批量销售的，在一批原木之中，既有较高质量的，也有勉强可用的。因此，工厂必须面对这种原木质量混杂的情况，低品质的木材对木材加工的效益有显著影响。而基于 CT 扫描图像技术的模拟，作为一种辅助的手段和工具，将有利于了解木段内部情况，帮助操作人员截断原木和将木段制作成木方，从而从较低质量的木材原料中，生产出较高质量的刨切薄木产品，提高工厂的效益。

11.4　原木 CT 图像中木材缺陷的自动识别

木材由于其丰富的天然色彩和多姿的特有纹理图案，广泛用作家具和细木工制品的材料。由于视觉外观是最基本的考虑因素，任何缺陷都将会影响木材的美感。虽然大量的缺陷类型已被分类，但是在木材缺陷中人们最感兴趣的是节子，其次是裂纹、腐朽和树皮。通过用恰当的方法将原木锯切为成材，缺陷可以放到板材的边缘或端头，从而易于去除。锯切方案的优化选择将可在每块板材上留下大的无缺陷木材面积，从而提升商业价值。

在典型的木材加工厂中，原木进入工厂，通过剥皮工序，然后进到锯机。在这里锯材工重复地移动原木通过锯机，每次锯下一块板材。随着每块板材被锯下，原木的内部也逐步暴露，工人可能会间断性地重新定位原木以便从最好的一边进行锯切。被锯下的板材随后通过锯边和截头，使靠近板材边缘或端头的缺陷被除去，从而提高板材的等级。

通过扫描获得原木内部缺陷位置、大小和分布的认识，对于锯切工艺效率提高有着相当重要的作用。然而，在计算机断层(CT)或其他类型的原木内部扫描能够被加以工业化的应用之前，还有相当多的一些问题需要解决。①根据扫描得到的一系列 CT 图像生成一个容易被操作人员理解的三维模型，需要有一些方法来自动地向锯切操作的工人提供使之做出适当锯切方案所需的资料。一系列的 CT 扫描图像不可能由操作人员很容易地形成一个三维的模型。为了将原木锯切为高价值的板材,需要精确地定位、度量和标识内部的缺陷。②这个缺陷识别应能快速实时运行,便于扫描、图像重建和图像演示以适应锯切操作过程。③原木及其内部缺陷的 3D 显示,对于锯材工艺仅仅是朝着实时优化操作的第一步。④锯材工将由经计算机分析过的建议加以引导,根据对原木及其内部缺陷分析的信息,按最佳的原木锯切程序锯切;或者直接由计算机发出指令自动地完成锯切过程。因此,CT 扫描图像中节子等缺陷的计算机自动识别,是问题的关键。

人工神经网络是 20 世纪 80 年代以来广泛应用于计算机视觉和模式识别中的一种有效的方法。本章的试验是将原木 CT 扫描所得到扫描信息,先预处理,然后应用人工神经网络来训练、识别原木 CT 图像中的主要缺陷。

11.4.1　试验材料准备与 CT 扫描图像获取

试验所用原木的树种为欧洲白蜡,共计 4 个木段,其直径为 20～30cm,长度为80～120cm,外表没有明显的缺陷。

CT 扫描在医学 CT 机上进行。为便于进行图像处理,木段的两端用 V 形木块支撑起来,使木段中间的被扫描部分与床台脱离接触。

调整好木段的位置和状态,CT 机便开始对木段进行逐层扫描。扫描的断层厚度为2mm,断层的间距为 5mm,扫描图像的分辨率为 512×512。由于所使用的医学 CT 机床台移动范围有限,每根木段被扫描的只是它的中间一段,长度为 65～70cm。每根木段所获取到的 CT 扫描图像均在 100 幅以上。这些图像在毫米级上反映了原木的密度分布。密度低的地方表现为暗区,密度高的地方表现为亮区。CT 扫描仪产生的文件格式是 DICOM (digital imaging and communications in medicine)。这种文件格式比较特殊,不能直接在一般的个人计算机上用常见的图像浏览软件来处理,为此专门编写了程序,对图像进行了适当的预处理,主要有除去背景、滤波除去噪声、归一化。图 11-7 是一张预处理过的图像,图中原木外围的亮框是外加上去的,主要是为后面在图像识别中确定识别区域时减少计算量。

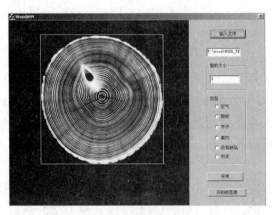

图 11-7　预处理后的原木 CT 图像

11.4.2 原木缺陷识别算法

计算机的高速化和大容量化，使图像信息的处理已经成为可能。图像的模式识别有了很快的发展，由传统的统计方法发展到人工智能，其中人工神经网络是有效的方法之一，已经广泛地应用在光学字符识别、指纹识别、人脸识别等复杂对象，并且取得了良好的效果。这里主要考虑裂纹、节子、腐朽、树皮等影响加工的缺陷。图 11-8 为原木 CT 图像神经网络识别缺陷的示意图，图中的窗口为 3×3。

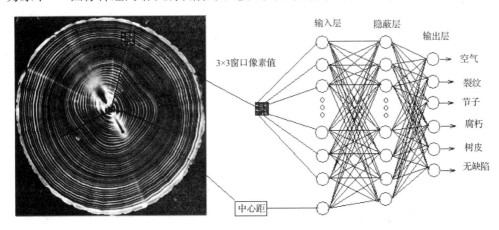

图 11-8　神经网络示意图

采样的过程是首先浏览所有的原木 CT 图像，选出一些有典型缺陷的图像。因为图像一般是二维的，因此在采集数据训练时，所采集的数据是以目标像素为中心并包括 8 个相邻像素的一小正方形块数据，这种小正方形的区域一般称为窗口。具体实现是用鼠标点击目标像素的部位，采样就是以该点为中心的一个特定大小的正方形。为了标识出已经采样过的区域，将采样过的区域标成白色。在采集典型缺陷样本时，主要是考虑样本的代表性，各种缺陷尽量都有一定的代表，而且这些数据尽量不是集中在同一张图像上，而是分布在若干张典型代表图像上，采集过程如图 11-9 所示。采集典型的样本后，用神经网络进行训练，用训练好的神经网络来识别原木 CT 图像，识别后再对图像中节子图像进行腐蚀处理，除去某些误判为节子的分散区域。

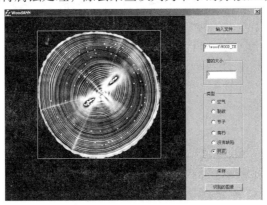

图 11-9　采样过程示意图

11.4.3 应用实例

采用上述的采样方法，3×3 的窗口共 9 个像素，再加上一个目标像素到原木中心距离，输入节点共为 10 个。这里的原木中心近似地为原木外接矩形对角线的交点。因此，人工神经网络识别系统输入节点为 10 个，输出节点为 6 个，中间隐蔽层 10 个(10-10-6)。给定连接率为 0.75，学习速度为 0.000 01，最大迭代次数为 10 000。采集的样本共 1010 个，其中节子 84、树皮 124、无缺陷木材 625、裂纹 17、腐朽 90、背景 70 个，来自 10 张 CT 图像。由于原木的髓心与腐朽木材接近，所以将髓心部分列为腐朽。为了更好地说明识别效果，定义了识别率，即某缺陷识别率 =（识别出某缺陷的数目/某缺陷实际数目）×100。在这种神经网络结构条件下，识别率是：节子 96.42、树皮 95.26、无缺陷木材 99.52、裂纹 11.76、腐朽 96.67。识别的效果如图 11-10 ~图 11-12 所示，图 11-10 为原始的原木 CT 图像；图 11-11 为识别后的图像；图 11-12 是识别处理后的图像。

上述图像识别效果乃是对被采样过的图像进行识别的效果。为了检验该种结构的人工神经网络识别能力，我们运用该结构神经网络对所有扫描图像进行了识别试验。图 11-13 显示是任意选取的未参加采样的图像识别和处理的效果。左边的是原始图像，

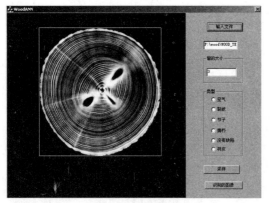

图 11-10 未经识别的 CT 图像

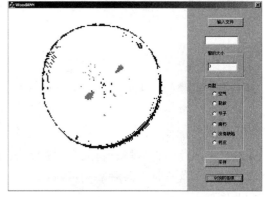

图 11-11 识别后的 CT 图像

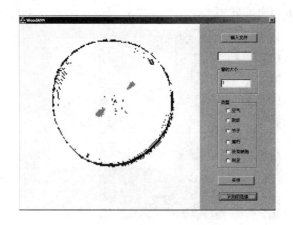

图 11-12 处理后的 CT 图像

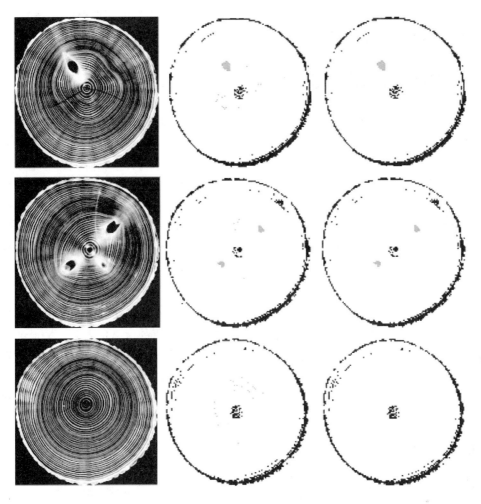

图 11-13 缺陷识别结果

中间的是识别后的图像，右边是经过处理后的图像。

为了更好地应用人工神经网络识别原木缺陷，尝试用不同结构的神经网络来识别。训练的数据依然是上述的数据，但是神经网络的隐蔽层节点数分别为 15、20、25、30、35，连接率为 0.75，学习速度为 0.000 01，最大迭代次数为 10 000。表 11-1 是各种不同结构的神经网络对各种缺陷的识别率。

表 11-1 不同隐蔽层节点时各缺陷识别率一览表

节点	节子	树皮	无缺陷木材	裂纹	腐朽
10 个节点	96.42	95.26	99.52	11.76	96.67
15 个节点	96.42	95.58	92.48	11.76	96.67
20 个节点	95.23	96.77	96.32	47.05	95.56
25 个节点	97.61	97.58	99.68	58.82	94.44
30 个节点	97.61	94.35	98.88	58.82	95.55
35 个节点	100	93.54	98.56	58.82	94.44

从表中可以看出，随着隐藏层中节点数增加，各种缺陷的识别率总体上趋于升高，但是对于裂纹的识别仍然不理想。

11.5 木材含水率检测技术

木材含水率是木材加工过程中一个十分重要的检测参数。当含水率在纤维饱和点范围内时木材会发生干缩湿胀现象，改变木材的尺寸，引起木材的变形，产生木材和木制品缺陷。Wengert 认为，至少 75% 的木材制品问题与木材含水率有关，可见木材含水率的重要性。另外，在整个木材干燥过程中，木材内部含水率分布十分重要，早在 1955 年，McMillen 用带锯将木材锯成薄片来测定木材内部含水率的分布，这种方法由于锯路和锯切时产生的热量影响使得结果误差较大；1993 年，Suchesland 用钻代替了锯来采样木材内部水分分布，1996 年，Wand 采用特殊的刀来采样获取木材内部水分分布，然而这些方法都无法克服采样后的薄试件在空气中发生水分变化。

目前广泛使用的木材水分测量的方法主要是称重法、电阻法、电磁法等。当取样很小时，由于环境和破坏性的采样等因素误差较大。电阻法一般用于木材含水率在纤维饱和点以下，但是当木材含水率低于 7% 时，木材电阻值约为 200 亿 Ω，又很难测量木材含水率。这对于在木材干燥过程中控制含水率的变化极为不便。在 20 世纪 90 年代人们开始研究利用水分对电磁波吸收程度的不同来测量木材的含水率。该方法具有不破坏木材表面、方便快捷、读数稳定可靠等特点。但是这种方法对表面粗糙的板材的含水率会有一定误差，而且只能测量纤维饱和点以下的含水率。

11.5.1 测量原理

当单一 X 射线束通过一密度均匀的小物体时，衰减量由以下确定：

$$I = I_0 e^{-\mu L} \tag{11-1}$$

式中：I_0 为入射 X 光强度；I 为 X 光穿过均匀密度物体的长度 L 时，透射的射线强度；L 为 X 光穿过均匀密度物体的路径长度；μ 为线性衰减系数。

CT 扫描中的 CT 值由下式定义：

$$H = \frac{\mu(x, y) - \mu_w}{\mu_w} \times 1000 \tag{11-2}$$

式中：$\mu(x, y)$ 为 CT 图像中位置在 (x, y) 处吸收系数；μ_w 为纯水的吸收系数。

有些 CT 扫描装置规定空气对应的 CT 值为 0，纯水的 CT 值为 2000，也有些 CT 扫描装置规定空气对应的 CT 值为 -1000，纯水的 CT 值为 0。其 CT 值绝对范围是一样的，只是 CT 值的起始值不同。

对于多孔质物质木材来说：

$$\mu(x, y) = \mu_{wood} \rho_{wood} + \mu_{water} \theta \tag{11-3}$$

式中：μ_{wood} 为木材绝干时的线性衰减系数；ρ_{wood} 为木材绝干密度；μ_{water} 为水的吸收系数；θ 为体积含水率（$\theta = \dfrac{w_{water}}{V}$，此时体积为该含水率下的体积）。

木材含水率定义：

$$m = \frac{w_{water}}{w_{wood}} \times 100\% \tag{11-4}$$

可以得到
$$w_{water} = \frac{(m \cdot w_{wood})}{100} \qquad (11\text{-}5)$$

木材干燥过程中木材体积在纤维饱和点(一般认为含水率在30%)以上可以认为木材没有发生体积变化,在纤维饱和点以下,可以用下面公式计算出来。

$$S_m = S_0 \left(\frac{30 - m}{30} \right) \qquad (11\text{-}6)$$

式中:S_m 为木材含水率在 m 时的干缩率。

$$V_m = V_{green}(1 - S_m) \qquad (11\text{-}7)$$

式中:V_m 为木材含水率在 m 时的木材体积;V_{green} 为木材纤维饱和点以上的木材体积。

情况一:当含水率在纤维饱和点以上时,$V = V_{green}$,此时:

$$\mu(x, y) = \mu_{wood}\rho_{wood} + \mu_{water}\theta = \mu_{wood}\rho_{wood} + \mu_{water}\frac{w_{wood}m}{100V_{green}} \qquad (11\text{-}8)$$

木材绝干体积 $V_{wood} = V_{green}(1 - S_0)$,可以推出 $V_{green} = \dfrac{V_{wood}}{(1 - S_0)}$ $\qquad (11\text{-}9)$

将式(11-9)带入式(11-8)可以得出:

$$\mu(x, y) = \mu_{wood}\rho_{wood} + \mu_{water}\rho_{wood}\frac{m}{100}(1 - S_0) \qquad (11\text{-}10)$$

对于上式左边可以由 CT 值计算出来,右边 μ_{wood}、ρ_{wood} 等都是木材本身的物理性质,S_0 与木材本身和干燥工艺有关。

情况二:纤维饱和点以下时:

$$\mu(x, y) = \mu_{wood}\rho_{wood} + \mu_{water}\theta = \mu_{wood}\rho_{wood} + \mu_{water}\frac{w_{wood}m}{100V_m} \qquad (11\text{-}11)$$

$$V_m = V_{green}(1 - S_m) = \left(\frac{V_{wood}}{1 - S_0} \right)(1 - S_m) = \frac{(1 - S_m)}{(1 - S_0)}V_{wood} \qquad (11\text{-}12)$$

由式(11-12)代入式(11-11)得到:

$$\mu(x, y) = \mu_{wood}\rho_{wood} + \mu_{water}\frac{w_{wood}m}{100V_m} = \mu_{wood}\rho_{wood} + \mu_{water}\frac{(1 - S_0)}{(1 - S_m)}\frac{m}{100} \qquad (11\text{-}13)$$

此处 S_m 由式(11-7)确定。

从式(11-8)可以看出在纤维饱和点以下木材的含水率是绝干木材的密度、吸收系数、水分为 0 时干缩率的线性函数。从式(11-13)可以看出在纤维饱和点下木材含水率不但与绝干木材的密度、吸收系数、水分为 0 时木材体积干缩率有关,而且还与在当前含水率下的干缩率有关,存在非线性关系。但若 S_0 和 S_m 值不是很大的话,可以简化为线性关系来计算。

11.5.2　材料与试验

试件样本来自安徽祁门,试验是以杉木锯切成截面为 100×55,长度为 830 的木方来扫描,扫描时为使木方好定位,专门做了试架(图11-14)。木方上面有一个直径 10 的圆孔,以圆孔为中心画上中心线(图11-15),每次扫描时利用 CT 机上的横竖两条激光参考线与试件上的参考线重合。扫描在南京军区总医院的医用 CT 机上,试件断层为 70 层间距为 10。检测水分是用相同木材相对称位置的木方,木方尺寸与式样试件水分

图 11-14 试件架子

图 11-15 试 件

从最初的 96.37% 到绝对干，共测试 8 次。图 11-16 为一幅断层图像，进行扫描图像为 512×512，格式为 dicom。为了减少变形和出现严重开裂的情况，采用低温的干燥工艺。

图 11-16 扫描图像

表 11-2 测试木材的含水率与 CT 值

含水率(%)	CT 值	含水率(%)	CT 值
96.37	673	44.8	438
77.1	532	36.9	400
74.4	513	26.3	349
70.3	482	0	342

表 11-2 是测试木材每次的含水率和 CT 值。

11.5.3 结论与分析

从表 11-2 可以看出，随着含水率的降低，CT 值在减小，用最小二乘做线性回归，得到线性模型 $y = -71.2854 + 0.2685x$，$R^2 = 0.8947$，F 统计量 51.0，F 统计量对应的概率值 0.0004，模型误差 128，非线性误差 -0.2058，说明 CT 值与木材含水存在高度线性相关，F 统计量统计量值较大，对应概率值较小，模型非线性误差较小，这与上文理论相吻合。图 11-17 为回归曲线图，'∗'的点为测量值。横坐标为 CT 值，纵坐标为含水率。从图中曲线可以看出：在绝对干时的测量值偏离曲线较大，这可能与检测过程有关，由于条件限制，干燥试验处与做 CT 检测不在同一地方，每次检测时是将木材试件从干燥箱中取出，用保鲜膜包好拿到测试地点打开测试，木材处于绝对干状态，容易吸收空气中的水分，造成测量误差。

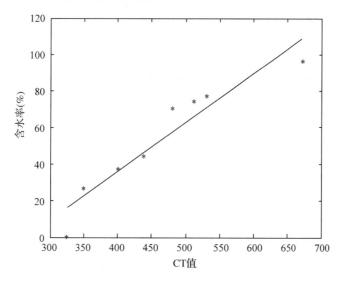

图 11-17 CT 值与含水率曲线关系图

11.6 结果与分析

CT 扫描技术在木材虚拟加工方面能够比较真实地反映木材加工后的纹理和缺陷在木制品上的分布，但是在研究中要处理好 3 个问题：一是采用医学 CT 来研究，能够扫描木材的长度，粗细都受限制，如果要工业化应用，这个问题必须解决；二是 CT 扫描后数据较多，如果按照断层厚度 0.5mm 来计算，一根 1000mm 的木材则需要 2000 张图像，这对图像信息获取和处理的实时性都是个巨大的挑战；三是由于 CT 像素点长宽在 0.5mm 左右，如果虚拟加工的话，加工后木制品表面粗糙度较大，与真实的木材表面粗糙度有着较大差异，这些问题都有待进一步深入研究。CT 扫描技术可以用在原木内部主要缺陷识别，如节子、树皮、腐朽等，但是也有一些缺陷如细小裂纹、死节与活节难以分开等，这些都有待进一步研究。CT 扫描技术在木材干燥中水分流场、材性早晚材等方面也取得了一些研究成果，由于篇幅受限，不再一一介绍。

本章小结

为了获取较高的木材出材率和利用率，在加工过程中，需要制订优化的加工方案，去除缺陷，控制含水率，根据木材纹理来选取合适的刨切方式。本章基于 CT 扫描技术、BP 网算法和最小二乘算法，对原木节子、裂纹、腐朽等主要缺陷自动识别，为后续下锯提供重要信息，根据理论推导和试验验证发现木材含水率与木材 CT 扫描值存在高度线性相关，该模型可以用在木材含水率检测中。

参考文献

[1] 王厚立，徐兆军，丁建文，等.2004. 基于 CT 扫描的原木薄木刨切计算机模拟薄木刨切[J]. 木材工业，18(6)：9–12.

[2] 徐兆军，王厚立，丁建文，等.2005. 基于人工神经网络的原木 CT 图像缺陷识别[J]. 木材工业，19(4)：15–17.

[3] 徐兆军，丁涛，丁建文，等.2009. 基于断层扫描技术的木材含水率检测技术研究[J]. 木材加工机械(4)：7–9.

[4] 徐兆军，丁建文，丁涛，等.2010. 基于断层扫描图像技术的木材纤维饱和点以上水分分布与迁移研究[J]. 木材加工机械 (1)：24–25.

[5] 徐兆军，丁建文，王厚立，等.2010. 基于光流技术的木材纤维饱和点以上干燥过程水分流动研究[J]. 木材加工机械，21(5)：1–3.

[6] DANIEL L SCHMOLDT, PEI LI A. 1997. Lynn Abbott Machine vision using artificial neural networks with local 3D neighborhoods[J]. Computers and Electronics in Agriculture, 16(3)：255–271.

[7] JING HE, A LYNN ABBOTT. 2000. Automated labeling of log features in CT imagery of multiple hardwood species [J]. Wood and Fiber Science, 32(3)：287–300.

[8] ZHIYONG CAI. 2008. A new method of determining moisture gradient in wood [J]. Forest Products Journal, 58 (7/8)：41–45.

[9] FENG Y, O SUCHSLANG. 1993. Improved technique for measuring moisture conten gradients in wood[J]. Forest Products Journal, 43 (3)：56–58.

[10] D J COWN, B C CLEMENT. 1983. A wood densitometer using direct scanning with X–rays[J]. Wood Science and Technology(17)：91–99.

思考题

1. 常见木材无损检测的方法有哪些?
2. 是否可以用 CT 扫描来预测木材早晚材?
3. 想象 CT 扫描还可以用在木材工业中的哪些环节中?
4. 查资料设计工业 X 光扫描系统。

推荐阅读书目

Nondestructive characterization and imaging of wood. Voichita bucur. Germany: Springer-Verlag berlin Heidelberg, 2003.

第12章

数字图像相关技术(DIC)
在木材科学中的应用

[**本章提要**]　介绍了数字图像相关技术(Digital Image Correlation，DIC)在木材科学领域中应用的国内外研究现状，讲述了 DIC 技术用于测量物体位移和应变的原理及方法，用两个实例来描述如何应用 DIC 技术进行测量木材在受到外力作用下的位移和应变，并分析了 DIC 技术在测量过程中的误差来源。

　　数字图像相关技术(Digital Image Correlation，DIC)是一种全新的测量物体在外力作用下所产生的位移和变形的方法。DIC 技术完美地结合了现代图像处理技术和光学测量技术，利用先进的图像处理设备，对物体表面的自然纹理或人工制备纹理进行捕捉和全场变形分析和计算。它克服了像云纹、全息、散斑干涉等传统光学测量方法对测量环境要求高、不适用于工程现场中应用等缺点，现已广泛应用于对工程材料在各种不同外力或应力作用下的变形测量，并在高速冲击、细观力学及光测力学领域中展现出广阔的应用前景。

12.1　背景

　　数字图像相关技术(DIC)是一种利用光电技术和计算机图像识别和图像处理技术相结合的方法对两幅或多幅图像中的同一目标物，例如，图像中随机分布的斑点或者某一特定的散斑场，在二维或三维空间上的相对位移变化进行精确的追踪和定位。由于图像识别的主要对象可以为激光散斑、人工散斑或利用物体表面纹理形成的散斑，所以该技术通常又称为数字散斑相关技术(Digital Speckle Correlation)。DIC 技术能够实现对目标散斑的相对位移进行测量，因此，在现代实验力学中，它已经被广泛应用于对材料或结构在外加载荷作用前后的变形进行捕捉和分析，获得材料的位移和应变数据。通过配合不同的图像采集装置，可以实现从纳米级别到宏观尺度上的位移和应变测量。

　　由于 DIC 具有非接触(non-contact)、全场式(full field)，及无尺寸大小限制等优点，已成功地应用于材料领域的位移和应变测量中。近年来，国内外学者也成功地将 DIC 应用于木材科学领域中，如测量拉伸或者压缩状态下木材的变形。

　　Choi 等[1]在 1991 年利用 DIC 分析了木材和纸张应变场的变化。他们认为 DIC 作为一种快速、准确的应变测量方法可以用来测量具有复杂结构的木材。由于 DIC 提供全场应变测量，可用其获得材料的正应变、剪切应变及泊松比等，同时也可以研究应变集中等现象。Samarasinghe 和 Kulasiri[2]在 2000 年使用 DIC 测量了新西兰辐射松(*Pinus radiata*)受到拉伸和压缩载荷时的位移场的变化。为了验证 DIC 测量位移的准确性，将辐射松的位移场和中等硬度的各向同性的橡胶的位移场做对比分析。

加拿大新不瑞克大学木材科学与技术中心在利用 DIC 测量木材位移及应变等方面也进行了深入的研究。Yang 等[3]在 2011 年发现使用最小二乘相关算法分析计算木材压缩过程中的应变场时耗时较长。为了提高计算速度并保证足够的计算精度，他们提出了建立一个以动态线性搜索窗口为基础的相关算法，此算法可以将一次计算时间从最初的 3h 缩短至 10min 左右。他们发现利用此算法所获得的应变值与应变计测量值吻合度较高，进一步证明了所改进的算法是有效的。Peng 等[4]在 2012 年利用 DIC 测量了北美短叶松(*Pinus banksiana*)饱水状态下降到不同含水率时的顺纹、弦向和径向收缩率，并研究了不同年轮部位的干缩率的变化规律。Li 等[5]在 2013 年在实验室利用自制 DIC 实验装备测量了压缩木的径向和弦向弹性常数。结果发现，DIC 不受试件尺寸大小限制，可以测量小尺寸的木材试件的位移场和应变场。当应力分布在线弹性范围的 40% ~70% 之间，测得应变的准确度较高。

在我国，DIC 在木材科学中的应用可以追溯到 2003 年。中国林科院江泽慧[6]于 2003 年介绍了 DIC 在木材及木质复合材料力学性能测试方面的应用，指出其测试应用范围可涵盖力学弹性常数、木材断裂行为和微观变形等。徐曼琼在 2003 年[7]用 DIC 测量了火炬松(*Pinus taeda*)木材在径向、弦向和顺纹方向的抗压弹性模量，并通过电测法进行比较，结果发现两种测量方法所得的弹性模量数值接近，误差在 1% ~7% 之间，说明 DIC 方法用于测量木材的弹性常数具有测量准确、测试简单等优点。钟健于 2006 年[8]利用 DIC 测量和描述了指接材的指接部位在受到拉伸应力作用下的变形和拉伸破坏状态。钟健把自编的数字散斑相关算法直接应用于 DIC，其精确性通过了数值模拟和真实试验的验证。安磊[9]在 2007 年利用 DIC 的测量原理设计出了一种非接触式无损检测木材干燥过程中的应力方法，首先采用 DIC 测量出干燥过程中木材表面测量点随干燥时间的位移变化，从而计算出应变，通过应变和应力关系计算出干燥过程的应力状态，提出了一种木材干燥应力的评价体系。刘美华[20]在 2007 年利用了 DIC 测量了顺纹拉伸载荷作用下的指接集成材在木材顺纹方向和横纹方向的位移变形及其应变值，从而计算出集成材的顺纹和横纹方向的泊松比，试验过程中观察到在试件表面的限定区域内，靠近边界的位移量大于中间区域的位移量。

综上所述，DIC 测量方法，利用非接触式光学测量原理，通过对比图像中代表目标物的灰度强度数值和位置矢量来计算相对位移或变形。该测量方法具有对光源和测量环境要求较低、容易在实验室进行设置、操作简便，并可直接利用商业计算机软件进行数据处理和提取等特点。随着图像捕捉和识别技术的不断发展和进步，所获取的数字图像的分辨率和清晰度也不断提高，使得 DIC 测量的精度也随之提高，逐渐被广泛应用于材料科学领域，为深入研究材料性能及变形规律等提供了一个有效可靠的方法。

12.2　数字图像相关技术(DIC)测量原理

DIC 测量物体位移和应变所需的图像识别对象相对比较简单。由于物体表面的某一物质点所对应的光强分布是唯一的,进行数字转化后,表征光强分布的灰度值也是唯一值。因此,在图像识别中只需对代表物体表面变形前后的整个数字图像区域进行灰度值的匹配搜索,就能够获得研究对象自身变化的信息。

DIC 测量物体位移和应变的过程主要分为以下 5 个步骤:

①在变形前的图像中选定某一 $N \times N$ 像素大小的散斑子区作为参考子区(样本子区)并找出该样本中所含每一像素的灰度值;

②在变形后的图像中根据最大相似性原则(maximum similarity)或者最小差异原则(minimum difference)进行全场逐行搜索,寻找出具有与样本中像素灰度值集合最接近的散斑子区,该散斑子区称为目标子区;

③分别计算出参考子区和目标子区各自的中心点的坐标矢量;

④利用广泛适用的一阶形函数(first-order shape function)计算出参考子区上每个像素点映射到变形图像所在的坐标系中的目标子区中的每一个像素点的位移矢量;

⑤利用应变和位移的本构关系计算出目标子区上每个像素点的应变,进而得到目标子区的应变平均值。

其中,步骤②中用于对参考子区和目标子区的平均灰度值进行相似性计算的算法对随后所计算的位移和应变的精度和时间起着决定性的作用。为了提高计算精度,国内外学者提出了很多不同的算法。目前应用较为广泛的有 Pan 等[11-13],分别提出考虑了噪声误差补偿的零均值互相关函数准则(zero-mean cross correlation, ZNCC)、归一化误差平方和相关函数准则(zero-mean normalized sum of squared difference, ZNSSD)和具有两个参数的误差平方和函数准则(parametric sum of squared difference criterion with two unknown parameters, PSSD_{AB})。

利用数字相关法计算物体平面位移和应变的具体过程表述如下:图 12-1 是显示变形前某一 $N \times N(N = 10 \sim 50)$ 像素大小的散斑子区(参考子区)和变形后的散斑子区(目标子区)相对位置分布。

假设参考子区的中心点 P 在变形前图像的坐标系(x, y)里的位置为 $P(x_p, y_p)$,变形后的目标子区的中心点 P' 在变形后图像的坐标系(x', y')里的位置为 $P'(x_p', y_p')$,则中心点 P' 相对于点 P 沿着坐标轴 $x(x')$ 轴和 $y(y')$ 轴的相对位置可以按式(12-1)计算得出:

$$x'_p = x_p + u_p$$
$$y'_p = y_p + v_p \tag{12-1}$$

式中: u_p 和 v_p 分别为沿着 $x(x')$ 轴和 $y(y')$ 轴的相对位移。

下面利用前面提到的改进过的相关算法 PSSD_{AB} 准则来寻找和样本散斑子区的灰度值的最接近的目标散斑子区,见下式:

$$C_{PSSD_{AB}} = \sum (Af_i + B - g_i)^2 \tag{12-2}$$

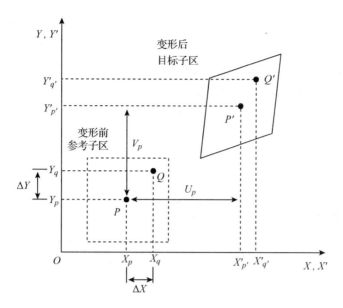

图 12-1 显示变形前后样本散斑子区和目标散斑子区的相对位置分布

式中：f_i 为样本子区中第 i^{th} 个像素的灰度值，即 $f(x_i, y_i)$；g_i 指示目标子区中第 i^{th} 个像素的灰度值，即 $g(x_i, y_i)$；A 和 B 为修正系数，可由式(12-3)和式(12-4)分别计算得出。

$$A = \frac{\sum \overline{g_i} \overline{f_i}}{\overline{f_i^2}} \tag{12-3}$$

$$B = \overline{g} - \frac{\sum \overline{g_i} \overline{f_i}}{\overline{f_i^2}} \overline{f} \tag{12-4}$$

式中：$\overline{f} = \frac{1}{N}\sum_{i=1}^{N} f_i$；$\overline{g} = \frac{1}{N}\sum_{i=1}^{N} g_i$；$\overline{f_i} = f_i - \overline{f}$；$\overline{g_i} = g_i - \overline{g}$。

在找到目标散斑子区后，可以将样本子区中在中心点 $P(x_p, y_p)$ 附近每一个像素点，即 $Q(x_q, y_q)$，映射到变形后图像的坐标系 (x', y') 中目标子区里相对应的像素点 $Q'(x_q', y_q')$。像素点 $Q'(x_q', y_q')$ 在新坐标系 (x', y') 里的位置可以一阶形函数计算得出，见式(12-5)。

$$
\begin{aligned}
x'_{q'} &= x_q + u_p + \frac{\partial u_p}{\partial x}\Delta x_q + \frac{\partial u_p}{\partial y}\Delta x_q \\
y'_{q'} &= y_q + v_p + \frac{\partial v_p}{\partial y}\Delta y_q + \frac{\partial v_p}{\partial x}\Delta x_q
\end{aligned}
\tag{12-5}
$$

式中：$\Delta x_q = x_q - x_p$；$\Delta y_q = y_q - y_p$；$\dfrac{\partial u_p}{\partial x}$，$\dfrac{\partial u_p}{\partial y}$，$\dfrac{\partial v_p}{\partial y}$，$\dfrac{\partial v_p}{\partial x}$ 为一阶位移向量。

由于在计算位移场的过程存在噪声误差，Pan 等[11,12] 提出了局部最小二乘法(local least-squares fitting technique)用于应变计算，见式(12-6)，该算法的优势是降低了噪声误差引起的应变误差。

$$
\begin{aligned}
u(x, y) &= a_0 + a_1 x + a_2 y \\
v(x, y) &= b_0 + b_1 x + b_2 y
\end{aligned}
\tag{12-6}
$$

式中：a_0，a_1，a_2，b_0，b_1，b_2 为未知系数，可以由最小平方法计算得出具体数值；$u(x, y)$ 和 $v(x, y)$ 为离散的位移函数。

观察式(12-6)，a_1 和 b_2 分别与 x 方向和 y 方向上的应变相关。通过对式(12-6)进行微分计算，x 方向和 y 方向上的应变，ε_x 和 ε_y，可以计算得出，见式(12-7)。

$$\varepsilon_x = \frac{\partial u(x, y)}{\partial x} = a_1$$

$$\varepsilon_y = \frac{\partial v(x, y)}{\partial y} = b_2$$

$$(12\text{-}7)$$

12.3　数字图像相关技术应用实例

根据前面所述 DIC 的原理来测量物体位移或应变的技术路线如图 12-2 所示：首先，利用数码相机或摄像机在稳定的光源下进行被测试件变形前后的数字图像采集；其次，将变形前的参考图像和变形后的图像输入计算机，进行图像预处理，选择用于计算的目标区域并确定子区像素参数，决定初始点并根据实际变形情况设置初始搜索方向；最后，选择不同的相关算法进行位移计算，并根据位移结果计算出相对位移。这些过程可以由商用图像相关分析软件来完成，也可以由用户根据需要，用像 C++ 这样的常用计算机语言来自行编写相关算法计算完成。

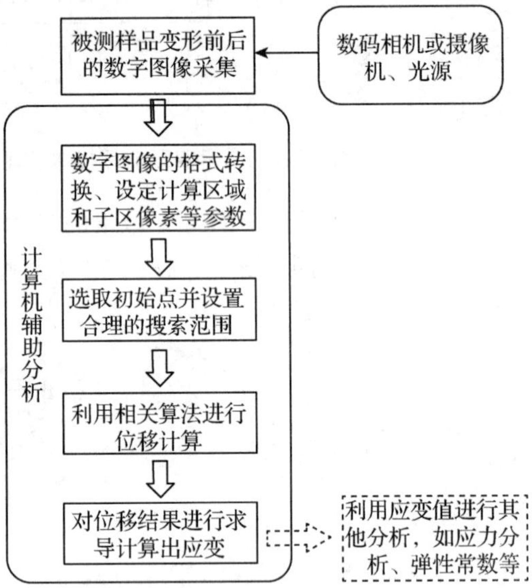

图 12-2　DIC 测量技术流程图

以下两个小节将采用两个实际案例来分别讨论：①如何利用现有的商业软件来进行木材在受到外力作用下所产生应变的测量及计算；②如何通过改进算法来缩短在木材力学试验中所遇到的大尺寸试件所需的 DIC 计算时间。

12.3.1　DIC 测量压缩木的径向弹性模量

(1)试验试件准备

该案例利用 DIC 对受压状态下压缩木试件的位移进行测量，并计算其线弹性应变，最后获得压缩木横截面上的径向弹性模量。试验用木材是北美冷杉(*Abies balsamea*)。压缩木是在一定的温湿度条件下沿着木材横纹径向将初始厚度为 18mm 木材压缩到只有 7mm 的厚度，再经过调温调湿处理后所获得[14]。然后将 3 块压缩木沿着厚度方向用胶黏剂黏合制备成总厚度为 21mm(横纹径向)，长度(顺纹方向)和宽度(横纹弦向)均为 14mm 的待测试样品。每组含有 6 个重复试件，试样代号为 D-ER-X($X = 1，2，3，\cdots，6$)，试件的测试面是横切面，外力施加方向为横纹径向，即测试试件的厚度方向。

试验前，在试件受测表面均匀涂抹一层薄薄的白色丙烯酸颜料作为底色。在丙烯酸涂层变干之前，将少量碳粉随机的洒在白色涂层上，形成随机分布的黑色斑点。因为黑白两色能够形成强烈的对比度，所以有利于图像识别。由于试件表面面积较小，黑色斑点的大小最好控制在 10~30 像素之间。

（2）试验装置和测量

DIC 试验装置如图 12-3 所示，包括：①装配有 NIKKOR 10mm f/2.8 镜头（固定焦距为 27mm（可避免由于可变焦距镜头在调整焦距时产生图像扭曲失真的误差）和遥控装置的尼康 Nikon J1 数码相机，用于拍摄在压缩过程中变形的试件表面；②一只具有平行光源的 LED 灯，用于提供照明度；③装备有 10 kN 传感器的 Instron 力学试验机，用于压缩试验。

图 12-3 DIC 试验装置图

加载前，相机放置于试件正前方。手动调整相机的焦距以获得清晰的图片，然后固定相机。校正好相机后，给试件施加一个 0.05 MPa 的预压力以避免试件和试验机压头之间因木材表面粗糙而存在微小间隙。拍摄第一张照片作为变形前的参考照片。然后以 0.05 mm/min 的压头移动速度缓慢加载。当应力增加到预设值（3.50MPa）后，保持压力稳定，并迅速用遥控器拍摄照片。至此，变形前后的两张图片拍摄完成。

（3）图像相关分析

试验获得的图像属性是 24 bits（sRGB color）、像素为 3872 × 2592，存储格式为 JPEG。用于 DIC 分析计算试件表面斑点移动变形和应变的软件为一款非商业软件 Moiré Opticist － 0.953d[15]。类似的利用数字相关性算法分析图像位移和变形的商业软件还有很多。另外，根据前一小节所描述的 DIC 分析位移和应变的原理，也可自行利用 Matlab 编写计算程序进行分析计算。

（4）图像后处理及数据分析计算

图像的后处理和应变数值的统计分析利用 Matlab[16] 软件来完成。图 12-4 显示了压缩木试件 D-ER-1 受到径向压缩应力的示意图。在压缩木试件中间层选定面积为 3mm × 3mm 的区域作为计算区域（region of interest，ROI），该区域含有 101 × 101 像素。用于计算应变的子像素集的大小设定为 21 像素。子像素集的大小可以根据图像的对比度调节。当对比度比较高时，可以选取一个比较小的子像素集。对变形后图像进行灰度值直方统计，如图 12-5 所示，可以发现一个明显的 U-型峰，即灰度值存在左右两个明显峰值。由于两个峰值所在的位置非常接近黑色和白色（像素值 0 代表黑色，像素值 255 代表白色），说明所拍摄的图像有很高的对比度。因此，子像素集的选取是合适的。

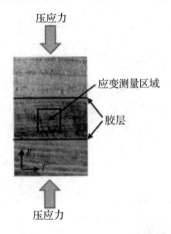

图 12-4　测量区域（ROI）和加载方向

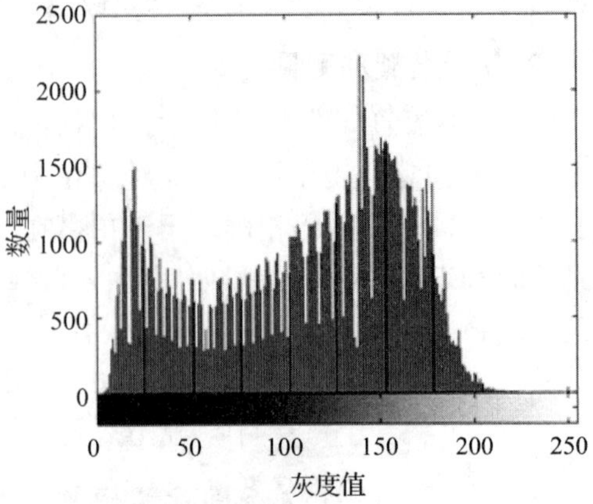

图 12-5　压缩木试件 D-ER-1 的灰度直方图

彩图 37 显示了压缩木试件 D-ER-1 的 y 和 x 方向上的应变分布场和应变矢量分布图。图 12-6 进一步显示了压缩木试件 D-ER-1 在 y 方向上的应变的直方图统计。灰度直方图统计发现 96% 的应变集中在 −0.025 ~ −0.005 之间（负号表示受到压缩应力），该区域的应变平均值用来计算压缩木试件 D-ER-1 的径向弹性模量。当压缩木试件 D-ER-1 受到压缩应力为 3.50MPa，相对应的应变平均值为 0.0128，根据弹性模量的计算式（12-8）可以计算出压缩木试件的径向弹性模量为 273MPa。

$$E = \frac{\sigma}{\varepsilon} \tag{12-8}$$

式中：σ 为径向压缩应力；ε 为径向压缩应变。

为了验证利用 DIC 所获得的压缩木径向弹性模量的可靠性和准确性，本案例制备了另一组尺寸为 25 mm（顺纹方向）×25mm（横纹弦向）×75mm（横纹径向）的大压缩木

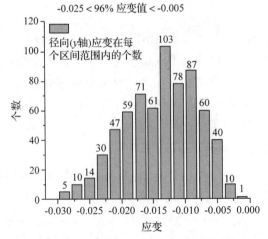

图 12-6　径向压缩载荷下压缩木试件 D-ER-1 表面 y 轴应变分布统计

试件，利用常规的力学实验法来测量其径向弹性模量，其中应变是用位移差动式传感器测量获得。验证结果发现，当应力选取范围在比例极限点应力值的 40% ~ 70% 之间，利用 DIC 测量的应变值和用位移差动式传感器所获得的应变值比较接近，弹性模量的测量误差在 10% 以内。

12.3.2　提高木材压缩应变计算速度的 DIC 算法改进

(1) 问题描述

通过对上一个案例的描述发现，DIC 可以成功地测量木材横截面全场的应变变化。由于在上一个案例中压缩木试件的计算区域很小，只有 3mm × 3mm 的面积，所含像素的个数不多，因此在应用相关算法进行计算时所需要的计算时间很短，5min 左右。但是，如果被测试件区域较大，获得的图像也较大，就会导致这个搜索过程长达几个小时甚至几天。因此，本案例在最小二乘法的基础上，通过改进原有的固定搜索窗口值，提出了一种新的动态线性搜索窗口相关算法(linear searching window correlation)。它能够在保证计算精度的前提下，大幅度提高对压缩木应变的计算速度。

(2) 线性窗口相关算法的原理

本案例提出的线性搜索窗口相关算法是在原有的最小二乘相关算法的基础上提出的改进，其公式见式(12-9)。

$$C = \frac{\int_{\Delta M'} f(x,y) f^*(x + \xi, y + \eta) dA}{\sqrt{\int_{\Delta Af} [f(x,y)]^2 dA \int_{\Delta M'} [(x + \xi, y + \eta)]^2 dA}} \tag{12-9}$$

式中：C 为相关因子；ΔM 和 $\Delta M'$ 分别为参考图像和变形图像中的匹配窗口的大小；$f(x, y)$ 和 $f^*(x, y)$ 分别为参考图像和变形图像中位置是 (x, y) 的像素点的灰度值；ξ 和 η 分别为变形后的一像素点和变形前相比在水平 (x) 和纵向 (y) 上的移动的距离，单位是像素；dA 为图像单位面积。

为了得到整幅数字图像的相关性，只要对图像所包含的所有像素点的灰度值进行积分即可。一般来说，如果不确定变形图像中每一像素点的变形趋势，则需要对每一像素点进行全场搜索，即将该像素点的灰度值和全场内其余所有像素点进行逐一对比分析，这个过程极其耗时。

以压缩前面积为 30mm × 25mm 的木材为例，压缩后木材厚度减少 3.75mm，等于 10 个像素值时，则 1mm 包含有 2.67 个像素，表面积为 30mm × 25mm 的图像大小为 67 × 80 像素，共 5360 个像素点。如果对两张具有 5360 个像素点的图像进行相关分析，将一个像素点进行全场分析所需的时间为 180s，则将所有像素点逐一分析完毕所需的总时间高达 5360 × 180s，约为 268h。在实际分析中，经常需要分析多张图像，因此必须提高计算分析的速度。为实现这一目的，一个有效的方法是减少搜索区域的大小。当木材在压缩过程中厚度均匀减少 3.75mm(10 个像素)，则每一像素点可能的移动范围是在其位置附近上、下、左、右各 10 像素的区域，因此可以设置一个大小为 20 × 20 像素的正方形搜索区域，也叫做搜索窗口。在这个搜索窗口内进行相关计算，所需时间仅需 1.41s。对于共有 5360 个像素点的图像来说，完成整个面积的计算所需的总时

间为 $5360 \times 1.41s$,大约为 2h。虽然这个时间相比 268h 已经提高很多倍,但用时还是相对较长,因此有必要进一步缩短计算时间。

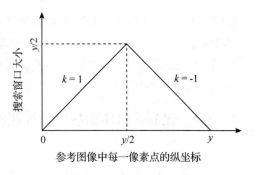

图 12-7 线性搜索窗口大小设置

通过对压缩变形为 3.75mm 试件的图像进行应变分析发现,试件顶部和底部的应变小于中间区域的应变。根据这一规律,进一步调整搜索窗口的大小,当计算分析位于试件顶部和底部的像素时,可以进一步缩小搜索范围。当分析位于试件中间部位的像素时,可以适当增加搜索范围。因此,根据参考图像中每一像素点的纵向坐标(y)设置了一个线性搜索窗口,如图 12-7 所示。使用此线性搜索窗口对上述案例进行计算,结果表明,完成对大小为 67×80 像素的图像的相关计算所需时间大约为 10min,耗时不到前述方法的 10%。

除了搜索窗口的大小影响图像相关计算的速度外,还有另一个因素,那就是匹配窗口(ΔM)的大小。匹配窗口定义为一个包含有若干像素的区域,在这个区域内的所有像素的灰度模式用来计算相关因子 C,见式(12-9)。如果匹配窗口过小,在进行图像全场搜索时,匹配窗口含有的像素的灰度模式在整个图像中不一定具有唯一性,可能有相似的灰度模式出现在图像的其他部位,导致无法确定真实的变形位移。但是,如果匹配窗口过大,则里面包含的灰度信息过大,则会导致计算时间的延长。因此,在进行相关计算时,可以对匹配窗口的大小进行优化,在保证计算精度的条件下,减少计算时间。

对匹配窗口大小的优化,可以通过建立匹配窗口尺寸大小、计算时间以及相对应平均误差百分率(average error percentage,AEP)三者之间关系图来确定。为了简化计算,以表面积为 30 mm(T)$\times$25 mm(L)木材试件为例,如彩图 38(a)所示,利用数码相机拍摄一张图像作为参考图像,然后利用 Adobe Photoshop CS3[17]将图片只进行纵向压缩处理,处理后的图像如彩图 38(b)所示。将两张图像转换成 8-bit 的灰度图像后,利用式(12-6)进行相关运算。在计算时,匹配窗口的尺寸大小设定为 41、51、61、71、81 和 91,同时记录下使用不同尺寸大小运算一次所需的时间。计算完成后,当匹配窗口大小为 91 时,相关因子 C 具有最高值(C_{max})。我们将使用不同大小的匹配窗口计算所得的纵向位移值和使用大小为 91 的匹配窗口计算的纵向位移相比,来计算平均误差率(AEP),见式(12-10)。

$$AEP = \left| \frac{\sum_{91 \times 91 \, window} d - \sum_{n \times n \, window} d}{\sum_{91 \times 91 \, window} d} \right| \times 100\% \qquad (12-10)$$

式中:d 为任意一个像素点在纵向上的位移;n 为匹配窗口大小($n = 41$、51、61、71、81 个像素)。

图 12-8 描述了匹配窗口的尺寸大小、计算时间以及相对应平均误差率(AEP)三者之间的关系图。可以看出计算时间随匹配窗口的尺寸增加呈现快速上升的趋势,但 AEP 呈现出下降的趋势。综合考虑计算时间和 AEP 两个因素,将匹配窗口的大小确定为 51。在此条件下,完成一次相关运算所需的时间不到 20s,而 AEP 仅为 0.8%。

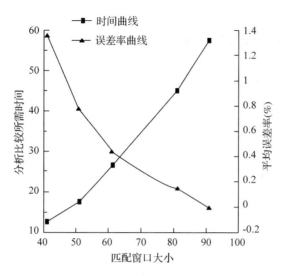

图 12-8　匹配窗口大小、计算时间和 AEP 三者之间的关系图

综上所述，通过建立一个线性搜索窗口和确立一个最优的匹配窗口，可以大幅度提高相关运算速度，并保证足够的计算精度。

（3）试验验证

试验用木材是加拿大东部白松（*Pinus strobus*）和北美冷杉（*Abies balsamea*）。木材试件尺寸大小为 30mm（顺纹）×30mm（弦向）×30mm（径向）。在进行压缩试验时，将试件放置于具有 150kN 力学传感器的 Instron 力学试验机上，以 0.305mm/min 的速度沿着径向加压。试件的压缩应变同时使用位移差动式传感器记录下来。在试件径向厚度分别减少 0、0.5、0.9、2、5、8、10、12 和 15mm 时（其相对应的压缩比为 0%、1.04%、2.78%、6.03%、16.50%、27.05%、32.81%、40.24% 和 49.32%），使用 Casio EX‑Z55 CCD 数码相机各对其拍摄一张图像。在拍摄过程中，采用 35W 的平衡光源固定放置在试件的正上方。在进行相关计算前，需将所有图片转换成 8-bit 的灰度图像。

利用改进后的相关算法极大地缩短了对面积为 30mm×30mm 的试件受到压缩应力后的应变计算时间。彩图 39 显示了北美冷杉和东部白松在压缩比达到 27% 时的应变分布图。由彩图 39 可以看出，较大的压缩应变都出现在两种木材试件的中部，而试件顶部和底部的应变较小。另外，由于北美冷杉的密度（0.320g/cm^3）低于东部白松的密度（0.430g/cm^3），所以在北美冷杉试件中可以看到大部分的压缩应变都集中在 0.6~0.8 之间，见蓝色区域的面积。进一步将压缩应变图和木材表面形态图相比较发现，如彩图 40 所示，一些黄色区域（应变 >1.0）和红色区域（应变 >1.2）主要集中在木材试件表面的年轮处，即早材细胞区域。试验结果表明，经过改进后的算法不但可以提高计算速度，而且可以保证比较精确的测试结果。

综上所述，本实例在最小二乘相关算法基础上所提出的线性搜索窗口法可以有效地提高对数字图像的搜索速度；同时，通过对匹配窗口进行优化，可以保证足够的计算精度。两者结合，可以又快又准地描述和计算木材在压缩过程中应变场的变化。

12.4 利用 DIC 测量位移和应变的误差来源及分析

12.4.1 相关运算算法本身的误差

从相关运算算法上分析，引起 DIC 测量误差的原因在于数字图像中有限的像素数量和像素尺度。由于代表图像的灰度信息是一些离散的数值组，导致对应的灰度分布函数是离散函数，在进行相关计算时需要采用亚像素插值重建方法获得所需亚像素的灰度信息，不同的插值计算方法的精度不同，会导致不同的计算误差。从理论上讲，不断提高图像分辨率和增加像素可以降低测量误差。但是，随着数值信息量的增加，会引起计算处理时间成级数倍的增长。因此，在考虑增加图像像素和分辨率的同时，也要考虑由此而增加的时间成本，要做到兼顾两者，通过优化设计来获取最优的图像质量。

12.4.2 试验设备、操作及环境的影响

在试验测量过程中，可能引起 DIC 测量误差的原因可能来自以下两个方面：

(1)随机噪音

在采集图像过程中，随机噪音误差引起的测量误差不可避免。可以选择低噪声的如 CCD 摄像机这样的图像采集设备来采集图像，也可以利用图像处理技术对所采集的图像进行降噪处理。

(2)光源强度

在图像采集过程中，光源的光强度要保持相对的稳定和分布均匀。如果光源强度不稳定或者分布不均匀，可能会引起所采集的图像由于曝光过度或曝光不足而造成失真。因此推荐使用平行白光源来保证光源均匀分布在待测试件的表面。在正式采集图像前，需要仔细调节影响图像对比度和灰度范围的参数，如对比度、饱和度、亮度和色调等参数，从而获得最佳的图像质量。从理论上讲，如果图像中大部分灰度值集中在 0 ~ 255 附近区域，说明该图像的对比度比较高。

本章小结

本章主要内容讲述了数字图像相关技术(DIC)用于测量物体位移和变形的原理和方法。然后通过两个应用实例阐述了 DIC 在测量木材压缩应变中的具体应用，以及对试验图像处理所用算法进行计算速度提高的方法。最后简要讨论了影响数字相关技术测量位移和计算应变的精度的误差来源。

参考文献

[1] CHOI D, THORPE JL, HANNA RB. 1991. Image analysis to measure strain in wood and paper[J]. Wood SciTechnol(25)：251 – 262.

[2] SAMARASINGHE S, KULASIRI G D. 2000. Displacement fields of wood in tension based on image processing：Part 1. Tension parallel-and perpendicular-to-grain and comparisons with iso-

tropic behaviour[J]. Silva Fennica，34（3）：251 –259.

[3] Yang Y, Gong M, LEBLON B, et al. 2011. Linear window correlation：New image processing based approach of strain distribution analysis of wood[J]. Can J Forest Res，41（11）：2141 –2149.

[4] Peng M K, Ho Y C, Wang WC, et al. 2012. Measurement of wood shrinkage in jack pine using three dimensional digital image correlation（DIC）[J]. Holzforchung，66（5）：639 –643.

[5] Li L, Gong M, Chui YH, SCHNEIDER M. 2013. Measurement of the elastic parameters of densified balsam fir wood in the radial-tangential plane using a digital image correlation（DIC）method[J]. J Mater Sci，48（21）：7728 –7735.

[6] 江泽慧，费本华，张东升，等. 2003. 数字散斑相关方法在木材科学中的应用及展望[J]. 中国工程科学，5（11）：1 –7.

[7] 徐曼琼，金观昌，鹿振友. 2003. 数字散斑面内相关法测量木材抗压弹性模量[J]. 林业科学，39（2）：174 –176.

[8] 钟健，李鸿琦，崔小鹏，等. 2006. 数字散斑相关方法在木材指接中的应用[J]. 北京林业大学学报，28（4）：12 –16.

[9] 安磊，高建民，胡传坤. 2007. 非接触式无损检测木材干燥应力的方法[J]. 广东林业科技，23（2）：63 –66.

[10] 刘美，李鸿琦，王静，等. 2007. 数字散斑相关在指接集成材力学性能测试中的应用[J]. 西北林学院学报，22（3）：144 –147.

[11] PAN B, QIAN KM, XIE HM, et al. 2009a. Two-dimensional digital image correlation for in-plane displacement and strain measurement：a review[J]. Measurement Science and Technology（20）：062001.

[12] PAN B, ASUNDI A, Xie HM, et al. 2009b. Digital image correlation using iterative least squares and pointwise least squares for displacement field and strain field measurements[J]. Optics and Lasers in Engineering，47（7 –8）：865 –874.

[13] PAN B. 2011. Recent progress in digital image correlation[J]. Experimental Mechanics（51）：1223 –1225.

[14] LI L, GONG M, YUAN NX, et al. 2013. An optimal Thermo-Hydro-Mechanical（THM）densification process for densifying balsam fir wood[J]. BioResources，8（3）：3967 –3981.

[15] MOIRÉ OPTICIST-0. 953d software. http：//opticist. org/taxonomy/term/18.

[16] MATLAB R. 2010a. Image Processing Toolbox for Use with MATLAB. http：//serdis. dis. ulpgc. es/ ~ ii-vpc/MatDocen/notas_ practicas/MATLAB/imgtool/images_ tb. pdf.

[17] http：//livedocs. adobe. com/en_ US/Photoshop/10. 0/

思考题

1. 什么是数字图像相关技术？

2. 利用数字相关技术进行灰度值比较的原则是什么？

3. 数字相关技术测量位移和应变的误差来源主要有哪些？

推荐阅读书目

1. 光力学原理及测试技术. 佟景伟, 李鸿琦. 科学出版社, 2009.

2. 散斑计量. 王开福, 高明慧. 北京理工大学出版社, 2010.

3. Image Correlation for Shape, Motion and Deformation Measurements-Basic Concepts, Theory and Applications. Michael A. Sutton, Jean Jose Orteu, Hubert Schreier. Springer Science & Business Media, 2009.

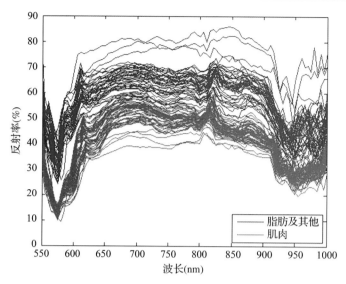

彩图 1　有效肌肉区域（红色）及非有效肌肉区域（蓝色）
采样点的光谱曲线

（Wang X, Zhao M, Ju R et al, 2013）

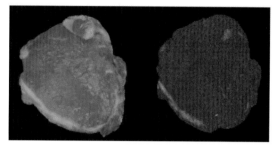

彩图 2　有效肌肉兴趣区域分割效果彩色图像（左），
有效肌肉区域（右红色部分）

（Wang X, Zhao M, Ju R et al, 2013）

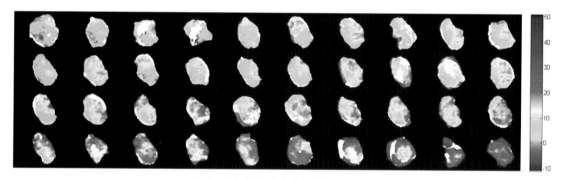

彩图 3　猪肉新鲜度定量可视化预测图

* 伪色彩说明：背景为黑色，非有效肌肉区域为白色，深蓝色至暗红色表示 TVB-N 预测值参见右侧图例；

* 肉样排列按照 TVB-N 参考值自左而右、自上而下依次升高，即腐败程度依次增加

（Wang X, Zhao M, Ju R et al, 2013）

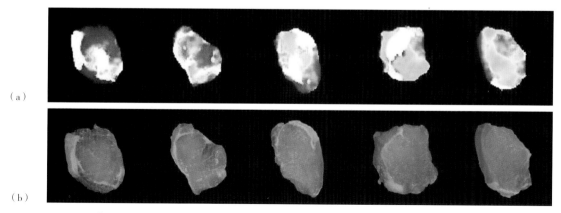

彩图 4　预测残差较大肉样定量可视化预测图 (a) 与实物彩色照片 (b) 对比

* 预测残差自左而右分别为 5、12、5.46、6.62、4.98 及 4.92mg/100g

（Wang X, Zhao M, Ju R et al, 2013）

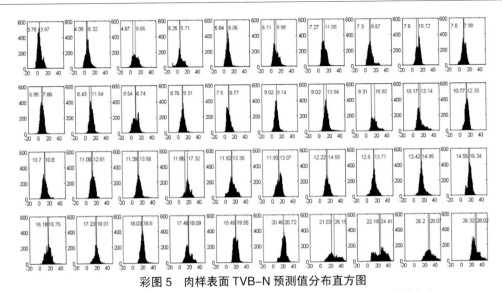

彩图 5　肉样表面 TVB-N 预测值分布直方图

* 有效区域像素预测均值红色数字及线条标出，肉样的化学检测参考值用蓝色数字及线条标出；
* 直方图排列布局与图 4-20 中的肉样次序相同，以便对照

（Wang X, Zhao M, Ju R et al, 2013）

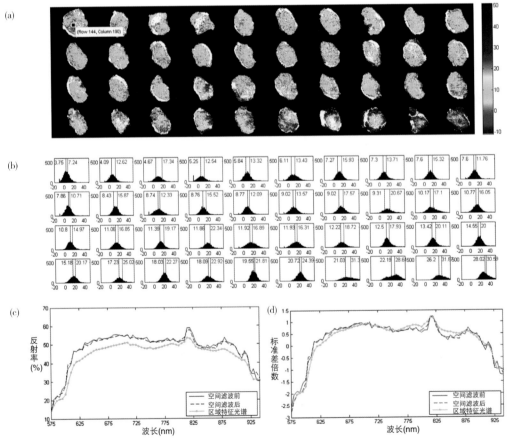

彩图 6　空间平滑滤波对于像素级预测的必要性

*（a）不经空间滤波的像素级预测图颗粒粗大　（b）像素预测图（a）中数值的统计直方图，预测值用红色表示，化学参考值用蓝色表示　（c）典型像素反射率光谱 [（a）图中左上第 1 块坐标 144，190 像素位置] 对照图，红色实线为不经空间平滑的像素光谱，蓝色虚线为相同位置经过空间平滑的像素光谱，绿色为该肉样有效肌肉区域的特征光谱　（d）标准正规化预处理后的典型像素级反射率光谱

（Wang X, Zhao M, Ju R et al, 2013）

（a）

托盘运动方向

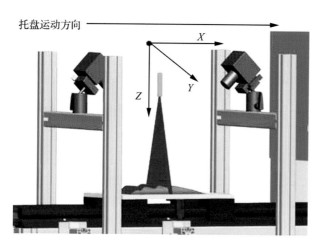

彩图 7　激光肉测量模型图

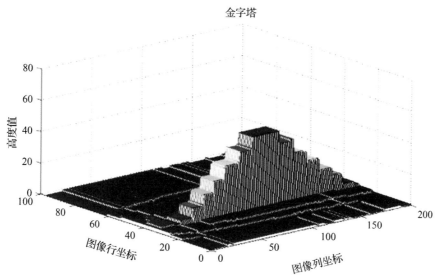

（b）

彩图 8　金字塔标定物
（a）金属金字塔标定物　（b）激光扫描金字塔标定物

金字塔

（a）金字塔标定物三维重构图及灰度图

（b）金字塔标定块灰度图像

彩图 9　金字塔标定块图像灰度值测量

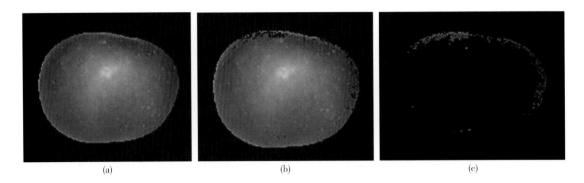

(a)　　　　　　　　　　　　　　(b)　　　　　　　　　　　　　　(c)

彩图 10　原始图像和不同 H 值分割图像

（a）去背景后苹果原图像　（b）H 值 0 ~ 60 图像分割　（c）H 值 210 ~ 255 图像分割

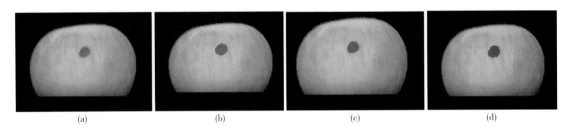

(a)　　　　　　　　　(b)　　　　　　　　　(c)　　　　　　　　　(d)

彩图 11　苹果果面缺陷原图及三种算子提取果面缺陷图像

（a）果面缺陷原图　（b）Kirsch 算子提取果面缺陷图像　（c）LOG 算子提取果面缺陷图像　（d）sobel 算子提取果面缺陷图像

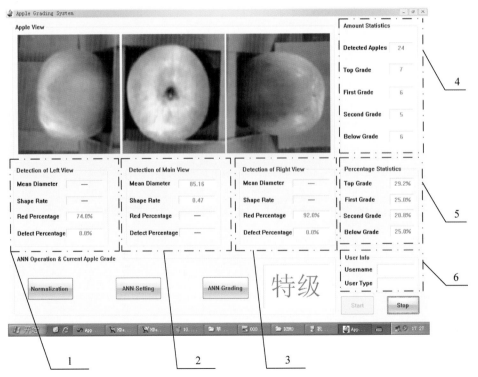

彩图 12　有效肌肉区域（红色）及非有效肌肉区域（蓝色）采样点的光谱曲线

1. 左侧苹果图像特征提取　2. 中间苹果图像特征提取　3. 右侧苹果图像特征提取　4. 检测数量统计
5. 检测百分比统计　6. 用户信息

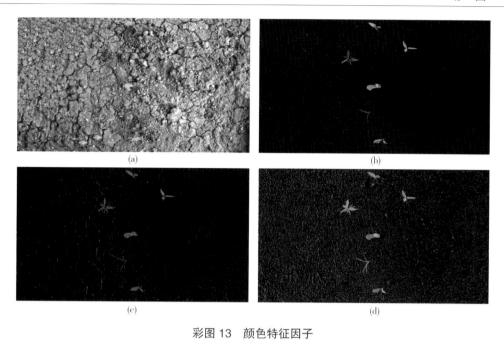

彩图 13　颜色特征因子

（a）原图　（b）超绿特征分量（2G-R-B）　（c）标准差特征分量（NDI）　（d）HSI 空间色调分量（H）

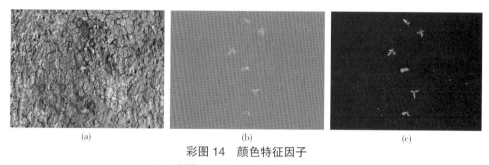

彩图 14　颜色特征因子

（a）原图　（b）2g-r-b　（c）修正的 2g-r-b

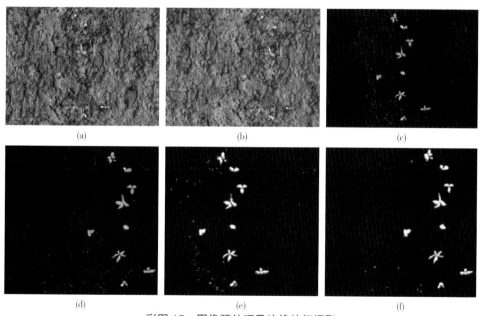

彩图 15　图像预处理及边缘特征提取

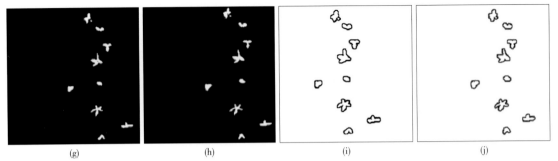

(g) (h) (i) (j)

彩图 15　图像预处理及边缘特征提取

（a）原始立体图像—左视图　（b）原始立体图像—右视图　（c）超绿特征图像—左视图　（d）超绿特征图像—右视图 （e）二值化图像—左视图　（f）二值化图像—右视图　（g）去噪后图像—左视图　（h）去噪后图像—右视图　（i）边缘立体图像—左视图　（j）边缘立体图像—右视图

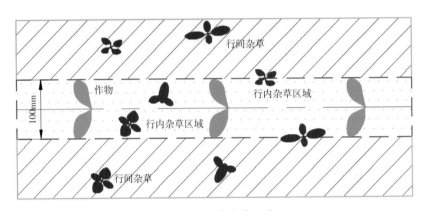

彩图 16　行内杂草区域

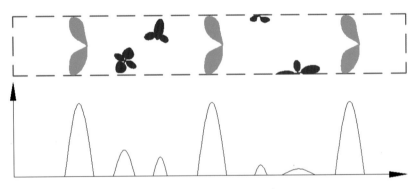

彩图 17　横向像素直方图示意图

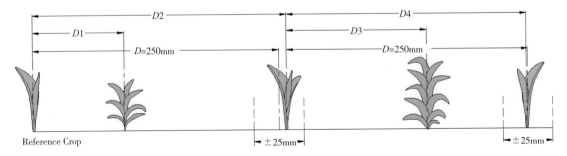

彩图 18　株距匹配识别作物

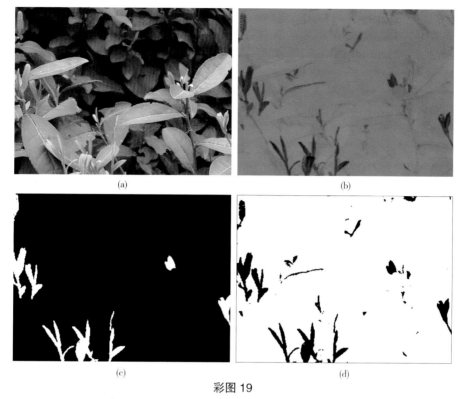

(a)　　　　　　　　　　　　　(b)

(c)　　　　　　　　　　　　　(d)

彩图 19

（a）原图 （b）灰度图像 （c）面积滤波 （d）二值图像

彩图 20　人造草皮

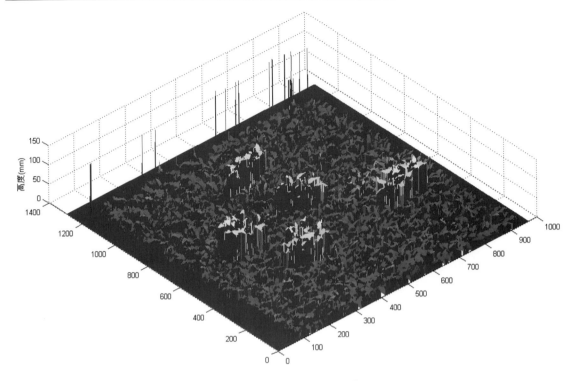

彩图 21　人造草皮三维轮廓

彩图 22　高度目标点

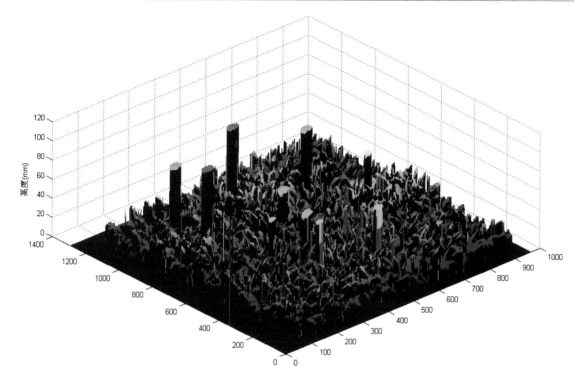

彩图 23　高度目标点三维轮廓

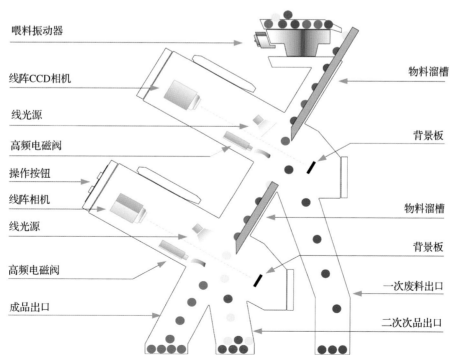

喂料振动器

线阵CCD相机

线光源

高频电磁阀

操作按钮

线阵相机

线光源

高频电磁阀

成品出口

物料溜槽

背景板

物料溜槽

背景板

一次废料出口

二次次品出口

彩图 24　茶叶分选识别系统

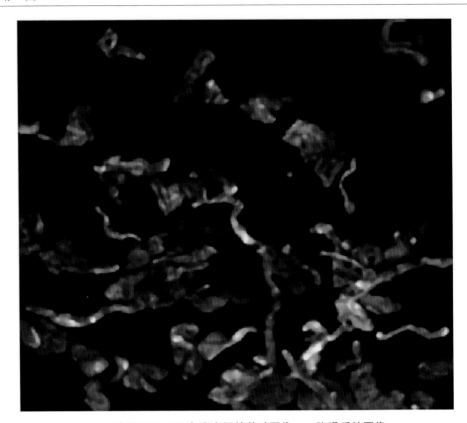

彩图 25　HSI 色彩空间的茶叶图像——降噪后的图像

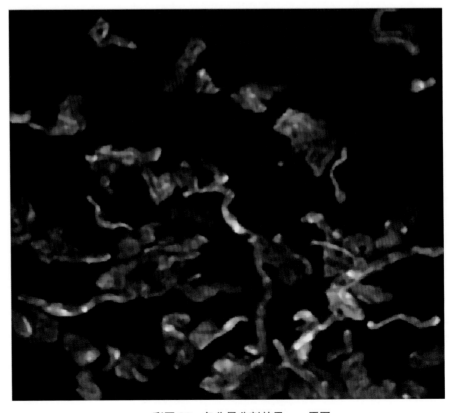

彩图 26　各分量分割效果——原图

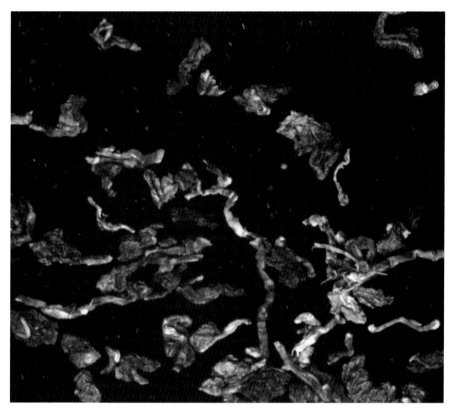

彩图 27　阈值分割最终效果——原图

(a)

(b)

彩图 28　原始树木图像

（a）法国梧桐　（b）香樟

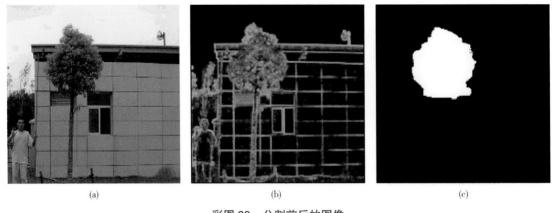

(a)   (b)   (c)

彩图 29　分割前后的图像

（a）原始图　（b）分形图　（c）分割后的图像

(a)   (b)   (c)

彩图 30　基于颜色及基于颜色和分形维数的分割效果比较

（a）树木图像　（b）基于颜色分割　（c）基于颜色和分形维数分割

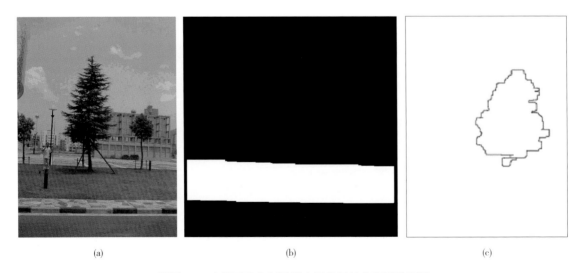

(a)   (b)   (c)

彩图 31　未能正确分割的样本图像及其分割后的图像

（a）原始图像　（b）未加先知经验的分割　（c）加了先知经验的分割

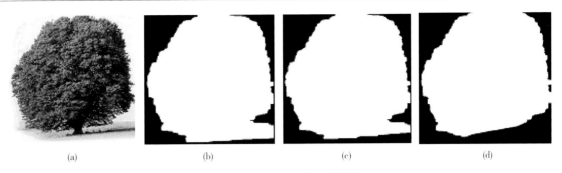

(a) 　　　　　　(b) 　　　　　　(c) 　　　　　　(d)

彩图 32　几种分割方法的比较

（a）树木图像　（b）基于颜色的分割　（c）基于颜色与分形维数的分割　（d）基于小波过渡区的分割

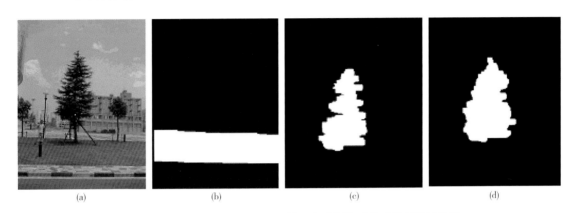

(a) 　　　　　　(b) 　　　　　　(c) 　　　　　　(d)

彩图 33　基于颜色、分形维数及基于小波提取过渡区分割效果比较

（a）树木图像　（b）基于颜色与分形的分割　（c）加入先验知识后的分割　（d）基于小波提取过渡区的分割

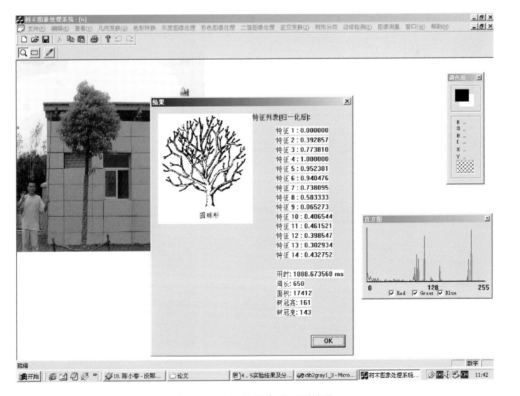

彩图 34　原始图像及识别结果

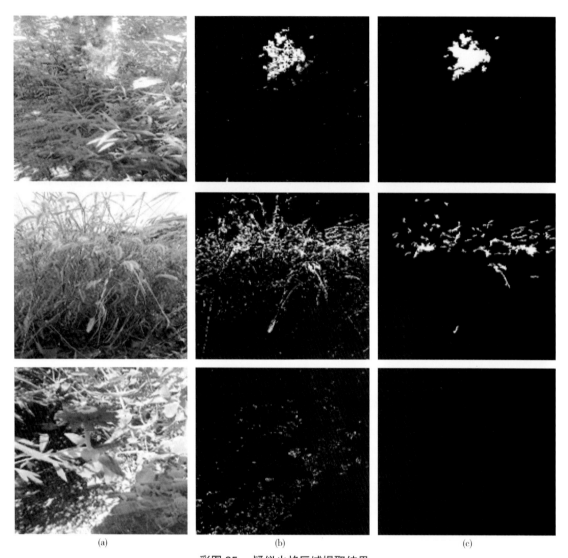

彩图 35 疑似火焰区域提取结果

(a) 原始图像 (b) 颜色运动像素检测 (c) 形态学处理后

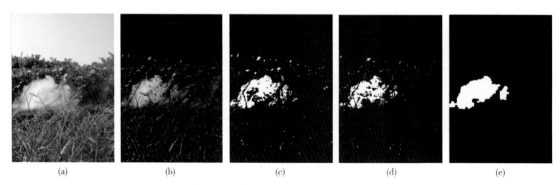

彩图 36 疑似烟雾区域提取结果图

(a) 原始图像 (b) 背景差分图 (c) HSV 粗分割图 (d) RCB 粗分割图 (e) 疑似烟雾区域

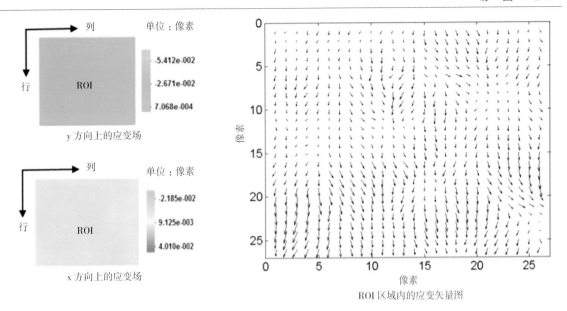

彩图 37　径向压缩载荷下压缩木样品 D–ER–1 表面的应变分布

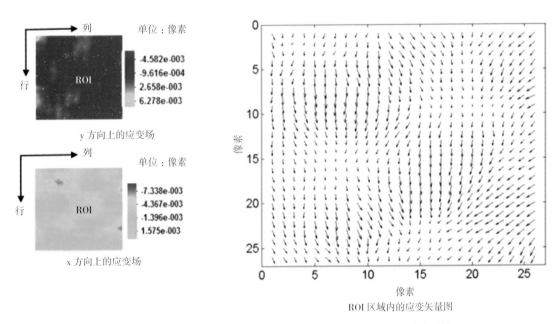

彩图 38　弦向压缩载荷作用下压缩木样品 D–ET–3 表面的应变分布

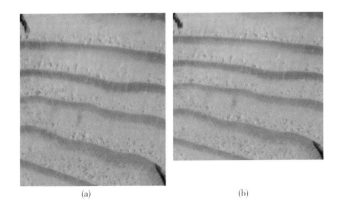

(a)　　　　　　　　　　(b)

彩图 39　利用 Adobe Photoshop CS3 径向压缩处理前后的木材横截面对比图像

（a）未压缩的图像　（b）压缩变形后的图像

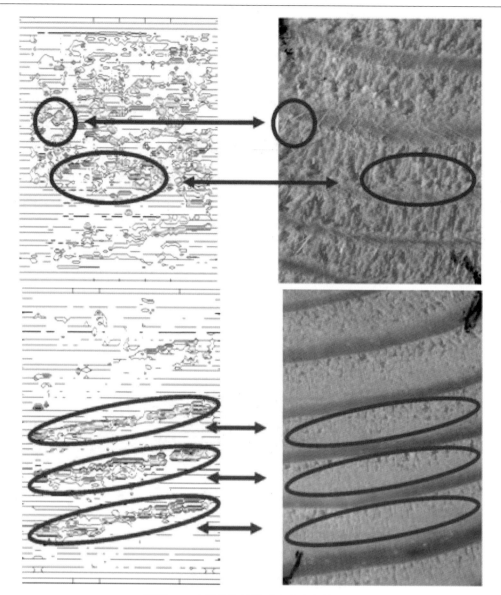

彩图 40　木材结构特性对应变分布的影响

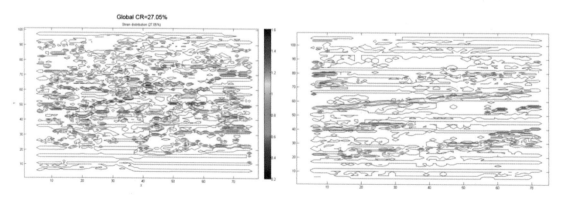

彩图 41　北美冷杉和白松在压缩比达到 27% 的应变分布